羆研究50年の成果を集大成

羆（ひぐま）の実像

THE REAL BROWN BEAR

門崎允昭 著
Dr.MASAAKI KADOSAKI

北海道出版企画センター

羆の実像　目次

第１章　羆は里になぜ出て来るのか:理由とその対応

＜羆が里に出て来るようになった原因（理由）とその対応＞

羆は本来、身に危害が及ばなければ、あらゆる場所を探索し、利用出来る所は利用すると言う生態（生活状態）の種であるが、身に危害が及ぶような経験をすると、以後その場所の使用を控える。里山で銃で羆を殺し獲っていた時は、銃での殺戮を恐れて里に出て来る事を控えていた。羆が里やさらには市街地にまで出没し出したのは、里山で羆を銃で殺獲するのを中止し、檻罠で捕獲するようになって数年経てからの事である。

羆は発砲するとバンと強烈な爆発音がする銃（散弾銃もライフル銃も強烈音がする）で、脅かされる事を非常に恐れる。銃で狙撃されて、幸い致命傷にならず生き延びた場合は、その後、銃を持った者を見ただけで避難するし、撃たれた場所やその付近には出て来なくなる。

これが**雌で、後に子を得た場合、母羆はそのような場所を避けるから、母から自立した若羆（母から自立した年の子の呼称）も、そのような場所を警戒し避ける。これが里山であれば、以後その場所から先の人の生活圏には出て来なくなる。これが、里山で銃猟していた当時、羆が里に出て来なかった原因であり理由である**。要するに、「①強烈な爆発音がするそれ（銃）で、②殺戮されると言うこの2点」を恐れて出て来なかったのであり、**爆発音だけでは、羆は殺されない事を学習し、出て来る**。そのことは、1940年代後半から1990年代まで、作物の食害を防ぐ為に、強烈な音が出るカーバイトを使った**「八木式爆音器」**と言うのが、使われていたが、羆はそこに人が居ない事を知ると、爆破音が出ていても、平然と作物を食い続けた事からも解る。羆は火も音響も恐れない。恐れるのは、「銃の爆発音とそれでの殺戮」である。

カーバイトを使った八木式爆音機（全長1m程）

開拓が進んで、羆と人の相互の生活圏が画然と分離され始めてからの、人と羆の相互関係を、土地利用と言う観点から見ると、次の3圏に分けられる。①羆の生息圏②羆の出没圏であり人の居住圏でもある地域、③人の占用居住生活圏。羆を銃で獲殺していた時代には③の地域は勿論、②の場所にも羆は出て来なかった。ところが、②の地域で銃での獲殺を止め、檻罠での捕獲に変更した結果、②と時には③の地域に迄、羆が出没し出したと言うのが実態である。里や市街地に羆が出て来るようになった経緯は以上である。

羆が里や市街地に出て来る場合には、「必ず目的と理由」があるから、羆が出没した場合には、それを的確に探り、人への危険性や経済的被害が生ずる可能性の有無を予測し、ある場合には対応策を決め、実施する必要がある。しかし、私が羆の調査（研究）を始めた1970年以降、北海道では**里に出て来た羆が、人を襲ったり威嚇した例は全く無く、無害であったから、里や市街地への出没に対しては、大騒ぎせず、「出没情報」を出す程度にし、経過を静観すべきである。**

＜羆が里に出て来る目的＞

羆の行動には必ず「目的と理由」があるから（人を含めて、あらゆる動物に共通する事だが）、**体型（身体の大きさ、足跡の横幅）と行動様態から、その個体の年齢と出没目的を、読み取る事が、先ず基本で有り、対応を判断する上で必要である。**
羆の出没目的は、4大別される。

＜出没の①＞　**若羆（母から自立した年の子の呼称）が検証に出て来る事がある。母羆から自立した（自立させられた）若羆が、独り立ちして生活する為の行動圏を確立するための探索徘徊過程で、人里や人家付近に至り、そこがどう言う所なのか、自分の生活圏として、使える場所なのか否かを、検証に出て来る事がある。この種の羆は母からその年自立した1歳代、ないし2歳代の若羆に限られる。**時季は、子羆が母から自立する時季は、早くて4月、通常は**5月～9月の間、遅い場合は10月まで、ずれ込む事もある。**出没時季は、**5月～11月にかけて**、出て来る時間帯は、多くは夕方から朝方の間で、**人を避けて出て来るのが特徴**。但し、6月以前に出て来る1歳5

カ月令未満の若羆は**（羆の年齢は2月1日を誕生日として計算する）**、知恵が未発達で、日中や日没前に出て来ることもある。ここで留意して欲しい事は、人が危害を与えない限り、若羆は絶対に人を襲わないと言う事。これまで私の50年間に及ぶ羆研究期間中に、若羆が人を襲った事例は無いと言う事実を知って戴きたい。若羆は、人を襲うと言う知恵が未発達なのである。だから、人を襲わないのである。人が居ない事を確かめて出て来て、その後、人と遭遇した場合は、人を避けながら、付近を徘徊しながら、**自分の生活圏として、使える場所なのか否かを、検証し続ける**。若羆が街中を移動する場合は、樹（1本でも）の有る所から、樹のある所へ向かって移動する事が多い。「目的」を持って行動しているので、この間に、食物を漁る事は、先ずしない。

極稀に直ぐに食物に移行する場合もある。

満2歳5カ月令（6月以降）の羆が、人を襲った事例は、1970年以降5例あるが、現場はいずれも里や市街地では無く、奥山であり、私の検証では、この加害羆は何れも1歳代で母から自立した個体で、襲った年に自立した個体で無い事を確認している。

１歳６カ月令（７月撮）の羆

２歳６カ月令（７月撮）の羆
知床のルシャ川河口部で撮

満2歳代の羆は、体長が1.3m未満、手足跡の最大横幅が13㎝未満であるから、これを指標に羆の年齢を判断されると良い。体長とは、鼻先と肛門（尾の付け根）間の直線距離の事で、「頭胴長」とも言う。

＜若羆は里や市街地に必ず出て来るものか＞

総ての若羆が出て来る訳では無い。前記①が目的で出て来る若羆は、里や市街地に関心を抱いたものだけが出て来るのである。

＜出没時季と日数と出没時間帯＞

＜出没時季＞出没が早い場合は**4月下旬頃から、遅い場合は11月末に稀に出て来る場合もある。通常は7月から10月の間である**。

＜出没日数＞

①　出没する日数は、1日～5日間以内の場合が多い。②長い場合は、7日間、希に10日間程出て来る事も有る。③また、1日～数日間出て、しばらく間を置いて、前と同じ場所かその付近、または全く異なる場所に、1日～数日間出て来る事もある。

＜出没時間帯＞

通常は、人と遭遇し難い夕方から明け方の時間帯に出て来る。しかし、母から4～6月に自立させられた満1歳代の若熊は知恵が未発達で、明るい時間帯に出て来る事がある。

＜移動経路＞

街中での移動経路は、樹から樹に移動することが多い。樹が無い場所では、その限りでないが、身が潜める場所に向かって移動する。

＜出没の②＞　**道路を横断する目的で出て来る事が有る**。

羆の行動圏の主体は森林地帯であるが、その森林は各所で道路で分断されている。そこで、羆が森林を移動する際に、道路を横断する場合があり、これが人に目撃される事がある。羆は車や人に目撃されない合間を縫って、横断するのだが、それが目撃される事があり、危険である報道されるのである。過去にこの種の羆が人を襲った事例は全く無いから、大騒ぎせず、羆をやり過ごして戴きたい。

＜出没の③＞　**農作物や果樹や養魚を食べに出て来る**。市街地を徘徊する事もある。

多くは夜出て来る。羆の年齢に関係無い。時季は6月～11月。**これの予防には、電気柵や有刺鉄線柵を必要箇所に張る事である。稀に残飯あさりに出て来る事がある。暴かれないように工夫すべきである。**

果樹を食べるために出て来る事がある。樹の本数が少数の場合は、個々の樹に地面から1mから2.5mの範囲を、10㎝間隔で、螺旋状に有刺鉄線を巻いて置くと、羆は樹に登らないので、被害予防になる。落実は収集し除去しておく。樹に有刺鉄線を巻く場合、樹を締め付けて傷が出来ないように、弛めに巻く配慮が必要である。

養魚場の場合は、電気柵か有刺鉄線柵を張る。（第3章を参照）

＜出没の④＞　**その他**。力のある個体に弱い個体が襲われて逃げ出る。子が里や市街地に出てしまい母が心配し出て来る。などがある。この場合には、出て来る個体については、性別や年齢は関係無い。

＜河畔林を伐採＞

羆が里や人家付近に出没するのは、前記理由からであり、河畔林の有無に関係なく出て来るから、河畔林伐採は愚策である。行政に関与している研究者が、羆が里や市街地に出没する原因を、理解していないから、不適切な助言をし、市民の不安を煽り、殺さずとも良い羆を殺しているのが現状である。

北海道では明治初期（開拓使設置1869年（明治2））から、1997年頃まで、羆の捕獲は奥山は当然のこと里近くの山林や農地・牧地でも、もっぱら銃で行われて居たから、当時は里近くの山林や農地牧地や自然公園（森林）では、羆は人の気配を感じると銃撃されるのを恐れて、身を隠すのが普通で、市街地付近や市街地の中まで、羆が出て来ることは先ずなかった。

しかし、**1998年（平成10）頃から**、全道的に里近くの山林や農地牧地での羆の捕獲を、銃ではなく、檻罠での捕獲に変えた。その結果、銃での捕殺を中止して10年前後経過した2010年前後から、羆は経験的に銃の発砲が無く、身に危害が無い事を悟り、これまで出没を避けていた場所に、己の目的を達成するために出没するようになったと言うのが真相である。

＜銃での羆捕殺を中止した事で、里（街中）や羆本来の生息地に再び羆が出だした実例を述べる＞　いずれも私が検証調査したもので、**①札幌市の例と②**北海道北東部の**斜里町の知床のルシャ地域**の例である。

＜①札幌市の例＞

①北海道を国として開拓する為に、**1869年（明治2）7月8日、政府直轄の「開拓使」が東京に設置され、2年後の1871年5月に、札幌に開拓使庁が置かれ、札幌圏一帯を明治7年（1874）に測量し、翌8年に縮尺約27万分の1の地勢図をて刊行した。その地勢図で、札幌圏を概観すると、「札幌」としての行政区は、約2km四方の白抜きで示され、**他は、西部山地（山名標高は無記載だが、手稲山1024m・百松沢山1038mに相当する峯の表示がある）と北部山地（これも無記載だが「安瀬山654m」相当の峯がある）と野幌丘陵（名称標高とも無記載だが背梁の記載がある）。

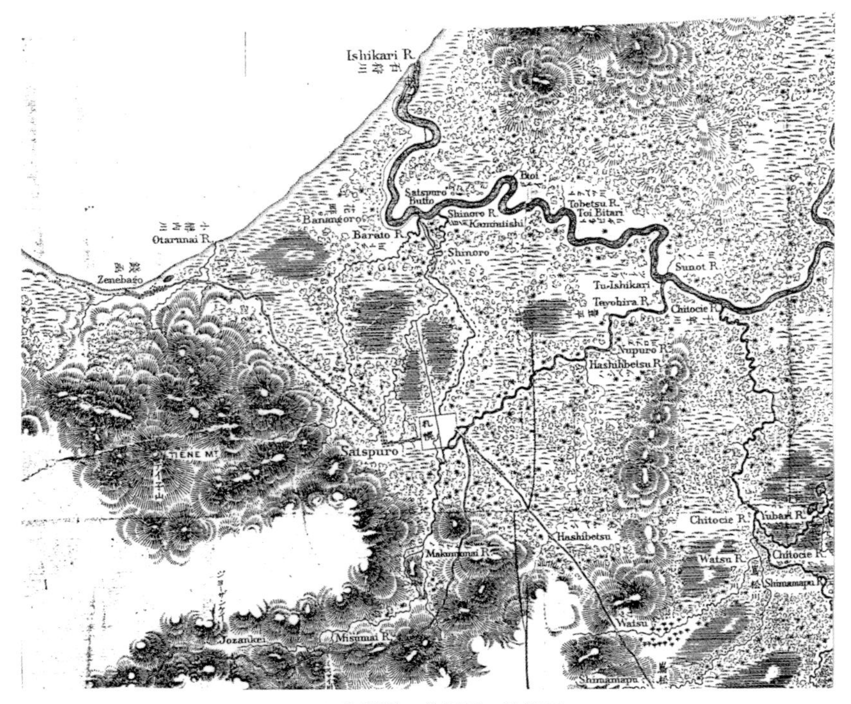

1874年測量の札幌圏の地勢図

札幌圏とその近隣の開拓は、先ず約2㎞四方の白抜き部分から始められたが、記録ではその地域での羆に関す記述が全く無い事から、この地図が作られた明治7年（1874年）に、既にこの地域からは羆は駆逐されたと私は見ている。

その後、**札幌圏の開拓は、白石、苗穂、手稲、篠路地区が、石山地区以西に先行して行われたので、羆の作物や家畜の被害・人身事故も白石、苗穂、手稲、篠路地区での被害事故が、石山地区以西に先行して発生した。**羆の銃器での駆除も、1869年（明治2）以後、され続け、それから104年後の、1972年時点の札幌圏（行政区全域）での羆の生息地は**＜銭函川上流部～奥手稲山～手稲山～永峰沢川上流部～砥石山～砥山ダム＞を結んだ西部地域一帯と、＜滝野～常盤～焼山～夕日岳～朝日岳（定山渓）＞を結んだ南西部地域一帯の奥山が該当し（11頁）、それ以外の**東部と北部の奥山（人が日常的に入らない山林）に羆が移動して来る事は極めて稀で、ましてやその外側にある里山（人が日常的に立ち入る山林、山林公園も含む）に羆が出て来る事はなかった。

私が調査した**札幌圏での1972年4月から1985年末迄の14年間の羆の捕獲地と生息地は図の通りである。この間に**43地点で、母子11組（単子8組、双子3組）を含む134頭の羆を殺している（8～11頁の付表と図の通り）。

＜札幌圏での羆の捕殺に関する資料＞

管内での羆の纏まった捕獲資料は、1964年（昭39）から2016年（平成28）迄の53年間分が在る。この内、1964年（昭39）から、1971年（昭46）迄の8年間のデータは、当時札幌市役所で、狩猟行政を担当していた木内（キウチ）栄さんが作成したものである。1972年（昭47）から2010年（平成22）迄の39年間分のデータは門崎が該当年度毎に猟者と行政担当者に聞き込み調査し、得た資料で有る。また、2011年（平成23）以降は、札幌市の羆担当課から得た資料である。**53年間分のうち、1972年（昭47）から2016年度迄の45年間については、捕殺場所とその個体の性別推定年令なども分かっている。**

＜その後（1986年以降）の羆への対応＞

1987年に全道的に春熊（羆である）駆除を自粛し、1989年5月末で全面

禁止した事もあって、札幌圏での羆に対する対応が1989年以降、従来捕殺していた場所での羆捕殺を中止した。その結果1989年から1997年の9年間、札幌圏では一頭も羆は捕殺されなかった。

捕獲ゼロの状態が9年間続いた翌年の1998年から羆の捕殺を開始したが、猟法は銃で狙い撃ち捕るのではなく、檻罠で捕獲しその後銃殺すると言う猟法になった。以後札幌圏ではこの手法が羆捕殺の主流となり、現在（2019年時点）に至っている。

札幌市管内での経年的羆の捕殺記録一覧（第1表）

北海道野生動物研究所所長　門崎　允昭　調査作成

札幌市での羆捕殺記録1972年～2016年迄の45年間、61箇所分である。
　年度が無いものは、年度として捕獲がゼロであることを示す。
羆の推定年齢は猟師によるものである。月齢は門崎による追記

1966年４月から春熊駆除（３月15日～５月末迄）を開始した。
下線を付したものは、越冬穴ないしその近傍での捕殺である。

番号 捕殺年月日	捕殺地所	性別・推定年令等	付記
1:1972, 4 ,26	定山渓、2247林班	♂，3 mo	母熊逃げる
2:1972,4,27	白水川、2034林班	♂，8 yr	
3:1972,10,28	盤ノ沢、1093林班	♀，2 yr	
4:1972,12,14	滝野奥、1195林班	♀　8 yr、♀10mo	母子２頭である
5:1973,4,15	一の沢、1068林班	♂，3 yr	
6:1973,4,20	中山沢川、2123林班	♀，6 yr	
7:1973,4,29	相馬沢、2049林班	♀8 yr, ♂♀3 mo	母子３頭である
8:1973,5, 6	湯の沢、2510林班	♂，3 mo	母熊逃げる
9:1974,4,20	冷水沢、2243林班	♀，7 yr	
10:1974,6, 8	手稲山、158林班	♂♀，4 mo	母熊逃げる
11:1974,11, 5	空沼沢、2172林班	♂,10mo	母熊逃げる
12:1975,4,12	滝野	♂，3 yr	
13:1975,4,20	冷水小屋付近、2241林班	♀7 yr, ♂♀3 mo	
14:1976,4,17,18	2230林班	♀7 yr, ♂1 yr 2 mo	母子２頭である
15:1976,4,18	百松沢、1028林班	♀1 yr 2 mo	

16:1977,4,10	手稲、源八の沢川	♂，9 yr	
17:1977,4,14	小樽内、平沢川	♂，7 yr	
18:1977,4,17	万計沢、1162林班	♂，6 yr	
19:1977,4,29	空沼沢、2208林班	♀6 yr, ♂1 yr 3 mo	母子２頭である
20:1977,5, 1	定山渓、小金沢（白金沢？）	♀7 yr, ♂3 mo	母子２頭である
21:1978,4, 4	手稲山南東尾根	♀5 yr	
22:1978,4, 6	冷水沢、2244林班	♀5 yr, ♂1 yr 2 mo	母子２頭である
23:1978,4,11	小札幌山、1114林班	♀5 yr	
24:1978,4,21	真駒内ゴルフ場裏	♂，8 yr	
25:1978,4,21	琴似発寒川、16林班	♂，5 yr	
26:1978,4,27	小樽内、滝の沢、2317林班	♀6 yr, ♂1 yr 3 mo	母子２頭である
27:1978,4,30	小樽内迷沢、2349林班	♀6 yr	
28:1978,11,23	常磐スキー場北東部	♀10yr, ♂1 yr10mo	母子２頭である
29:1979,4,25	一の沢、1076林班	♂,12yr	
30:1979,4,29	百松沢、1037林班	♀8 yr	
31:1979,10,13	空沼岳７合目付近	♀5 yr	
32:1980,3,30	百松沢、1029林班	♀4 yr, ♂2 mo	母子２頭である
33:1980,4, 6	札幌岳、2349林班	♀7 yr, ♂♀1 yr 2 mo	母子３頭である（越冬穴で獲る）
34:1980,4, 9	小樽内迷沢、2349林班	♀4 yr	
35:1980,4,19	百松沢、1033林班	♂，1 yr 2 mo	
36:1981,4, 4	小樽内、2316林班	♀8 yr	
37:1981,5, 5	小樽内、滝の沢、2335林班	♂，3 yr	
38:1982,4,29	白井川左股、2471林班	♀3 yr	
39:1982,4,30	真駒内川上流小滝の沢	♂,13yr	
40:1983,4,17	百松沢、1023林班	♂,2.5mo	
41:1985,4, 6	白水川、2030林班	♀6 yr	
42:1985,4,28	白井岳、2537林班	♂，6 yr	
43:1985,4,30	禅山、2363林班	♀3 mo	母熊逃げる

1987年から春熊駆除を自粛し、1989年５月末で全面禁止した。

44:1988,7,17　手稲金山乙女の滝付近、データ不明

45:1988,10.29/30　2363林班　♀ 7 yr, ♂♂ 9 mo 母子３頭である

＜以上の捕獲手段は総て銃器による銃殺である＞

46:1998,8,10	南区白川1814の果樹園	♂，5～6 yr	箱罠捕獲第1号
47:1999,9, 6	南区砥山182	♂成獣	箱罠捕獲

48:2001,5, 6　定山渓の国有林（2483と2484林班の境界）の沢で、工藤憲三氏53歳、♂ 8 yr 3 mo（歯の年輪による）熊に襲われて死亡。

49:2001,9, 7	豊滝	♀ 4 yr	箱罠捕獲
50:2006,9,14	西区西野西公園の西側	♂，8 yr	箱罠捕獲

2007年～2010年（４年間）は捕獲ゼロである

2011年は７頭（ゴルフ場１頭以外は耕作地で捕殺）、

51:2011,6,15	南区藤野662番地	♀ 5～6 yr	畑の作物食害、、銃殺
52:2011,7,22	南区滝野ゴルフ場	♂，1 yr 6 mo	ゴミ箱漁る、銃殺
53:2011,8,31	南区豊滝44番地	♀ 5～6 yr	畑の作物食害、箱罠
54:2011,11, 5	南区豊滝44番地	♂，年令不明	畑の作物食害、箱罠
55:2011,11, 7	南区藤野662番地	♂，年令不明	畑の作物食害、箱罠
56:2011,11,10	南区砥山84-３番地	♂，成体体長190㎝	畑の作物食害、箱罠
57:2011,11,13	南区砥山92番地	♂，成体体長185㎝	畑の作物食害、箱罠
58:2012,4,20	南区藻岩下	♂，2 y 6 mo	林地内での草採食中、銃殺
59:2012,9, 1	南区滝野15番地	♀ 2 yr 7 mo	畑の作物食害銃殺
60:2013,9,27	南区真駒内柏丘12	♂，1 y 8 mo	予防駆除、銃殺
61:2014,8,27	西区小別沢	♀ 7～8 yr	箱罠

道庁の記録では2014年には２頭捕殺しているが、市では記録がないと言う

2015年度は捕殺ゼロで、2016年度（10月19日時点で）捕獲ゼロである

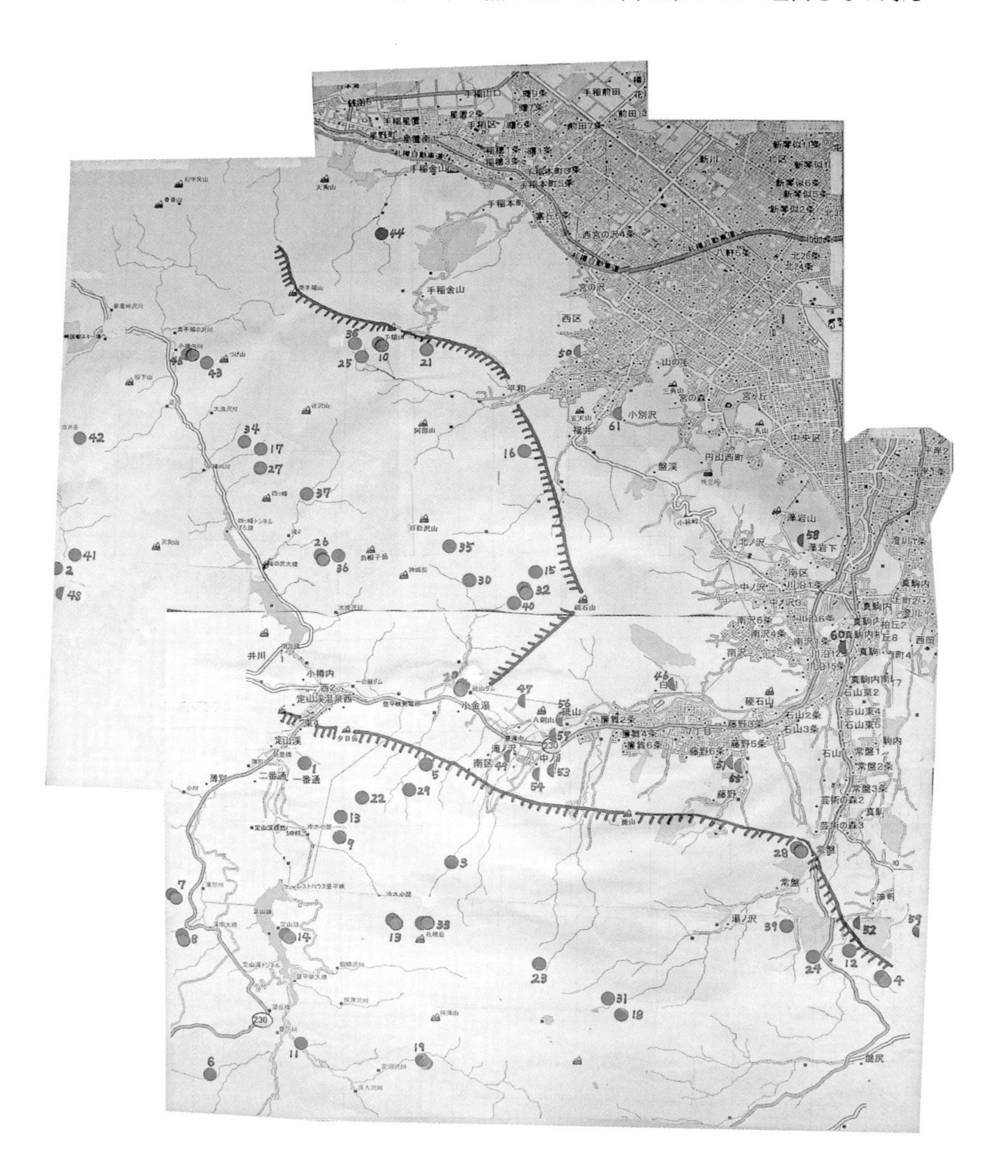

第1表の捕殺地点位置図、数字は捕殺地点番号で、第1表の番号と一致する。
内側 [hatched line] 内側は羆の生見圏である。● 若羆以外の単独個体、◖ 若羆、● 母子

<羆が札幌圏の里や住宅地に出るに至った経緯>

①この間の、**1989年から1997年の9年間、札幌圏では一頭も羆を捕殺しなかった事と、②捕獲を再開した後の猟法が銃器では無く、檻罠になった事の2点の結果として、③1985年時点の生息地であった<銭函川上流部～奥手稲山～手稲山～永峰沢川上流部～砥石山～砥山ダム>を結んだ西部地域一帯と、<滝野～常盤～焼山～夕日岳～朝日岳（定山渓）>を結んだ南西部地域一帯の境界を超えて、④それまで全く羆が出没していなかった地域に、出現するようになり、現在に至った**と言うのが実情である。

<札幌圏での1977年以降の羆の出没の経緯>

私は1977～2006年迄の30年間分の札幌市管内での羆の経年的出没一覧を持っているが、これは私が聞き込みをして得た資料が殆どだが、それを通覧すると、羆が経年的に出没域を拡張してきた状況が解る。

<1977～2006年迄の30年間の札幌市管内での羆の経年的出没は次の通りである>

1977年は1件：8/29（月/日）　南区簾舞東御料の林道、230号国道から、西に約5kmの国有林内で、茸を取りオートバイでの帰り、4,5歳の羆を目撃。

1978年無し。

1979年は1件：10/5　西区福井の中ノ沢の道で、散策中、前10時頃4-5歳の羆を目撃。

1980年～1983年無し。

・**1993年以前は羆の出没は、奥山と里山の境界辺りのみの事で、里山への出没は稀であった。**

<1994年以降、里山（公園等）に時々出没が見られ始めた>

1994年は1件：6/14　南区簾舞の簾舞中学校から道を隔てた雑木林に、若羆の糞あり。

1998年：6月末から　南区白川地区で、母子3頭の羆を、夜度々目撃する。

1998年以前は、羆の目整情報は、稀であったが、1999年から急増し、

1999年は4件：4/17　定山渓温泉のホテル街、北側直ぐの国有林で、朝方、羆目撃。5/21　豊滝491の市道で（豊滝小学校から350m地点）で、前7:40頃、車から羆目撃。同日、中山峠から230号国道を定山渓温泉側へ、約10㎞地点で、羆成獣を、車から13時頃目撃。9/21 国営滝野スズラン公園駐車場で、バス運転手が、10:15頃、羆体長約1.3mを目撃。

<u>**2000年は5件**</u>：6/8 豊滝市民の森で、11時と14時頃の2度、巡視員が体長1.3m程の羆目撃。6/18 定山渓無番地、夕日岳登山道に、羆の糞あり。7/22 西区平和の左股川付近で、前6:30頃母子3頭を、車で目撃。9/28 豊羽鉱山付近で、若羆を、19:30頃車で目撃。10/27 中山峠から230号国道を定山渓温泉側へ、約15㎞地点で、母子2頭羆を、車から前10:30頃目撃。さらに、<u>**2001年以降、増加し**</u>、

<u>**2001年は8件**</u>：4/26 定山渓「中ノ沢」で、山菜採りの3人が、前9時頃、羆成獣に遭遇。
5/6 定山渓の国有林（2483と2484林班の境界）で、工藤憲三氏53歳が、山菜採りに行き、♂8yr 3mo 羆に襲われ死亡。6/13 南区「豊滝市民の森」で羆糞あり。7/19 手稲山、軽川の千尺コース下の、旧道で、羆成獣を目撃。8/6 神威岳登山道入口から、約1.5㎞地点で、羆を目撃、大きさ不明。9/7 西区西野すみれ園近くの山中で、体長1m程の羆を前5:50頃目撃。以後数回目撃情報あり。9/14 南区豊滝の市道で、前5:15頃、体長1m程の羆目撃。9/23 南区、小金湯の山林で、きのこ取りの男性が、母子羆目撃、子は体長80㎝程。

<u>**2002年は9件**</u>：5/10 空沼岳登山道（常磐）入口から、約1㎞地点で、羆成獣を後4:00頃目撃。6/1 西区、平和の山林で、前5:30頃、羆成獣を目撃。6/11 230号国道を定山渓から西に約1㎞地点で、21:20頃横断する羆を目撃、翌日の18:20頃も同所で目撃。8/25 西区西野9条9丁目、西公園奥約100mに、16:40頃、羆目撃、大きさは未確認。8/27 定山渓国道温泉東1丁目付近で、作業員が、前8:30頃、体長1m程の羆を目撃。8/27 簾舞の山林で、きのこ取りの男性が、16:10頃、羆成獣を目撃。10/9 中央区幌見峠頂上付近で、前5時頃、母子2頭（子は1m程）を目撃。10/19 南区、真駒内小学校から、山側へ0.5㎞地点で、羆成獣を、前5:45分頃、車から目撃。10/23「盤渓市民の森」で、1.8㎞地点に、羆の糞見つける。

<u>**2000年以降、10カ年掛けて、羆の行動圏が徐々に東部と北部に拡大し、**</u>

2010年頃から2013年には、手稲平和、手稲福井、西野、盤渓、豊滝、簾舞、白川、藤野、常磐、石山、滝野、藻岩、円山、中の沢、川沿、真駒内、などに出没するようになった。

2011年と2012年には、円山、藻岩、川沿、真駒内、そして南区の電車通りにまで、若羆が主として夜、羆が出没した。

＜往古の記録がある札幌圏での羆に依る人身事故＞

札幌圏の開拓は、白石、苗穂、手稲、篠路地区が、石山地区以西に先行して行われたので、羆の作物や家畜の被害・人身事故も白石、苗穂、手稲、篠路地区での被害事故が、石山地区以西に先行して発生した。

以下に、その証拠をを示すと。

＜白石、苗穂、手稲、篠路地区での被害＞

①現白石区で、明治13年（1880）10月13日の朝、白石の坂の上墓地に、母子羆を撃ちに行き、母獣に反撃され、1人が顔面重傷、もう1人が殺され身体の一部が喰われた。

②現白石区で、明治14年（1881）8月6日に、白石神社近くで、男3人で母子羆を撃ちに行き、母羆に反撃された。

③現白石区で、明治29年（1896）9月2日と3日に、白石で開拓地に出た雄羆を3人で撃ちに行き、反撃され、1人死亡、1人重傷負ったが、40日後に死亡した。

④現北区で、篠路村山口部落で、明治34年（1901　月日不明）、植野波治58歳（1890年入植）が3人で、羆撃ちに行き、背後から羆に襲われ、頭皮を剥がされたが、他の者が銃で羆を撃ち殺し助かった。

（国道230号線石山地区以西での被害）

①1925年（大正14）4月3日、豊滝地区の滝ノ沢川で、工藤さんと言う18歳と14歳の兄弟が、蝦夷雷鳥撃ちに出かけ、母子の母羆に襲われ負傷した。

②1925年（大正14）6月10日、定山渓の二番通り（国道230号線と、豊平峡ダムから流下する豊平川とに挿まれた地域を言う）の開拓団の婦人有馬トク子さん（40歳）が、羆に襲われ亡くなった。

③1928年（昭和3）12月12日に滝ノ沢で、林務員が羆に襲われ、負傷した。

④1934年（昭和9）4月16日の簾舞で、薪割りをしていた加藤吉之助さんと道を歩いていた戸松イサさんが同じ日に、それぞれ別の場所で、羆に襲われ負傷した。

⑤1939年（昭和14）、秋、道路工事現場従業員の前鼻幸次郎さん（当時満20歳）が、羆に襲われて殉職した。

丘珠事件の人喰いグマ（剥製）
北海道産の最古の剥製である

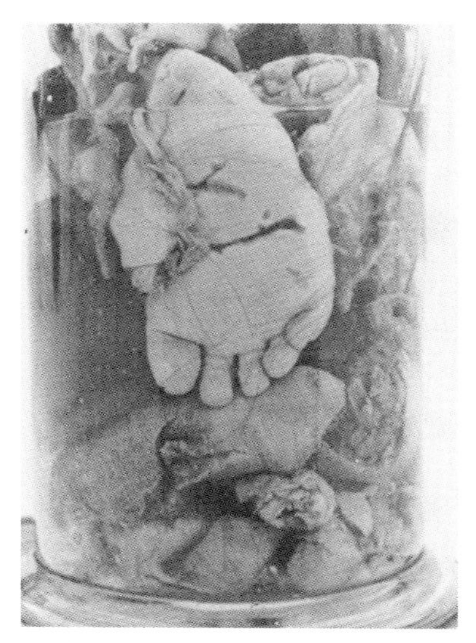

ヒグマの胃から摘出した被害者の身体の断片（瓶の外径15㎝）

前記地域外での事故としては、

（1）1878年（明治11）1月11日、現札幌の円山225mと藻岩山531mの山間にあった羆の冬籠り穴で、撃ち損じた羆が穴を出た後、丘珠まで行き、夜民家に侵入し、住人を襲った事故と。現東区で、明治19年（1886）9月に苗穂で、牛数頭が食害された件がある。左の剥製と液浸標本は「札幌農校（現北大）」の教授であったD.P.Penhallowさんが、学生達と作成した物である。

（2）現手稲区では、明治23年（1886）4月に手稲の軽川で、馬6頭と牛1頭を食害された被害がある。

<札幌圏での羆についての往時の人々の認識>

①明治12年（1879）に、丘珠の戸長・坂野元右衛門

を訪れた開拓使物産局員興津寅亮は「備忘録」で札幌丘珠の当時の様子を次のように書き残している。「札幌近クハ大樹鬱蒼トシテ畑ヲ見通ス所少ナク、或ル日、貸付課長水野義郎氏ト同伴、苗穂元右衛門（戸長）方へ麦播種反別調査ノタメ出張シタルニ、其所在地ヲ認ムルニ樹林中道ニ迷ヒ困難セシヨトアリ則チ大森林中ニポツポツ畑ヲ開墾シ居ルタメ一見シテ農家ヲ認知スル事ハ勿論不可能ナリシ、丘珠村ノ如キモ石狩街道ニテ可ヤ道幅広ク開キアルモノ両側大樹ノタメ旅行者ハクマ害ヲ燿レル程ノ有様ニテ、毎月大木ヲ伐倒シ之レニ火ヲ移シソノ焼失スルヲ待チ開墾スル態ノ始末、実ニ未開ノ形ソノママナリシ」と。

②**江別市在住の野村勇之助氏（年齢未聴取）は、父・野村濱之助氏が「屯田兵として**明治19年（1886）に広島県から、野幌兵村に入植した時の経験談」として、明治23年（1890）・24年頃、「兵屋に羆が度々出没したこと。また野幌原始林（現「野幌森林公園」を言う）には当時羆が棲み着いていた事」を語っていたと言う（野幌屯田兵村史、1934年刊）。

③**明治29年（1896）9月2日と3日に、白石（現白石区）で開拓地に出た雄羆を3人で撃ちに行き、**反撃され、死亡した事故に関連して、明治4年（1871）に、宮城県白石から移住した武田清寧さんは、その思い出を次のように語っている。「羆は身の回りに始終いました。私の弟は明治29年9月2日、羆と組討ちをやって、無残にも殺されました。頑丈な気性の強い弟でしたが、身の丈に余るような熊笹の中で羆と出会ったものですから、思うように鉄砲（火縄銃）を撃つ事が出きません。羆と鉄砲をつかみ合って格闘したらしいです。どんなに激しく闘ったか、人間の背丈より高い熊笹がペチャンコに10間四方も寝ていましたと、語っている（「白石歴史ものがたり」1978年刊 p.106）。

④**昭和9年（1934）4月16日に、簾舞で羆に襲われ大怪我を負った加藤吉之助さん（1888年生）は、**大正8年（1919）に、32歳で宮城県から簾舞に移住した者だが、『沿革誌みすまい（昭和43年刊）』に、「あの当時は、道を歩いていても、山に入っても、よく羆の姿を見かけて、さして珍しいものではありませんでしたが、大抵、咳払いをすると、向こうから隠れて、

人に掛かって来る事はなかった」と述べている。このように、往時の札幌圏の山林は、その殆どが、羆の生息地ないし跋渉出没地であった。

＜②羆の多棲地での銃への羆の反応（事例）＞

本事例も**銃での殺獲を中止したのが原因で、本来の生息地に羆が、頻繁に出没し出した例**である。

場所は北海道東部の知床半島北部の通称カムイワッカの滝から、林道を東に11㎞程行った「ルシャ・テッパンベツ川河口域」と称する地域で、**知床林道が標高20mの海岸に至った地点（西端）から、東端は19号番屋（漁場）に至る間の東西約2.8㎞の区間の潮際から山側の標高20m迄の間と（この間には幅数mの未舗装の路がある）、これらの場所から眺望し得る山側斜面一帯**である。

当該地の潮際から標高20mの間には①羆の食料となる餌資源があり。②樹木が少なく、草類も丈が低く、全体として眺望が利き、羆同士の遭遇を予防し得る等の要因が満たされている為に、母子と当年母から自立した満1・2歳代の若羆と前年母から自立した満2歳代の個体が来て、母羆はここで育子し、子に生活の術を教授する場として活用。当年と前年母から自立した1歳代と2歳代の若羆他が、しばしの安住の地として、索餌採餌の場として利用しており、それを縫うように成羆も使用、交尾の場としても使用している等、羆の生息地としては、理想的な場所である。19号番屋（後述）には、5月から11月迄の漁期には10数人の者が暮らし屋外で長時間労働しているが、羆に依る人身事故は発生していない。

＜当該地での羆に対する銃での対応の経緯＞

門崎の1978年からの斜里町役場での、「ルシャ・テッパンベツ川河口域」での羆に関する聴き取り調査では、当該地で、銃で羆を殺したのは、1978年1頭、1979年3頭、1980年2頭、1981年3頭、1982年捕殺0、1983年2頭、そして、最後は1989年8月26日に、ルシャ河口部で、推定15歳の雄1頭（体重232kg、体長1.74m：大瀬初三郎氏（1935年生）19号番屋（漁場）社長の教示）を銃殺したのが最後で、以来銃での捕殺を行っていない。

大瀬初三郎氏の話では、**銃殺を止めて数年経た1995年頃から、人や車**

を羆があまり気にせず、番屋付近や道路に出て来るようになったと言う。要するに、羆は数年掛けて、この地域では銃で殺されない事を学習し、それによって安心感を懐き、この地域を生活地として使用するようになったので有る。当該地での2013年〜2018年（6カ年間）の6月〜10月の間の継続調査期間中、1〜3時間に通常2〜5頭、多いときには4時間程の間に16頭もの羆が出て来た（2018年7月25日の調査で）。この調査は「門崎允昭・東京水産大学出身で動物学者の稗田一俊さん（1948年生)、私の研究所所員のPETER NICHOLSさん（オーストラリア出身1964年生）との共同調査である」。

＜大瀬初三郎氏（1935年生）の羆への対応＞

氏に2013年6月に聴取した結果、羆に対する対応は次の通りである。

①銃殺を1989年に止めて、**数年経てから（1995年頃から)、人や車を羆があまり気にせず、番屋付近にまで、羆が普通に出て来るようになった。**

②そこで、羆が使ってもよい場所と否場所を教える事を試みた。その方法は、出て来ている羆に対し、人が居る場所に近づかない事と道路を人や車が通る場合には、その場から、立ち去る事を、単純な言葉で、大声で羆を叱り、その場から立ち去るようにさせた。その結果、羆ともトラブルも無く、以後全く、羆が居ることに関し、不便は感じていない。

③番屋に寄り付く羆が居る場合は、一時的に電気柵を張り、トラブルを予防する事にした。番屋の人間にも、外での作業で、羆を怖がる者が居たが、羆が居る状態の経験をつむと、恐怖心が解消する。要は、人と羆が使う場所を区別する事、これを、羆に教える事が基本であるとの事で、羆を諭す時の実際は：①羆が居ても良い場所と否場所を、叱り付けるように（羆より人が強いことを声で強調しながら)、言葉で教える。②「ここに居たらだめだ､向こうに行け｣等､短い言葉で話し聞かせる。時には､大声で諭すか、怒鳴り叱りつける。③家に寄って、離れない羆に対し、1m程のロープを、振りかざして脅した事がある。それで、その羆は退散した。以上の様な対応を日常的に行い、今も時に行っているが、その結果、羆とのトラブルも無く、以後全く、羆が居ることに関し、不便は感じていないと言い、**19号番屋では人と羆の共存共栄が成り立っている事が看取され、この手法が共存策の決め手であると、私は確信した。**門崎の50年間に亘る羆に関す

る多様な調査と経験からも、羆は非常に頭脳明晰で、人の言葉も確実に理解し聞き分ける能力を持っていると確信している。例えば、気づかずに近づいて来る羆に対し、「ホイホイ」と言えば、人を迂回して通り過ぎるし、その場に居る羆に対し、門崎は「何しているの。どこから来たの。等いろいろと話し掛けるが、それに対し羆は顔の表情と全身の仕草で答えるし、**羆は無用なトラブルを自ら避けようとする意識も強いと私（門崎）は看取している**。

＜檻罠での羆捕獲の歴史＞

①**千歳アイヌの今泉柴吉(1891～1965)さんが、8番(6㎜)の鉄線で作り、1964年（昭和39）に**、羆1頭を獲ったと言う檻罠が登別クマ牧場の資料館に展示されている。

②北海道で**檻罠が本格的に普及したのは昭和54年（1979）8月13日に沼田町字昭和で**蜂箱を誘餌とした檻罠で、推定年齢7歳の雄の羆の捕獲に成功してからである。当初は誘餌に蜂蜜だけを用いていたが、その後、誘餌に蜂蜜・魚・鹿肉やその内臓・家畜の餌・リンゴなど、多様な餌を入れるようになったので、羆はその時々で、偏食するので、多様な餌の何れかに惹かれ、罠に掛かり安くなり、結果として、羆の捕獲数が、銃だけであった時代に比べ、増大し今に至っている。本来例えば、トウモロコシを食害した個体を罠で捕獲するのであれば、檻の中にはトウモロコシと他に1種類、例えば蜂蜜ぐらいを、入れるべきなのに、多様な餌を同時に入れる事で、結果的にトウモロコシを食害した主ではない個体が罠に入り、殺されると言う理不尽な結果が多発している。これは、生物倫理的観点からも改めなければならない、重要課題である。「生物倫理とは、人が（生物の一員として他種生物に対し、人が為すべき正しき道）の義」。

③アイヌは子羆の飼育に割板を四方に囲んで作った高床の檻を用いたが、檻で羆を捕獲することはしなかった。

＜登山道や自然公園の歩道に出没する羆について＞

次は小樽市立桂岡小学校校長の加藤満幸さんから、2015年9月私にmailで、札幌市西部に連なる峰の一つである春香山907mに小学生が集団で登山をするに当り、羆に対する危惧について、私の考えを求めて来た

ものである。

［門崎先生に、小学生が遠足で羆の生息地である春香山に登ることについて、ご意見を伺いたく、メール致しました。本校は春香山の麓に所在しております。8年ほど前から、子ども達に忍耐力を養い自然に触れさせることを目的に、秋に春香山登山遠足を実施して参りました。今年度も、9月11日に実施の予定で準備を進め、9月9日に登山道の最終確認に行ったところ、登山道に数日経った羆の糞と思われるものを発見しました。

翌日、市役所の生活安全課職員と、地元猟友会のハンター2人が同行し現物を見たところ、羆の糞であることが確認されました。また、下山途中では、登山道の私達がいる付近で羆が現に活動している音（ハンターの方たちによる）を聞くこととなりました。

このような状態で春香山に小学生の集団を登らせることはリスクが大きすぎると判断し、今年は春香山への登山遠足を中止することにしました。

この判断について、門崎先生としてはどのようにお考えになられるでしょうか。よろしければご意見をお聞かせください。また、「このような状態であれば、小学生が羆の生息域の春香山に遠足を実施しても問題ないであろう」「このような状態であれば、小学生を遠足で羆の生息域である春香山へ立ち入らせるべきではない」といった判断基準を設けるにあたってのご助言などがございましたらお教えください］

＜門崎の回答＞

春香山登山での羆についてのご心配の件ですが、登山道を歩く限り、羆と出会たり、最悪の場合は襲われるかもと言う心配は無用です。あの地域も羆の生活圏になっていて、羆が利用していますが、あの登山道について言えば、人がよく利用していますので、羆は登山道が、人の利用地であることを、学習記憶していて、例え、人が近くに来るまで、羆があの登山道路にいても、人の気配を感じれば、その場から、立ち去るものです。人を襲う事は、あの地域の羆に付いて言えば、皆無です。糞があったとか、羆の気配があったとかで、恐れることはありません。子供達には、登山道路から、外れないように、注意すればよいでしょう。羆の事を気にすれば、春香山登山はし得ないでしょう。

＜門崎の補足の回答＞

①羆は非常に頭脳明晰で、経験による学習能力に長けた獣です。時に母から自立した（自立の時期は多くは5月から8月末の間ですが）若羆（母から自立した年の子羆の義）が、人家付近や街が、自分が生活地として、使える場所か否か確認学習の為に、人家付近や街に出て来ることがありますが、使えぬ事を納得すれば、出て来ませんし、このような羆が人を襲った事例は皆無です。

②同様に、山地でも、人がよく来るような場所では、己が使って良い場所と、不可の場所を、学習し、わきまえて、行動しているものです。　人がよく歩いている登山道なども、同様に、人がいない時は、羆が使いますが、人が現れた場合は、人に登山道を譲り、羆は他所に移動し、人が通り過ぎると、人が再度来るか否かを見極め、人が来ぬ事が分かると、道路に、出て来ると言うような、生活をしているものです。このような知見の取得は、羆のいる場所に頻繁に行き、羆の生活状態そして行動について、観察考究しそれを更に検証すると言う行為が必須なのです。

③故に、札幌市が、自然公園などの遊歩道で、羆を目撃したとか、糞や足跡があった事を理由に、入域禁止にしていますが、そのような入域禁止は全く不要な事で、いたずらに利用者に羆への恐怖心を煽るだけで、羆の生態に無知な連中の恥ずべき判断行為と言うべき事象です。このような行政の態度が続く限り、羆と人は共存し得ないでしょう。

北海道の田舎では、今も多くの地域で、羆が人家近くに出没しても、それは極自然の事として、騒ぐ事無く暮らしている地所が多くあります。要するに、そう言う地域では、人と羆は②の形で、共存しているのです。新聞は、各地の羆出没を記事に掲載していますが、これは単に羆を危険なものとして、害獣視を煽っているとしか、言いようが無い書き方報道姿勢です。北海道で羆を害獣視し始めたのは1875年（開拓使）ですが、以来140年間、今日も行政は羆を害獣として、檻罠での駆除を奨励している現状は憂うべき事です。その元凶は行政に関与している羆研究者なる者が調査費や会議出席手当などと報道で己を衒う名誉欲とで、羆の生態を学ぼうとせず集団で互いに保身し合い、真に羆の事を考えようとしない現状にある。

＜野幌森林公園に79年振りに（後述）出て来た羆の顛末＞

私の50年間に亘る羆の多様な事象に関する検証調査の知見から言えば、本件は、2019年の4月以降に、**母羆から自立した年齢2歳4カ月令（2月1日を誕生日とする）の若羆（母から自立した年の子羆）が一頭、「島松沢と仁別」を結ぶ線から以南部の生息地から、直線距離で北方に約10km 離れて居る野幌森林公園まで、人に気づかれずに移動して来て、6月10日～7月31日の早朝まで、52日間を同公園内とその近傍で過ごし、再び元の場所に戻った**と言うものである。（最初の報道；北海道新聞2019年6月12日記事「6月10日22時50分頃に、体長1m 程の羆が、公園南端外付近で目撃したとの情報」）

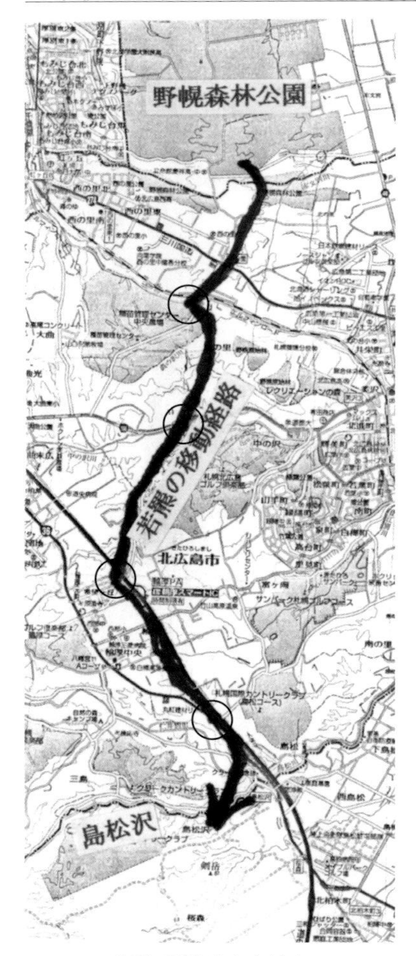

○羆が確認された地点

若羆が来た目的

若羆は母から自立後、自分の生活圏を確立するために、自分の生活地と成り得る場所を探し求め検証して歩く。今般の若羆もその目的で移動して来て、同公園地域に辿り着いたもの。そして、6月10日～7月31日の早朝まで、52日間を同公園内とその近傍で過ごし、棲み場と成り得る場所か否か探った結果、この公園地域は、人との遭遇（羆は人との不意の出会いを嫌う特性が強い）が多い事を悟り、それを嫌って、元の住み場に戻ったと言うのが真相である（自分が安心し得た場所に戻る特性がある）。**公園とその付近に居着いて居た52日間の内、6月10日～7月17日迄の38日間はほぼ連日、公園ないし公園付近で、この個体は人に目撃されていたが、7月18日～30日迄の13日間、この個体の目撃情報は皆無となった。私は、目撃されなかった13日**

間は、この個体は公園内で、人との遭遇を故意に避けながら暮らし、己の生活地とし得る場所か否かを真剣に吟味していたと見る。その結果、棲み続ける場所で無い事を悟り、元の安心し得る場所である島松沢地域に一先ず戻ったと言う事である。

この若羆が行き来した経路

出て来た経路は、その間一度も目撃されていないから分らない。だが、戻った経路の大筋は、その間4箇所で、その個体が目撃されているので、大筋分かる（北海道新聞2019年8月2日版）。経路の10km 程を、28時間程かけて移動している。28時間の大部分は身を潜めて居た時間であろう。羆は一度通って安全と見れば、同所を使うから、公園に来た経路も、戻った経路とほぼ同じ箇所を通ったと私は見る。この経路だが、断続的に林地はあるが、住宅地・高速道路・商業地域・などもある。このような場所に出て来る個体は若羆に限られる。それ以外の既に主たる行動圏が確立している個体が、出て来る事はあり得ない。今後、再び若羆が出て来たとしても、今回の事例から、永住する事は有り得ないから。静観すべきである。

この個体を満2歳4カ月令をする根拠

この個体の年齢であるが、（北海道新聞2019年6月12日記事）**体長1m 程の羆がとあるから、この1m と言う大きさからのみ、年齢を推察すれば、満1歳代と言う事になる**。しかし、公表されている画像で、その個体が排泄した糞の口径を見ると、ソーセージ状の糞で、付記されて居る物差しで計ると、**口径が3.5cm程あるものもあり、満1歳代にしては口径が少し太い。とすれば、満2歳代の可能性がある。さらに行動様態から、見ると、智力が長けて居り、この2点から、年齢は満2歳4カ月令であると私は見る**。性別は尻の後端を見れば、雌であれば陰裂が明確に分かるのだが、そのような情報を私は持ち得ていないので不明である。

野幌森林公園

「野幌森林公園」については、私は1970年から30年間、自然環境調査を行っていたので、現地は精通している。この公園は札幌市の東端に位置し、面積が東西4km、南北5km。標高が10m から97m で、全体として起伏ある地形で、針広の森林があり、草類も多様で、沢地もあり、人工の溜池も数ヵ所ある。羆が冬籠もり穴を造れる斜面もある。そして、羆が採食する草類の中で最も好んで採食する座禅草 Symplocarpus spp. も各所にあり、羆が動物性の採食物として好む蟻類も各所に営巣しており、往時から羆の生息適地であり、現在でも2～3頭程の羆が通年生息し得る環境で有る。同公園はその一部が北広島市域にも3カ所狭域だが近接して在る。

今回の羆に関する新聞報道

私は読んで居る新聞は「北海道新聞」だけである。今回の羆に関する報道姿勢はいずれも羆を「危険なもの」との先入観で扱い、コメントをしている識者は、いずれも検証もせずに己を衒うために想像で発言しているとしか言いようがない内容である。

①（北海道新聞2019年6月12日記事）に、2019年6月10日22時50分頃に、体長1m 程の羆が、公園南端外付近で目撃したとの情報が有り、これについて、酪農学園大学の佐藤喜和教授は、「おいしい食べ物を求めて来ているだけ」と、言っているが、全くの見当違いである。②また、道職員の間野勉氏は（北海道新聞2019年7月11日朝刊）に、羆がこの地所に出て来た原因は、「札幌周辺のクマは増えて密度が増し、平地の森林に侵入する圧力が強まっている」ためと書いているが、これも間違いである。③北大名誉教授の金川弘司氏は（北海道新聞2019年8月2日朝刊）に、北広島に出没した羆について「野幌森林公園にやって来たクマが、食料を確保できず元の場所へ戻るために通過した可能性がある」と発言している。検証調査もせずに、識者ぶるなと私は言いたい。

この公園地域に羆が出現した前回最後の記録は

1941年3月20日頃に、若羆1頭が原始林（この地域の古称）に現われたとの知らせで、厚別字旭町に住んでいた宮久保重喜氏（当時51才）と藤沢音吉氏（当時37才）の2人がこの羆を追跡し、3日程後に西4号線の沢で銃殺したと言うものである。「この沢は、現在、西4号道路と国道274号間にある沢で、湿地があり、羆が好んで食べる座禅草がある事から、羆がよく来たもので、開拓当初から「羆の沢」と通称し、現在その下流域は「羆の沢」の名称が付されている。「白石歴史ものがたり、p.111」に、この羆の出没年を昭和19年と記してあるが、音吉氏と親交のあった藤沢秀雄氏（大正4年9月生）から私（門崎）が聞き込みした結果、昭和16年（1941年）の誤りであることが判明した。このように、江別一帯はかっては羆の棲場であった。

<札幌市南区の国営滝野すずらん丘陵公園」の羆騒動について>

公園での羆に関する事象を、門崎が保管する資料から、時経列で見ると

①1978年公園の建設計画決定し、1983年、一部30haを公園として供用開始した。②1999年9月21日、日中体長約1.5mの羆1頭が園内を南北に移動するのをバスの運転手が目撃（詳細は不明)。10日間休園した。③2001年夏に、羆除け金網（目幅約7cmで、地面から約3mの高さ）を、公園の南側全周囲と西側の過半部とに全長約3.8kmを、約1億9千万円掛けて設置した。④2001年10月27日の朝日新聞に、「羆除けﾌｪﾝｽ不十分の」批判記事がでる。⑤2002年7月、東西・南北約2km・面積約400haの公園が完成。⑥2003年、羆が金網を登り越えるのを防ぐ為に、私（門崎允昭）の指導で、地面から約1.5mから上の金網に、上下約10cm間隔で、有刺鉄線（刺幅約7cm、若羆の手足横幅を9cmとして、刺が触れる間隔は7cmである）を張った。また、金網下端と地面との隙間には9mmの丸鋼を、約20cm間隔で、設置し、潜り入る羆の防止を図った。⑦2005年9月26日に、公園の南東端の「清水沢口付近」で、羆の糞と足跡を発見、閉園した。29日に私が現地踏査した結果、同所付近で足横幅12.5cmの羆の足跡を、さらに野牛山登山道入口の西側の沢沿いで同羆の足跡を確認し園内には居ないことを確信し、翌日から開園した。沢地の金網下端の隙間を9mmの丸鋼で塞いだ部分が不備で、そこから侵入したものであった。⑧2013年（道新9/27・朝日9/25ヒグマの足跡発見、「すずらん公園で来園内者6千人避難」）の記事----「札幌市南区の国営滝野すずらん丘陵公園で23日午後2時ごろ、園内を巡回していた職員が羆の足跡と糞を発見し、約6千人の来園者が避難した。同園は30日まで臨時閉園し、さらに2週間閉園し期間中のイベント中止も決めた」と言う内容。今回は民間の調査機関に依頼し調べているが、まだ羆が侵入した場所も、羆が園外に立ち去ったか否かも特定し得ていないとの園所長の話。11月19日の道新によると、その羆の足横幅は10cmとある。

<羆から見た公園内外の環境>

私（門崎）は2001年から2007年までの7年間、公園内外の羆の土地利用実態について踏査した。それを基に公園内外のその実態を述べる。

<園内>

①公園内は羆の生息地（羆が各四季ないし複数四季続けて使う地所）とし

て不適であるが、柵が無ければ、時に出没地（時に短期に使う地所）となり得る環境である。不適な理由は園内には餌と成る植物動物が僅少過ぎることと、越冬穴の適地が無いことによる。②園内には越冬穴が造られた形跡が全く無い。羆が越冬穴を造る場所は大昔から決まっている。③母羆から5月から10月の間に自立させられた満1、2歳の若羆（自立するのは、子が1頭の場合は満1歳の、子が複数（2〜3頭）の場合は満2歳の5月から10月の間である）である。母から別れて、新たな生活圏を確立すべく森林（羆の基本的な生活地は森林である）を探索徘徊して（これは本能的な行動である）、公園外縁にきて、公園内が己が生活地として使って良い場所か否か、好奇心を起し、学習に入って来るのである。これまで、園内に入って来た羆は皆この種の羆である。そして、それを見極めるまで園内に居続ける。柵がある場合は、柵の隙間など侵入し得る場所を見つけ入って来る。己が生活し得る場所でないことを悟ると、出て行き、再び来る事は無い。「子羆」とは母が連れ歩いている子を言う。母から自立した年の羆は「若羆」と言う。羆の年齢は2月1日を誕生日として計算する。

④このような若羆は、人を襲う事は絶対に無いことを識って欲しい。根拠は私（門崎）が羆を研究始めた1970年以来、この種の羆による人身事故が皆無だからである。

満2歳代以下の若羆の体長は1.3m以下である。そして、足の横幅は13cm 以下である。

＜園外＞

①園外側の南部全域と東側の南部過半は共に全域が羆の生息地ないし出没地（行動圏）である。②園の南部外縁中程の沢沿いの湿地には、
ザゼンソウ
S.renifolius の群落があり、毎春羆がそれを採食に来ている。

2013年12月12日の道新の記事について

「滝野公園のヒグマの有無を確認するために、開発局は11月28、29日、12月5、6日に、約30人が園内を巡回しながら、花火の音や大声を出して反応を確かめた。足跡や冬眠用の穴なども見つからなかった。会議では、専門家から「調査の結果、園内で活動しているクマはいないだろう」という意見が上がり、営業再開できる環境が整ったとの結論になった。開発局は、再開後も1日2回の園内巡回を行う」との記事。当局に聞いたら、これも、羆研究者の間野勉氏が主導した調査だと言う。

野生動物の調査の基本は、1人か2人で、静かに辺り総てに全神経を集中させて行うもの。花火や大声は言語同断の愚かな行為。羆が恐ろしくての為せる行為か。日頃から調査に専念していれば、微かな痕跡（通過跡、逗留痕、多様な形跡）も見い出し得、その動物の心も解るもの。謙虚に勉強せよと言いたい。

園内への羆の侵入を防ぐには､侵入箇所を特定し､有刺鉄線を張ると良い。

＜2012年7月6日に、札幌市市長に対し、札幌市の羆対策について、私（門崎允昭）は「日本羆森協会会長」の森山まり子さん（1948年生～）と、下記の趣旨で申し入れを行った＞

私が熊森協会と共同で行った理由は、同協会は日本で唯一「熊を無差別に殺さないで、この大地は総ての生き物の共有物との観点から、熊とも共存を図ろう」との理念を実践している唯一の団体で、その理念が私と一致する事による。

申し入れの内容は以下の4点である。

①羆を極力殺さないことを前提に羆対策を講ずること。市街地や農地に出没する個体は、必ず理由目的がある故、出没箇所や出没個体の体形挙動から、それを的確に見極める事。単なる道路横断は無害である事。2歳4ヶ月未満であれば人を襲う事は無く無害である事。農地果樹園被害には一時的に電気柵を張る事。施設周辺には目幅15cm で有刺鉄線柵を張る事も検討する事。

②自然公園の林地や遊歩道に羆が出たとか、糞があったと言う事での閉園はしない事。

そう言う地所の羆は「人が道をよく利用している事、人の利用地であることを、学習記憶していて」、例え、人が近くに来るまで、そこにいても人の気配を感じれば、その場から、立ち去り、姿を隠す。まず人を襲う事はない。しかし保険のつもりで、奥山では当然の事、自然公園でもでも、笛（ホイスル）と鉈を持参すべき事を啓発する事。

③羆に関する正しい知識を啓発すること。羆と言えば、総て人を襲う可能性があるような情報記述は止める事。羆は視力が良くない（市作成の「ヒ

グマに注意」のパンフの記述）と言うような情報記述は誤りであるから、生態の記述には充分気をつける事。

④調査について。定山渓などの奥山で、奥山の個体数が増加すれば、押し出される状態で、人里の方に羆が移動するとの予見で、奥山の羆の個体数を調べるためと称し、奥山に有刺鉄線柵を張り羆を誘き寄せる臭気物を下げ（餌づけに相当し、止めるべきである）、羆の毛を採取し、遺伝子（DNA）分析して個体数調査をして居るが、市街地などに出て来る個体は前記理由目的からであり、それを予防するには、1985年末迄、狩猟などの捕殺を行っていた**＜銭函川上流部～奥手稲山～手稲山～永峰沢川上流部～砥石山～砥山ダム＞を結んだ西部地域一帯と、＜滝野～常盤～焼山～夕日岳～朝日岳（定山渓）＞を結んだ南西部地域一帯の奥山での捕殺**を銃器で行わない限り、市街地や農地などへの羆の出没は防げない。にも拘わらずそのような調査をする事は税の無駄遣いであり、止めるべきである。圏内の羆の個体数を把握したければ、経年的に初雪後、林道での羆の足跡を調べその大きさと歩様から個体識別することで、およその個体数は把握し得る。個体数の把握はそれで充分である。羆による各種被害を予防し共存を図るには、およその個体数を把握する事で充分で有る。全頭数を把握する手法は未だ無いし、共存策には無用である。よって、DNA調査は税の無駄使いである。**羆による人的経済的被害を予防するには前項①②③を実施する事で達成し得る**。

市民の森・自然歩道に入るにあたって

事前にヒグマの情報を確認し、以下の点に注意してお出かけください。

人間の存在をヒグマに知らせましょう

多くのヒグマは人間を避けて行動します。

事故の多くは、ヒグマが人間の存在に気づかず至近距離で遭遇する場合に発生します。

●早朝、日没以後夜間は利用しないようにしましょう。

ヒグマは、嗅覚・聴覚に比べて視覚はよくありません。

人間の姿を識別できないような薄暗い時間帯、霧や降雨時は、ヒグマが人の接近に気づきにくくなります。

【発行】

札幌市環境局緑化推進部緑の保全課

札幌市中央区南1条東1丁目

大通バスセンタービル1号館6階

TEL:011-211-2532

E-mail:midori@kankyo.city.sapporo.jp

さっぽろ市

02-J07-02-86

14-2-18

札幌市作成の「ヒグマ注意」のパンフ抜粋

第２章　羆による人身事故の原因とその対策

＜北海道での羆に依る人身事故の発生実態＞

1970年〜2018年末迄の49年間に、**北海道で猟師以外の一般人が羆に襲われた事故の年間の平均発生件数は、1.2件である。そして猟師の事故は0.5件である**。これを、多いと見るか否かは別として、発生している事は厳然たる事実で、ゼロで無いが故に、**羆は恐ろしいモノ、やっかいなモノとして、明治8年（1875）以来、今日に至るも害獣として、殺さて続けているのが実態である**。

しかし､実際に人を襲う羆と言うものは､**現在の北海道の羆の生息数を、2千数百頭と仮定すると（77頁参照）、一年に、その内の1.2頭の羆が、人を襲うと言う事**であり、これで、人を襲う羆は、現実には如何に少ないか、お分かり戴けたであろう。これとても、羆の生息や出没地に入る場合に、ホイッスルなどの鳴り物を持ち歩き、時々吹き鳴らす等、心して行動する事で、無にし得る程少なくし得る。

＜参考：月輪熊は羆よりも人を襲いやすい＞

月輪熊は羆よりも、人を襲う傾向が強い。私が「日本熊森協会」と2010年1月〜12月の1年間に、月輪熊と羆による人身事故件数を調査した結果、月輪熊による件数が、81件（内死亡事故は2件：山菜採と田畑の作業中各1件）であったのに対し､羆（北海道）に依る件数は3件で（3件とも死亡：山菜採2件、狩猟1件）、両種の比は（月輪熊）27：1（羆）であった。月輪熊は羆よりも人を襲いやすいとの結果を得た。

＜北海道の森林の殆どは羆の出没地である＞

北海道の森林面積は現在（2015年時点）全道面積の71％だが、**市街地を除くその殆どの森林が、羆の生息地（羆が長期に使用している所）ないし、出没地（一時的な利用地）で、山菜採りし得る場所の多くは、羆の生息地ないし出没地で有る**。

そのような場所に人が不用意に踏み込めば､羆に襲われる事が有る事を、忘れてはならない。

<先ず、羆は猟師以外の一般人に、どう対応しているか、述べるので、順を追って、場面を、想像して戴きたい>

私が、50年間の調査で得た知見を要約すると、**次の10型になる**。

①羆は、人に遭遇しないように、注意しながら、行動している→殆どの羆が、該当する。

②人が来たら、出会わないように、身を潜めるか、他所に、移動する。

③人と遭遇したら、直ぐに、身をひるがえし→人から離れて行く。

④人と遭遇したら、その場で、しばらく、人の様子を、うかがう（観察する）。この際、立ち上がることもある（これは、目線を高くして、目的とするものを、よく観察するためで、威嚇ではない）。

⑤羆がなかなか、立ち去らない場合は、少し大声でホッホッホッと声を掛けて、反応をみる。色々と話掛けるのも良い。羆の動きを見ながら羆から離れる事も必要である。

⑥母子の場合、人や車に近づいて来ることもある。これは、子羆に人や車を教える為と、私は解している。

⑦1歳未満の子が、人に関心をもち、近寄って来る事もある。そのような時は、大声でどなっても、寄って来る事があるので、その場合は、大きさ数cmの小石があれば、それを拾い、子羆の側に投げると、キョトンとして、どうしたの、駄目なんだと言う顔付きで、母羆の方に引き返す。この場合、母羆は無関心を装って居る。私は2度経験したが、母羆は私の方には寄って来なかった。

⑧脅しに、瞬時に人に突進してきて、人の前、2～3mないし数m前の所で止まり、一瞬吠えるなどし、また、瞬時に後退し、やおら、歩き立ち去ることがある→子を連れた母羆が、「子に近づくな」と言う意味（威嚇）ですることがある。私は単独羆に威嚇された事は無い。但し、不快そうな冷ややかな顔相で、見られた事は幾度も経験している。

⑨羆が以前から使用していた場所では、人が危害を与えないと識れば、人と羆の距離が10数m離れていれば、羆は平気でその場に居て（採食等して居て）、その場から離れようとしないことがある。

⑩稀に人を襲う事がある→瞬時に襲い掛かって来る場合と、にじり寄って来て襲い掛かって来る場合とがある（人身事故の検証からの知見）→この場合は勇猛心を振い起こし、鉈で反撃する事が有効である。羆にその爪や

①〜②人を見て不快感を示すヒグマ成獣

①人を見据（ミス）える母子、②人の行く手を横断する母子、③と④這松に潜み人を警戒するヒグマ

歯で襲い掛かられての、無抵抗は重傷ないし死に直結する（これは、人身事故の検証結果から確信持って言える）。

＜羆が人を襲う原因は3大別される＞

動物の行動には人も含めて、必ず目的（＝原因）と理由がある。羆が人を襲う原因」は、次のような場合で、3大別される。

［(1) 排除］ 羆が人を襲う原因として、最も多いのが、人を排除する目的で襲う場合である。これは次のような場合である。

①**遭遇（不意に出会った時）** に羆の方が猛って先制攻撃して来る場合がある。特に子を伴っている母羆は子を保護する目的で先制攻撃して来ることがある。

②**人が所持（所有）している食物（持物）・作物・家畜などの入手のため**、あるいは既に己が確保した物（「なわばり」も含まれる）を、保持し続けるために、人の存在が障害となるような場合に、人をその場から排除する目的で襲う。

③**猟者に対する反撃（排除）**。これは手負にした羆を、さらに深追いした時。手負にせずとも執拗に追跡した時。人が冬籠りの穴に近づいた時、あるいは冬籠りしている羆を無理に穴から追い出そうとした時。接近して銃撃した時あるいは至近での銃撃失敗時などに対し、直ちに襲って来ることもあるし、一度その場から逃れて、止足と言って一時的に身を潜めて不意に襲って来ることがある。

［(2) 食害］ 人を食べる目的で襲うことがあって、これはさらに次のような場合である。①空腹で食物を渇望している時、②動物性の食物（特に肉等）を渇望している時、である。

［(3) 戯れ・苛立ち］ 戯れあるいは苛立ちから人を襲うことがある。①人を戯れの対象として襲う場合、②気が苛立っている時に狂気的に襲う事、がある。

［(4)］**場合によっては、原因が幾つか複合する**こともあるし、襲っている過程で**新たな原因項目へと移行**する場合もある。例えば、初期目的は「排除」であったものが、途中から「食害」に、移行する場合等があるなど。

羆は人体を食う事が有り、その被食部位は頭皮筋・鼻部・顔面筋・耳

介・外陰部（陰茎部）・大腿部筋・臀筋を含む上下肢筋・胸部筋・会陰部筋（男の）など身体の突起部と筋部が主体で、体幹部臓器の食害は極めて稀である。

銃で打ち損じ、手負いにさせた猟者に対しては、先ず、顔面を攻撃し、顔面が変形する程執拗に攻撃し、死に至らしめる事が多い。

＜時季での人に対する羆の襲い方＞

人への襲い方は時季によって2大別される。冬籠り末期（2月中旬以降）と冬籠り明け直後は（この時季は個々の羆によって異なり、3月中旬～5月上旬まで幅がある）、**羆は立ち上がる体力がなく這ったまま、主に歯で、攻撃し易い部位をもっぱら噛る。これ以外の時期は、立ち上がって、手の爪で攻撃する**、と言う特徴の違いがある。

＜被害の防止＞

羆に襲われないための方法、および万が一襲われた場合に、被害を最小限に食い止める方策として、羆と対峙する猟者や羆の棲場に立ち入る一般人は次の点に留意すべきである。

「遭遇を防ぎ、羆の攻撃を撃退する」ために、「ホイッスル（サイズは4cm程、重さ20ｇ程）と刃渡り23cm程の鉈を」、必ず携帯すべきである。

＜実際の行動＞

①常に辺りに気を配り、羆に己が見つけられる前に、自分が先に羆を見つける様な、歩き方、進み方をする事。

②時々、ホイッスルを吹く。ホイッスルは軽く、音も遠方まで、届く、これで、羆との遭遇は回避できる。ホイッスルは、音を出すために吹かねばと言う自覚で、常に羆を意識し続ける効用がある。ラジオ等、音が出っぱなしの物は、辺りの異変に気づき難いので、注意すべきである。小型の鈴は効用有るが、風上や沢沿いでは、音が聞こえ無いし、鈴を付け鳴らしている事で安心し、羆への警戒心がうすれ、辺りへの気配りが失われる事があり、注意が必要だ。

③羆と遭遇した場合は、羆に話し掛ける事だ。

④羆がどうしても、離れて行かない場合は、普通の声で、話掛けながら、

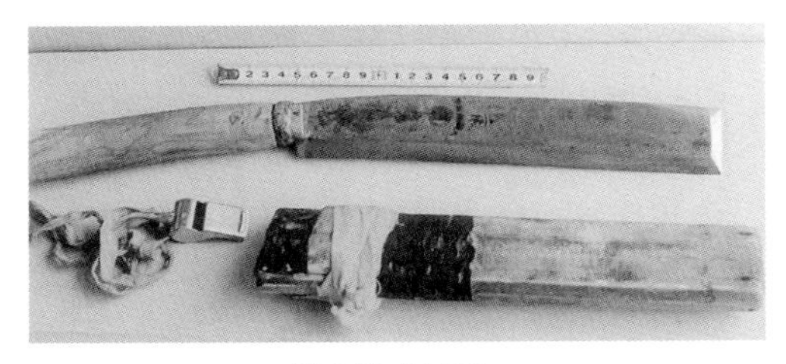

鉈と笛（左下）

自分が羆から離れる事だ。羆を迂回して、通り過ぎる等する。

⑤羆が自分の方に寄って来た場合のも、ダメダメ・来るな等と言いながら、羆から離れる事。羆を迂回して、通り過ぎる等する。

⑥どうしても、羆が執拗に自分に向かって来る場合は、襲い来る可能性を、覚悟し、鉈を手に握り（手から鉈が外れないように、紐を輪にして、鉈の握りに付けて置くと良い）、勇猛心で、全身を奮い立たせ、羆が掛って来たら、羆の身体でも、頭部でも、手でも、羆のどの部位でも良いから叩き付ける事である。羆の身体には全身に痛覚があるから、何処を叩いても、羆は痛さを感じ、攻撃を止め、離れる（過去の事例による）。

＜襲い来るものに対しては、武器（鉈で）で反撃すべきである。無抵抗はひどい場合は殺される＞

これは、**人対人は勿論、獣などに依る攻撃から、我が身を守る共通した総ての場合の、基本原理鉄則である。象使いが「鈎棒」を持ち、猛獣が居る原住民が蛮刀や槍を持ち歩くのも、経験から身を守るための用心の為である。鉈で襲い来る羆に反撃すれば、返って被害が甚大になると、想像で反論する者が居るが、過去の事例の検証では、そのような例は全く無く、杞憂に過ぎない**。それよりも、**猟師以外の一般人で、羆に襲われて、落命している者は、素手で対抗し、落命しているのが実態である**。

羆は撃ち損じた猟師を襲うが、その場合、刃物で反撃しない限り、猟師が落命するまで、顔面を鉄砲と見、顔面を集中的に攻撃し、死に至らしめる事が殆どである。

羆は一瞬にして、人の顔を識別記憶する知力に長けた種である。それは、手負いにした羆を後日、撃った猟師を交えて、討ち獲りに行くと、潜んでいたその羆が、飛び出て来て、撃った猟師を選択的に襲う事例が多いことからうなずける。

＜死んだ振りを推奨する道庁の「羆啓発紙」＞

道庁の自然保護課が出版した「あなたとヒグマの共存のために」と言う啓発紙に、「クマ**に襲いかかられたら、首の後ろを手で覆い、地面に伏して死んだ振りをして下さい。山に入る人は万一に備えて練習して下さい**」とある。とんでもない事である。これに関連して、**道職員の間野勉氏は、2004年9月7日の北海道新聞に、「羆の攻撃は、30秒から1分で終わるから、腹ばいになって、後頭部で手を組み、頭や首を守って下さい」**と発言しているが、私から言わせれば、「羆の爪や歯での攻撃に数秒たりとも耐えうる者は居ないと私は確信するから」妄言としか言いようがない。**自分で試してから言えと言いたい**。

＜大羆も鉈で撃退し得るか＞

私は「撃退し得る確率が高い」と確信している。下記の事例がある。

①大正15年（1926）9月に、厚岸の山林で羆に襲われそうになり地面に伏せたが、羆に頭や肩を囓られ我慢出来ず、飛び起きて、**鉈で反撃した小納谷さんを襲った羆は、身丈6尺余（1.8m）、重量80貫（300kg）**の見事な金毛の雄羆とある。実測の有無は不明であるが、立ち上がると地面から頭頂迄の高さが1.8mはあった羆の可能性が強い。被害者を、「羆は這った状態で襲ったのか、立ち上がって襲ったのかは」、不明である。

②2014年4月4日瀬棚町で「アイヌネギ」採りの女性が羆に襲われ、同行の60代の男性が、**鉈で羆の顔面を叩き、羆を撃退し、難を逃れたと言う事故で、後に捕殺されたが、この羆は体長2m、体重230kg、推定7歳の雄であったと言う（朝日新聞2015年4月24日掲載）**。この羆が人を襲った時季は、4月4日であり、越冬穴を出て、日が経っておらず、這った状態で、加害者を襲ったらしい（未確認）。体長（頭胴長とも言う）とは、身体を伸

ばした状態で、鼻先から尾の付け根までの直線距離を言う。本章後半の事故の事例にも鉈や包丁での撃退例がある。

＜熊除けガススプレイ＞

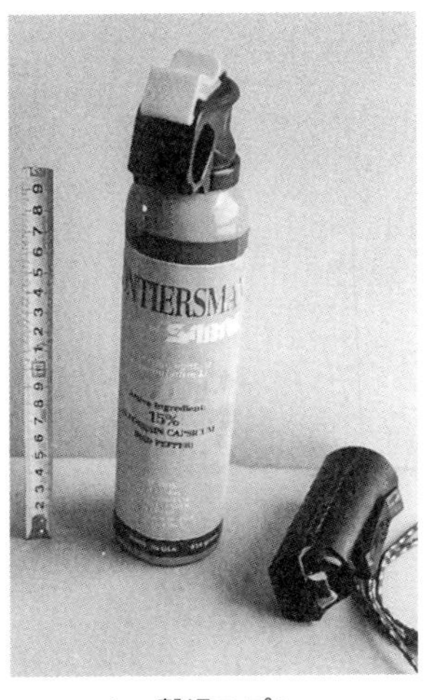

クマ撃退スプレー
（右は小型スプレー）

これは、アメリカで、犯罪者対策で開発された物で、**唐辛子の成分を主成分とするもの**。形状は円柱状で幅5㎝、全長25㎝、重さ460ｇ程である。　①これは瞬時に襲い来る羆には通用しないし、②風上に居る羆にも通用しない。③しかも熊に3m以内に接近して噴射しないと効果がない。さらに、④**人が、このガスを、少しでも吸ったら、呼吸ができなくなる。肌にガスが僅か付着しただけで、皮膚が炎症を起こし、我慢できないうえ、目に入ったら、目を開けていられない**、そう言う、しろものである。それを承知で、使うなら別だが、私は推奨しない。

＜参考＞

知床の奥に19号番屋と言う漁師の拠点があり、10数人の漁師が、5月から11月末迄の間常住しており、そこは北海道で一番多く羆が出て来る場所で、私もこの場所に行って羆の行動を調査したが、この番屋の親方（社長）の大瀬初三郎さん（1935年生）は、昭和39年（1964）から50年間ここに、日々いて、日本で最も多くの羆に遭遇している人だが、大瀬さんが言うには、羆が近づいて来た場合には、羆の目を睨みながら、ドスをきかせた声で、「コラット」と、言えば、必ず羆は立ち去る。なかなか、立ち去らない場合でも、幾度か「コラット」「コラット」と言えば、立ち去るもので、これまで何十頭もの羆をそうして追い返したと言う。

私は羆の目は見るが、睨み続けることはせず、羆の目と全身の表情から、羆の心を見やることにしているが、羆は目で、いろいろな気持ちを語って呉れる。羆は、知力が高く、人の感情も読み取り、それに適切に対応する知力と融通性を保持していると私は解している。

＜人身事故の実例＞

＜1＞＜冬籠り中の羆が穴から飛び出て来ての人身事故＞

冬籠り中の羆の穴に、不覚に人が近づいたり、雪下の穴の入口に足を踏み込んで、羆に襲われる事がある。この場合も、襲い来る羆に対し、鉈で積極的に反撃することが肝心である。この種の事故は、大別して、遊山や狩猟中の人が襲われる場合と、施業中の人が襲われる場合とがある。羆が人を襲う原因は、穴に籠っての冬籠りは、羆にとっては、本能的行動であり、穴を保持し続ける為に、侵害する人間を、その場から排除するために襲うのである。羆は穴の中で、いつでも覚醒し得る状態で居るから、穴に人が近づくと、積雪が浅ければ、その地面越しに伝わる足音に、積雪が深い場合でも穴に近づけば、やはり地面越しに、音が穴に響き聞こえるから、人を排除しに飛び出て来て、襲うのである。

私の実験では、穴の中に居ると、約10m先を歩く雪上の足音が、穴の中に響いて来る。1970年以降これまで、この種の事故が8件発生しているが、穴の造りの共通点として、いずれも、穴の入口が大きく、羆が瞬時に飛び出る事が出来るサイズである。

8件の内訳　　　　　　　　入口のサイズ（横幅×縦幅）㎝

①1975年	4月	8日	長万部町	53歳	♂	負傷	毎木調査	雄羆	90×40
②1976	12	2	下川町	54	♂	死亡	除伐中	母羆	67×40
③1977	4	7	滝上町	39	♂	負傷	除伐中	母羆	52×53
④1980	2	25	佐呂間町	50	♂	負傷	除伐中	母羆	60×60
⑤1990	3	7	芦別市	52	♂	転倒	毎木調査	母羆	77×55
⑥1995	2	13	紋別市	52	♂	負傷	除伐中	雌羆	68×52
⑦2015	1	26	標茶町	64	♂	死亡	枝打ち	母羆	サイズ大
⑧2015	2	2	厚岸町	74	♂	負傷	毎木調査	単独（性別不明）	サイズ大

「枝打ち」とは、（幹から生ずる下枝を鉈や鋸や柄の長さが1.2mほどの刃先が尖った鉈のような刃物がついた鉈鎌で切ること）を言う。「除伐」とは、細い木を鉈鎌や手鋸で切り倒す事を言う。

羆 U. arctos による人身事故の概要一覧（1970年～2016年）

事件 No.	発生 年月日	発生地	被害者の行動	被害者の性別・年齢	状況	加害グマ	加害原因	人身の食痕の有無
1	70.7.25-27	カムイエクウチカウシ山	遊山（登山）	男18,21,23歳	3名死亡、2名生還	雌2歳6カ月齢	排除	食痕有
2	70. 7.27	士別市	山林作業（下草刈）	男75歳	1名負傷	雄3歳6カ月齢	排除（遭遇）	無
3	70.12. 5	八雲町	狩猟行為（深追）	男49歳	1名死亡	雄（8歳）	排除	無
4	71.11. 4	滝上町	狩猟	男68歳	1名死亡	雄（10歳）	排除	食痕有
5	72. 4. 6	美深町	狩猟	男41歳	1名負傷	雄4～5歳	排除	無
6	73. 5. 2	当別町	狩猟	男55歳	1名負傷	雄成獣	排除	無
7	73. 5 .6	木古内町	遊山（山菜採り）	男50歳	1名死亡	雄「若羆」	排除	無
8	73. 9.17	厚沢部町	山林作業（筋刈）	男45歳	1名死亡	母獣	食害	食痕有
9	74. 5.30	上ノ国町	狩猟	男44歳	1名負傷	雌6歳	排除	無
10	74. 8.15	留辺蘂町	狩猟	男46歳	1名負傷	「2歳」	排除	無
11	74.11.11	斜里町	狩猟	男37歳	1名死亡	雄14～16歳	排除	無
12	75. 4. 8	長万部町	山林作業（毎木調査）	男53歳	1名負傷	（若羆）穴羆	排除	無
13	75. 7. 1	浦幌町	山林作業（下草刈）	女40歳	1名負傷	「2歳」	排除（遭遇）	無
14	76. 6. 4	千歳市	山林作業（伐採）	男56歳	1名負傷	雌2歳4カ月齢	食害	無
15	76. 6. 5	千歳市	遊山（山菜採り）	男53歳	1名負傷	上記と同一個体	食害	無
16	76. 6. 9	千歳市	遊山（山菜採り）	男58,54歳	2名死亡	〃	食害	1名に食痕有り
	同上			男26歳	1名負傷			
17	76.12. 2	下川町	山林作業（除伐）	男54歳	1名死亡	母獣13歳穴羆	排除	無
18	77. 3.31	三笠市	山林作業（毎木調査）	男45歳	1名負傷	雄「若羆」	排除	無
19	77. 4. 7	滝上町	山林作業（除伐）	男39歳	1名負傷	母獣穴羆	排除	無
20	77. 5.27	大成町	遊山（山菜採り）	男55歳	1名死亡	雌4歳8カ月齢	食害	食痕有
21	77. 9.24	大成町	遊山（川魚釣り）	男36歳	1名死亡	上記と同一個体	食害	食痕有
22	79. 4.26	枝幸町	狩猟	男69歳	1名負傷	母獣穴羆	排除	無
△23	79. 6.14	富良野市	羆が直接原因ではない				［自損］	
24	79. 9.28	江差町	山林作業（下草刈）	男79歳	1名負傷	「2歳」	排除	無

25	80. 2.25	佐呂間町	山林作業（除伐）	男50歳	1名負傷	母羆穴羆	排除	無
26	80.10.27	羅臼町	狩猟	男57歳	1名負傷	母獣	排除	無
27	81. 5.15	穂別町	遊山（山菜採り）	男45歳	1名負傷	母獣	排除（遭遇）	無
28	81. 8.10	えりも町	狩猟	男38歳	1名負傷	母獣	排除	無
29	83. 5.19	置戸町	山林作業（測量）	男34歳	1名負傷	雄「若羆」	排除（遭遇）	無
30	83. 6. 4	島牧村	遊山（山菜採り）	男48歳	1名負傷	「2歳」	戯れ	無
△31	83. 7.11	八雲町	山林作業（土木工事）	男37歳	1名負傷	（2歳）	［自損］	無
△32	84. 5. 5	滝上町	羆が直接原因ではない				［自損］	
33	84. 8.30	広尾町	山林作業（調査）	男49歳	1名負傷	母獣	排除（遭遇）	無
34	85. 4.22	羅臼町	狩猟	男62歳	1名死亡	不明	排除	無
35	85. 7.16	福島町	畑作	女59歳	1名負傷	「2歳5カ月齢」	戯れ	無
36	86. 8.30	斜里町	巡視（漁場）	男59歳	1名負傷	母獣	排除（遭遇）	無
37	89.11.15	広尾町	狩猟	男51歳	1名負傷	母獣	排除	無
38	89.11.24	弟子屈町	狩猟	男40歳	1名負傷	母獣	排除	無
△39	90. 3. 7	芦別市	山林作業（毎木調査）	男52歳	1名負傷	母獣穴羆	［自損］	無
40	90. 9.21	森町	遊山（キノコ採り）	男75歳	1名死亡	雄2歳8カ月齢	食害	食痕有
41	90.10.21	上ノ国町	山仕事（五葉松採り）	男85歳	1名死亡	「2歳」	排除	無
42	90.10.30	紋別市	狩猟	男54歳	1名負傷	母獣	排除	無
43	91. 5.12	上ノ国町	遊山（山菜採り）	男58歳	1名負傷	「2歳」	戯れ	無
△44	92. 5.12	上ノ国町	遊山（山菜採り）	男62歳	1名負傷	若羆	［自損］	無
45	92.11.17	遠軽町男	山林作業（除伐）	男54歳	1名負傷	「若羆」	排除（遭遇）	無
46	93.10. 2	函館市	狩猟	男77歳	1名負傷	雄（14歳）	排除	無
47	95. 2.13	紋別市	山林作業（除伐）	男52歳	1名負傷	雌「若羆」穴羆	排除	無
48	96. 6. 2	紋別市	遊山（山菜採り）	男60歳	1名負傷	母獣	排除（遭遇）	無
49	97. 8.24	滝上町	狩猟	男66歳	1名負傷	雄（7歳）	排除	無
50	98.11.23	白糠町	狩猟	男44歳	1名負傷	雄（7～8歳）	排除	無
51	98.11.23	新得町	狩猟	男51歳	1名負傷	雌（成獣）	排除	無
52	99. 5.10	木古内町	遊山（川魚釣り）	男47歳	1名死亡	雄2歳3カ月齢	食害	食痕有
53	99. 5.11	木古内町	遊山（山菜採り）	女30,50歳	2名負傷	上記と同一個体	排除	無

54	99.10.10	登別市	遊山（山菜採り）	男31歳	1名負傷	若羆	排除（遭遇）	無
55	99.10.31	音別町	狩猟	男64歳	1名負傷	雄（3歳）	排除	無
56	99.12.19	紋別市	狩猟	男58歳	1名負傷	雄（6歳）	排除	無
57	00. 4.23	上磯町	遊山（山菜採り）	男68歳	1名無傷	「若羆」	戯れ	無
58	00. 6. 4	恵山町	山林作業（下草刈）	男75歳	1名無傷	母獣	排除	無
59	00.11. 1	白糠町	狩猟	男60歳	1名負傷	母獣	排除	無
60	00.11.12	平取町	狩猟	男73歳	1名死亡	不明	排除	無
61	01. 4.18	白糠町	山菜採り	女42歳	1名死亡	母獣	排除（遭遇）	無
62	01. 4.30	遠別町	狩猟	男70歳	1名負傷	母獣	排除	無
63	01. 5. 6	札幌市	遊山（山菜採り）	男53歳	1名死亡	雄8歳3カ月齢	食害	食痕有
64	01. 5.10	門別町	狩猟	男81歳	1名死亡	雄（5～6歳）	排除	無
65	02. 8.28	南富良野町	巡視（畑）	男78歳	1名負傷	不明（6～7歳）	排除	無
66	04.11.26	新冠町	狩猟	男67,65歳	2名重軽傷	母獣	排除	無
67	05. 9.24	白糠町	遊山（山菜採り）	男74歳	1名死亡	母獣	排除	無
68	05.10. 4	穂別町	狩猟	男71歳 ,50代	2名重軽傷	単独か母獣（？）	排除	無
69	06. 6.16	静内町	遊山（山菜採り）	男53歳	1名死亡	不明（未捕獲）	不明	無
70	06.10. 1	浦河町	遊山（山菜採り）	男	1名負傷	母獣	排除	無
71	06.10.14	浜中町	狩猟	男62,59歳	1名 死 亡、1名重傷	雄（成獣）	排除	無
72	06.10.28	新十津川町	遊山（山菜採り）	男	1名負傷	不明（未捕獲）	排除	無
73	07. 8. 9	様似町	狩猟	男68歳	1名重傷	不明（未捕獲）	排除	無
74	07.10.13	士別市	狩猟	男52歳	1名重傷	不明（未捕獲）	排除	無
75	08. 4. 6	北斗市上磯	遊山（山菜採り）	男50歳	1名死亡	雄（2～3歳）	排除	無
76	08. 7.22	松前町	狩猟	男67歳	1名死亡	不明（未捕獲）	排除	無
77	08. 9.17	標津町	鮭釣	男58	1名死亡	不明（未捕獲）	排除	無
78	09. 9 .8	静内町	狩猟	男71歳	1名重傷	雄（成獣）	排除	無
79	09.10.30	苫前町	散歩	男66歳	1名負傷	2歳9カ月齢	排除	無
80	10. 5.22	むかわ町	遊山（山菜採り）	男73歳	1名死亡	不明（未捕獲）	不明	無
81	10. 6. 5	帯広市	遊山（山菜採り）	女66歳	1名死亡	母獣	排除	無

82	10.12. 5	上川町	狩猟	男60歳	1名死亡	不明（未捕獲）	排除	無
83	11. 4.16	上ノ国町	遊山（山菜採り）	男63歳	1名死亡	不明（未捕獲）	食害	食痕有
84	11. 8.24	遠軽町丸瀬布	狩猟	男61歳2人	2名負傷	雌約5歳	排除	無
85	13. 4.16	瀬棚町良瑠石	遊山（山菜採り）	女52歳	1名死亡	雄（成獣）	食害	食痕有
86	13. 4.29	静内町西川	遊山（山菜採り）	男53歳	1名負傷	不明（未捕獲）	排除	無
87	13. 9.24	函館女那川町	遊山（山菜採り）	男62歳	1名負傷	母子（未捕獲）	排除	無
88	13.10.14	福島町	狩猟	男58歳	1名負傷	雄2歳と言う	排除	無
89	14. 4. 4	瀬棚町太田	遊山（山菜採り）	女45歳、男60代	2名負傷	雄（成獣）	不明	無
90	14.10. 1	滝上町	散歩	男76歳	1名負傷	母獣（未捕獲）	排除	無
91	14.10.11	千歳市	遊山（山菜採り）	男59歳	1名負傷	不明（未捕獲）	排除	無
92	15. 1.26	標茶町	山林作業（枝打ち）	男64歳	1名死亡	母獣（未捕獲）	排除	無
93	15. 2. 2	厚岸町	山林作業（毎木調査）	男74歳	1名重傷	単独（未捕獲）	排除	無
94	16.10. 6	厚岸町	山林作業（毎木調査）	男40歳	1名負傷	単独（未捕獲）	排除	無

△印の事件（5件）は実際には羆は人を襲っておらず自損事故である（事件Nos.23,31,32,39,44）。
事件番号黒と緑は一般人の事故（56件）、赤は猟師の事故（33件）である。
括弧付き年齢は猟師による推定年齢で、猟師は高齢に見る場合が多いので、実年齢はこれよりも若い場合がある。
「　」内の年齢は獲れず正確な年齢は不明だが、状況からの推定年齢。穴羆とは冬籠り中の羆のこと。若い羆とは2歳代～3歳代の羆のこと。
母獣とは子を連れた母羆のこと。食痕有、は被害者の身体に羆に喰われた痕があること（11件、事件Nos（1,4,8,16,20,21,40,52,63,83,85)。
襲った原因が「戯れ」4件（Nos.30,35,43,57)、「食害」11件（Nos.8,14,15,16,20,21,40,52,63,83,85）
「排除」が原因は、「喰う為11件」「戯れの為4件」「原因不明3件」を除く37件が該当し、内10件で死亡。
一般人の死亡事故18件の中、武器になる物を携帯していたのは3件（7［「マキリ小刀」、17「鉈鎌」、88「手鋸」）である。
一般人が生還した事故35件（1「2人生還」2,12,13,14,15,18,19,24,25,27,29,30,33,35,36,43,45,47,48,53,54,57,58,65,70,72,79,86,87,89,90,91,93,94）
この中武器携帯は12件（2,12,18,24,27,43,48,57,58,86,87,89)、他は武器不携帯である。
また、羆が積極的に襲ってきた事故は19件（1,14,15,18,24,30,43,48,53,57,58,65,87,89,90,91,92,93,94)、
被害者が羆を見て逃げて襲われた事故9件（2,13,27,29,33,35,36,45,54）である。他は不明で在る。
上記資料の出典は著者の次の報文による：北海道開拓記念館研究年報1号（1972）,7号（1979）,13号（1985)。
北海道開拓記念館調査報告4号（1973）,9号（1975)。森林野生動物研究会誌18号（1991）,21号（1995）,25・26号（2000)。その他。

＜事前の安全対策＞

①羆の冬籠り期に（11月下旬から翌年の5月上旬）、施業する場合は、あらかじめ、羆穴がある地域か否か確認する事。羆穴は昔から特定の場所にのみ、造られるので、老練な猟師は識っているはずであるから聞けば良い。

②もしも、分からない場合は、羆穴は斜面に造られるから、そのような場所では、施業予定地に、長さ2m程の赤テープを10m間隔で、木の枝に付け下げておくと、羆は環境の変化を嫌い、古穴があっても、羆は使わないから、そのような対処をすべきである。

③穴から飛び出た羆は、反射的にその人を穴を侵害する者と解し、襲う事が多い。その場合も積極的に鉈で反撃すれば、羆は襲うのを止め、逃げる（その場を離れる）。

④羆は複数の冬籠り用の穴の有り場所を識っていて、その場を離れた羆は別の穴に行き、再度冬籠りを続ける。故に、穴から飛び出た羆を追跡すべきではない。人を襲う事は無い。

＜1頭の羆が所有する穴の数＞

羆は冬籠り穴を複数所有していて、その場所さえも記憶しているものである。そして、同じ穴を毎年続けて使うこともあるし、年を隔てて幾つかの穴を使い分けることもある。

＜2＞＜羆での人身事故で、裁判沙汰になった唯一の事象＞

クマ訴訟、見舞金一千万円で和解成立（朝日新聞1976年（昭和51年）6月12日土曜日）

営林署員の死亡、遺族側の主張通る。48年（1973年）9月、北海道桧山支庁厚沢部町の国有林で、造林作業中の営林署職員がヒグマに襲われ死亡したのは、安全義務を怠った国に責任があるとして、遺族が国に5千7百万円の補償を求め、函館地裁で争われていた損害賠償請求訴訟は12日、国側が遺族に1千万円の見舞金を支払うことで和解が成立した。

訴えていたのは、死んだ同町富栄、桧山営林署員、糸畑幸雄さん（当時45歳）の妻、ミサエさんと3人の子共達、糸畑さんは同年9月17日、同町峠下の山林で同僚6人と整地作業中、親子連れのヒグマに襲われて死んだ。ミサエさんらは同年12月27日、作業場で見張りを立てていなかった営林署側の手落ちなどを理由に、国を相手どり、慰謝料と退職金の上積みを求め、5千7百万円の損害賠償を要求した。
ことし4月23日まで13回の審理が行われたが、久末洋三裁判長のあっせんで、これまで3回和解の話し合いが持たれ、この日合意に達した。裁判では、国側はクマに襲われるのを予見する決め手はないと反論、原告と国側双方から鑑定を依頼された犬飼哲夫北大名誉教授も「パトロールや発炎筒の所持、見張りなどの手段は有効だが、事故予見のこれといった決め手はない」と国側に有利な鑑定を出していた。しかし、営林署員らは「クマの生息地とわかっていながら、危険予知が十分でなかった」と主張。結局、これらの意見がある程度認められた形で和解が成立した。和解の内容は、国家公務員災害補償法の規定に基づき、家族に支払われることになっている年金（約2千5百万円）以外に、国側が家族4人にそれぞれ250万円ずつの見舞金を支払うもの。大巻忠一弁護士と全林野函館地本の高堰政雄書記長は「和解には全面的に賛成できるものでない。しかし、これで国が何の対策もせずに危険な山の作業を続けさすようなことはなくなると思う」と話し、同地本はこの結果をふまえて、函館営林局と安全対策の交渉に入る方針という。北海道内で野生のクマに襲われて死んだ事件で、国が責任を問われて、見舞金を出すのは初めてである。

＜厚沢部町の事件の裁判での問題点など＞

本件は営林署の作業員が羆に襲われ死亡した事件である。私は犬飼哲夫先生と、函館営林局の関係職員及び労働組合幹部らの案内で、現地調査を、丁度2年後の1975年9月に実施した。先生も現場に同行したが、笹が繁茂した急斜面を動き廻るのが難儀の為、笹を漕いでの現場検証は、総て門崎が関係者の案内立ち会いで行った。

裁判所から依頼の鑑定事項は下記の①～⑤の5点だが、回答は非開示故、鑑定事項と門崎が回答するとすれば、どう答えるか、括弧内に記しておく。
①一般に羆は騒音を発して作業をしている人間に対して、近づいて来たり、又は襲ったりするものか。（稀であるが、近づいて来たり、襲って来る事がある「過去の人身事故の事例から」明白である）。
②①の答えが否定的である場合、その例外は考えられるか、又その発生の確率はどうか。
③抽象的に右の例外が考えられるとして、その危険性が具体的に、予見

できるのは、どのような場合か。（羆の生息地や出没地では、稀に有り得ることは、過去の人身事故の事例から明白である）。

④羆による災害を防止するための絶対確実な手段はあるか。（絶対確実な手段はない。ただし、過去の人身事故の事例から羆が襲って来た場合に、鉈で反撃すれば、落命せずに、生還し得る可能性は大である）。

⑤本件において、国は被害者を羆による災害の発生を防止することについて、安全対策上の落度があったと考えられるか。（ホイッスルと鉈の携帯を指導ないし義務づけ、しなかった事は、国に責任の一端があると言いたい）。

＜事件の概要は以下の通りである。北海道開拓記念館研究年報第7号（1979年）掲載＞

①事件の経過：事件発生地は厚沢部町の、国道227号線を木間内（キマナイ）から3㎞程中山峠寄りの、鶉（ウズラ）川右岸に流下する上ガローの沢の440mの右股を1㎞程遡った西斜面である（国有林469林班）。1973年9月17日午前8時頃、被害者糸畑幸雄さん（45才）他5名が、前記現場に着き、傾斜約20度、丈3m程の根曲笹（チシマザサ S.kurilensis）の叢生地に、苗木植付のため、刈巾3m、残巾4mの筋刈作業を、5名が刈払機、1名が手作業で行なっていた。突然11時半頃、糸畑さんの異常な叫び声がしたが、その時、糸畑さんは最も山手におり、その斜下方40m付近に若狭さんが、70m程下方に辻さんと蠣崎さんが作業をしており、さらに、その下方の沢筋で、2名の者が昼食をしていた。難聴の若狭さんを除く4名の者が、その叫び声を聞きつけた。丁度その時、沢伝いの歩道に4名の署員が来ており、その4名と叫び声を聞いた4名が、その場で合流した。その中の6名が、糸畑さんを捜しに、山手に向い、11時40分頃、斜面の上手にいた若狭さんと合流した。そこで、4名、3名の二手に分れ、4人組は斜面の横方向の、3人組は斜面の上手の捜索に進んだ。3人組は、最高部の筋刈地で、糸畑さんが使用していた刈払機を見つけ、その先8m程の所に、保安帽と保護眼鏡が放置されており、そこに格闘したらしい跡があり、そのさらに10m程斜下横に、イタヤとセンノキの小径木があり、その側に、糸畑さんの弁当と道具袋が置いてあるのが見つかった。一方、4人組は、捜し始めた直後に、先頭を歩いていた辻さんが1頭の羆（子羆）と出合い、驚いて逃げると羆は飛び跳るように追って来た（これは7.5カ月令の子羆で、人に関心を持ち、寄って来きたものである「門崎の見解」）。辻さんが尻餅をつき転ぶと、子羆は辻さ

んの真正面から、顔を覗き見るように対座したので、辻さんが子羆を睨みつけると、ほどなく子羆は退散し、斜面の上手にいる3人組の方に向って行った。直ぐに、子羆と3人組は遭遇し睨み合いとなったが、またほどなく、下方めがけて子羆は退散して行った。丁度その時、若狭さんは別方向の涸沢に、体形の大きな1頭の羆（母羆）が動いているのを見つけた。この涸沢は実は雨裂で、後で糸畑さんの遺体が見つかった所である。糸畑さんが羆に襲われたことが濃厚となったため、関係方面に危急を知らせ応援を依頼した。午後1時過ぎ、地元の猟師1名が、到着したので、作業員2名が案内して被災現場に向った。猟師らが現場近くに着いた時、音だけであったが、羆らしきものが尾根筋を越え、裏斜面に行くのが聞えたと言う。2時55分頃、弁当などが置かれていた地点から、斜下方約30m下の雨裂の中に、死亡している糸畑さんを発見した。猟師によると、保安帽などが遺留されていた付近に、**僅かだが、血痕が散在し、羆の毛と血痕らしきものが付着した、刈払った根曲竹の茎が1本落ちており、これは糸畑さんがこの根曲竹で羆に対抗したものだと言う（鉈で反撃していれば、落命しなかった可能性が強い）。糸畑さんは、刈払機を持参したため、鉈は携行していない（鉈は如何なる時も身から放してはならない**。これは羆が居る場所での鉄則である）。なお、この現場は同年8月30日から施業しており、被災当日の前は9月14日に作業したが、羆出没の痕跡は全く見られなかったと言う。また、糸畑さん収容の際、糸畑さんの使用していた刈払機も撤収したが、刈払機の向きが最初に発見した時とは異っており、これはその間に羆が移動させたものと推定される。なお、現場で使用していた5台の刈払機を一括して沢筋の歩道に置き天幕で覆って、翌日撤収に来たら、天幕が剥がされ、刈払機のポリエチレン製燃料タンク1個に子羆の歯牙痕が付けられていた。したがって、糸畑さんを収容後に、再び羆が現場に現われたことは明白である。

②受傷状況：糸畑さんは涸沢の中の腐枯倒木の側に、頭を山側、下肢を谷側に、右顔面と右体側部を地面に横たわり、右上腕と右肩にシャツの一部が付着し、両手に作業手袋、腰に刈払機の吊りバンド、両足に地下足袋をつけている以外は、全裸の状態にされ、ちぎられた衣服は、体の下になっていた。左前頸部に気管および食道に達する切創。左臀部、左右両肘部に咬創。詳細は不明だが上腕、臀部、大腿部の筋部欠損との記載が営林局の調書にある。死因は窒息および失血：厚沢部国保病院石川雅久医師による。

③**加害羆**：単子づれの母羆である。子羆は時季と行動から見て7.5カ月令と推定される。

④**原因考察**：加害原因は、第1の動機は子を保護するため先制攻撃したことが考えられる。しかし、糸畑さんを倒した後、その場から約40mも糸畑さんを引きづり、羆が潜むのに都合のよい雨裂の中に引き入れ、しかも筋部を喰っていたことから、最初から喰うことを目的に襲ったか、または、最初は排除目的で襲い、その後食う目的に移行したかのいずれかである。最終的には、羆は糸畑さんを己の餌と見なしたことは確実である。

＜3＞＜人里での人身死亡事故の最後＞

人里とは、集落とその付近を言うが、2019年時点で、人里で最後に発生した羆による人身事故で、日高管内平取町振内で発生したものだが、極めて痛ましい事故である。

1964年（昭和39）9月9に日高管内平取町振内で、学校まで3㎞の道を朝登校途中の小学5年の女の子（中原紘美さん）が1人で登校途中に、振内の街の南方のユッタ地区の自宅から約500m街寄りの道わきの小屋で、一緒に登校する兄12歳（中学1年、孝雄君）が来るのを、待って居る間に、この

ランドセルなどが散らばっていた現場と死亡した紘美さん

殺人クマ射止める

涙誘う紘美さんのランドセル　平取

【平取】九日朝、学校へ行く途中の日高管内平取町字振内シュッタ開拓地、農業、中原盛一さんの三女、紘美さん(一一)=振内小五年=を襲って殺したうえ逃げたクマを追って地元ハンター、消防団員、門別署員など約五十人が、現場付近を捜していたが同日午後五時ごろ、現場に近い谷川で死んでいるのを発見した。

最初にハンターたちが発見、発砲したのが命中したものらしく、二百五十キロほどのメス、一歳グマだった。

いつもは兄の孝雄君(一三)=振内中一年=が紘美さんを自転車の荷台に乗せて通学していたが、この日は自宅から五百メートル離れた山小屋で落ち合う約束で、紘美さんがひとり家を出、小屋で待っているうちに襲われたものらしい。現場には紘美さんのランドセルなどが散らばって、クマに襲われながら必死に逃げ回ったあとがありありとうかがわれ、"おとなしい、いい子だったのに……"と地元の人たちの涙を誘っていた。

小屋付近で羆に襲われ殺され（この付近に、ランドセル、手提げ袋、履いていた短靴が散乱していたとある）、そこから100m程離れた藪に引きずり込まれ、身体に土を掛けられた遺体を、11時半頃発見した。その近くで羆を発見発砲したが、羆は藪の中に逃げ込み姿を没した。その後、午後になって、遺体があった場所から、200m程、離れた沢地で、死んでいる羆を発見した。翌10日の北海道新聞には、加害羆は250kg程で雌の2歳とあり、この事故の顛末を書いた石田保さんの記事（林、1964年12月号）には、雌4歳とあり、真偽は不明だが、石田保さんの記事にあるその羆の写真の顔面を見ると、2歳7カ月令の様である。羆の胃の中には、女の子の頭髪や肉片があったと言う。この事故が発生する前の、当日朝、祖父（71歳）が単身振内の街に行く途中、前記小屋から少し街よりの地点で、そこにあるカツラの大木の根元で、丸くなって伏している羆（事件の羆で有る）に出会い、持ち歩いていた、背丈より長い棒（羆対策か、杖代わりに、持ち歩いて居たかは不明）で、羆を脅し追い払ったと言う。羆は来た道を登り、姿を消したと言う（羆は逃げ去ったと思ったと言う）。要するに、羆の出没は日常茶飯事で、あまり気に留めていなっかったと言う事だが、それが、悲劇へと発展したのである。人を襲う可能性がある羆か、否かを見極めるべきであった。

＜4＞＜下川町の事故、1976年12月2日＞

営林署作業員の鷲見秀松さん54歳が、不覚にも羆の越冬穴上の樹を除伐した途端、1頭の羆が雪下から飛び出し襲い掛かってきた。鷲見さんは刃渡り28㎝、柄長1.2m、重さ1.6kgの鉈鎌で反撃したが、羆に抱きつかれ致命傷を受け死亡した。私（門崎）は下川町在住の猟師尾形利之さん（1931年生）の案内で、12月5日に現場検証した。羆は母羆で、翌3日に、10カ月齢の2子（雄）が穴に潜んでいるのが見つかった。襲った原因は子の保護と越冬穴の保持のために、人をその場から「排除」するためである。

鷲見秀松さんが襲われたヒグマの穴

＜5＞＜森町、1990年9月21日＞

森町管内、鳥崎川上流のカラマツ林に単独でキノコ採りに入った安谷内正義さん75歳が羆（雄2歳8カ月齢）に襲われ殺された。遺体は羆が好む環境、すなわち空き地があって、しかもその周囲が草木で囲まれていて外部から内側が見透かせないような場所に引きずり込まれ、筋肉部が食われていたことから、原因は「食害、食うため」である。安谷内さんは刃物は持参していなかった。

＜6＞＜襲い掛かってきた羆を手鎌で叩き、さらに鉈で叩き脅して撃退する＞

1970年7月27日士別市での事例

武山藤吉さん75歳が、1人で植栽2年のカラマツ林の下草刈りをしていた午後4時頃、突然40mほど先に1頭の羆（雄3歳6カ月齢）が現れ、武山さんには目もくれず、笹原に頭を突っ込みながら、自分の方に進んできた。そこで、20m程走って逃げたところで、つまずき、前のめりに転び、起き上がろうとした途端、追ってきた羆に、左臀部を囓り左肩に爪を掛けられたが、起き上がる動作をしていたので羆の攻撃から逃れた。振り返ると、羆は四つん這いで、口を閉じたまま鼻を突き出して、よって来たので、手に持っていた草刈り手鎌（刃渡り24㎝、重さ500ｇ）で、羆の頭を思い切り叩きつけた。その瞬間、鎌は武山さんの手から外れ、羆は頭に鎌を付けたまま、地面に激しく頭を打ち付けながら後退した。直ぐに、鎌が羆の頭から外れたが、今度は、羆はあたかも猫がネズミを狙うように、前足をかがめ、顔を地面につけるようにして武山さんの方を見ていたが、羆と目が合った瞬間、羆は飛ぶように突進してきた。両者は直径20㎝程のカラマツを挟んで睨み合いになったが、武山さんは腰に鉈を着けていることを思い出し、全身に力が湧いて来るような気がし、鉈でカラマツごしに羆を叩きつけようとしたが、何度か空振りした。そのうち羆の鼻付近を叩いたような気がした。すると羆は急に向きを変え、4m程離れ、口を幾度も開閉し、なおも武山さんを睨むように見ていたが、武山さんが、大声で「掛かって来るなら来い」と鉈を振り上げて、羆を怒鳴りつけると、羆は幾度も立ち上がったりしたが、そのうち、急に飛ぶように退行し逃げ去った。襲った原因は、遭遇による不快感から、その場から人を「排除」するためである。なお、鎌の刃先は1㎝程折れ、殺獲後に調べたら刃先が頭蓋に刺さり残っていた。

<7><襲い掛かってきた羆を、スコツプを振り回し追い払う>

1975年4月8日長万部町での営林署作業員の事例

成田長一さん53歳は、仲間2人と午前10時頃国縫川上流の稲穂嶺の尾根で毎本調査中に、不覚に羆穴の入り口付近に腰まで抜かり、直ちに這い上がって斜面を登り出したところ、その穴から1頭の羆（2、3歳の若い羆である）が飛び出て来て、背後から襲い掛かり、まず右下腿後部を長靴の上から噛みついた。成田さんは咄嗟に、持っていた角形長柄スコップを振り回して対抗したら、羆は次に右手背部を軍手の上から囓ったが、さらにスコップを振り回して防戦したら、羆は斜面下方に逃走した。羆が成田さんを襲った原因は、越冬穴を確保し続けるために、不意に現れた人間をその場から「排除」するためである。

成田長一さんが落ちたクマ穴跡

<8><襲い掛かってきた羆を手斧の嶺で叩き追い払う>

1977年2月21日　三笠市での営林署作業員の事例

鶴谷覚さん55歳は仲間2人と午前の毎木調査を終え、昼食中の正午過ぎに、突然7mほど下に1頭の羆（雄の若い羆である）が出、樹の根本に座り込み、20分ほどこちらを見ていたが、ほどなく斜面下へ姿を隠したので、羆が下りた反対方向に下山しかけたら、その斜め方向から羆が追ってきた。驚いた5人は、沢めがけて走り下りたが、その途中で鶴谷さんは転んで1回転し、あぐらをかく姿勢で起き上がろうとしたら、目の前にその羆がいて、突然右足を長靴の上から噛んだ。「痛い」と叫び、右足を退くと、今度は左足を噛んだ。鶴谷さんが「鉞くれ」と叫んだら、近くにいた同僚の浜本さんが鉞を鶴谷さんに投げ渡した。鶴谷さんはそれを拾い、羆の頭を鉞のみねの部分で1回叩いたら、羆が囓るのを止め離れた。鶴谷さんは立ち上がり、羆としばらく（5分間ぐらい）睨み合いをしたすえ、羆が斜面下方に立ち去った。襲った原因は食物が目当てで、それを持っている人間を「排除」し、食物を入手するためである。

<9><襲い掛かった羆を第3者が大声と大鎌で脅して撃退する>
1979年年9月28日江差町の事例

山吹茂平さん79歳は正午過ぎ、娘の工藤悦子さん52歳と植栽50年の杉林で下草刈りを中断して昼飯を食べていたら、突然ガサガサという音と共に1頭の羆（山吹さんによると2、3歳の若い羆だと言う）が山吹さんの側に出現、背に爪を掛けた（山吹さんは難聴で羆に全く気づかなかった)。悦子さんが驚いて、柄の長さ5尺（1.5m）の鉈鎌で羆を叩きつけようと大声を立てたら、羆は山吹さんから離れ藪に消えた。襲った原因は弁当目当てで、食べている者を排除して、弁当を取ろうとしたものである。

<10><襲い掛かってきた羆を包丁で刺し、さらに大声で脅して撃退する>
1981年5月15日穂別町の事例

穂別の通称石油の沢で、アイヌネギを採っていた隈井亨さん45歳は10時20分頃、沢岸の斜面上方30m付近に、3カ月令の子羆1頭と母羆を見つけ、驚いて沢下に逃げたら、母羆が脱兎の如く追って来て、地面に頭をつける格好で、隈井さんを威嚇し始めた（夢中だったので羆との距離は覚えていないと言う)。隈井さんは、刃渡り25㎝程の肉切り包丁を右手に構え、襲って来たら目を突いてやろうと対峙した。まもなく、羆は立ち上がりざま襲い掛かってきて、隈井さんは倒され一瞬気が遠くなりかけたが、直ぐ気を取り戻し、羆を払い除けようと、包丁を振り回したら、包丁が羆の口の中に「ガクッ」という音がして刺さった。その瞬間、羆が激しく頭を動かしたので、隈井さんの手から包丁が離れ、羆の口からも、包丁が外れた。途端に羆は隈井さんから離れ、口から唾と共に血をはくのが見えた。大声で羆を威嚇すると、羆は斜面を1目散に駆け上がり姿を消した。襲った原因は子を保護するために、その場から人を「排除」するためである。なお、包丁の刃先が、2㎝程折れ、欠けていた。包丁で反撃し事無きを得た事例である。

<11><襲い掛かってきた羆を石で叩き撃退する>

1985年7月16日福島町の事例

15時30分頃佐藤むめ子さん59歳は、白符駅近くの畑に向かった。その途中笹薮からガサガサ物音がしたので振り返ると、その笹薮に1頭の羆（2歳6カ月齢の雌）が立ち上がって自分を見ているのに気づき、今来た道を大声で「羆だ—」と叫びながら走って戻りながら、後ろを振り向くと、羆が猫がじゃれるような姿で、ピョンピョン跳びはねながら追って来て、直ぐに追いつかれてしまった。思わず羆の方を向いた状態で、道路に座り込んでしまった。羆が佐藤さんの右腰に囓り付いたが、厚着していて歯が肌に達しなかったが、今度は右足の踝下を長靴の上から噛み、1.8m程引きずられた。羆に向かって「助けて」と叫び、気が付いたら、拳大の石が近くにあったので、それを掴み、それで羆の顔を叩いた。その途端自分は少し気を失ったようで、気づいたら羆がいなかった。羆が人を襲った原因は「戯れ」である。石で羆を叩いて排除した事例である。

<12><襲い掛かってきた羆を鉈で叩き、さらに投石して撃退する>

1991年5月12日上ノ国町の事例

小田良平さん58歳が、蕗採りに「磯石沢」に入り、9時半頃何か下流で物音がするので、見ると、羆が1頭いるのに気づき立ち止まると、その羆（挙動から2、3歳の若い羆である）はどんどん近づいて来て、小田さんの5ｍまで近づいた。羆は立ち上がりざま、右手で小田さんの左大腿部を攻撃してきたので、それを避けようとして後ずさりした途端、俯せに小田さんは転んでしまった。その瞬間、羆が背中に覆い被さるようにして背中と臀部を爪か歯で攻撃してきた。小田さんは咄嵯に、左腰に付けていた刃渡り20㎝の鉈を抜き、羆の顔面を4、5回叩いたら、羆は小田さんから離れ、後ずさりした。しかし、再度羆が寄ってきたので、石を4、5回投げたらその1つが羆に当たったようで、羆が怯んだように見えたので、小田さんは後ずさりしながら、羆から離れ下山した。襲った原因は「戯れ」である。鉈で反撃羆を撃退した事例である。

<13><襲い掛かってきた羆を、同僚が呼び子で追い払う>

1995年2月12日紋別営林署作業員の事例

山本豊造さん52歳は、腰に羆除け鈴を着け仲間6人と除伐中、不覚に羆穴の入口から1.5mにある柳を伐採した瞬間、雪中の羆穴から羆（雌、2、3歳の若い羆である）が1頭飛び出て来た。逃げようとした瞬間、俯せに転び鉈鎌（柄長1.2m、刃渡り26㎝、重さ1.6㎏）を手放すと同時に、羆が体背に襲い掛かってきた。あちこち噛まれ、引っ掻かれながらも素手で羆に対抗しながら、叫び声を上げたらしく、その場から約19m離れた地点にいた、竹中賢さん51歳が事の異常に気づき、ホイッスル（呼び子）を吹いた瞬間、羆は山本さんから離れ、斜面下方に逃げた。羆が人を襲った原因は越冬穴を確保し続けるために、不意に現れた人間をその場から「排除」するためである

＜14＞＜星野道夫さんの死＞

動物写真家の星野道夫さん（43歳）が、テレビ番組（どうぶつ奇想天外）取材で1996年8月にカムチャツカ南部のクリル湖畔で幕営中に、羆に夜襲され、食われる悲事があった。その場所は、私も1993年8月に、羆の研究で訪れたが、私はこの種の人身事故の度に、被害者の無知に、にがにがしさと、人を襲ったために殺獲された羆に哀れさを感じる。

星野さんを襲った羆は、すぐに星野さんをテントから引きづり出し、筋肉部を食べたと記録にあるから、襲った原因は「星野さんを食うため」と見てよいだろう。報告書には7、8歳の雄羆とあるが、その羆は殺獲後ヘリコプターに吊るし州都への帰路の途中捨てたとあり、年輪数による正確な年齢が書かれていない。私が思うに、羆の棲み処での幕営そのものには何ら問題はないが、星野さんは「羆の中には人を襲うものもいることを自覚し、そういう羆が襲って来る場合のことを想定し、武器（銃など）を携帯すべきなのに」それを怠ったと言わざるを得ない。羆除けスプレーを星野さんは持っていたというが、羆は襲い始めたら、スプレーの有効距離の4mよりも

星野さん ヒグマ襲撃事故――
TBSに公開質問状

必要なことは調べる

道新 96.11.27

TBSに近く質問状
友人ら「報告書に疑問」

カムチャツカ ヒグマ事件

北海道新聞1996年11月27日版

離れた地点から、瞬時に襲いかかるし、テントの中からでは、なおさらスプレーは通用しない。

星野さんも「鉈などで反撃していれば、生還し得たろう」と私は強く思う。星野さんは羆の本性を理解していなかったために殺され、それ故に、加害グマも殺獲された。これも野生に対する無知が、自然に迷惑をかけた実例だと私は思う。羆との対峙で「自分だけは羆に襲われないだろう」という甘えは、通用しない。羆の棲み処では、自衛に鉈（鉈は誰でもが合法的に携帯できる唯一の武器である）を持ち歩くことが、羆に万が一襲われた場合にも生還するための条件である。

TBS テレビ局の広報部資料には、星野さんは「ここのこの時季の羆は紅鮭が多く遡上し、餌が豊富故、人を襲う事はない」と幕営したとあるが、「羆が人を襲い喰うことと、自然の餌の多寡とは相関性がなく、餌が豊富だから人を襲わない」と言う考えは誤りである。

＜羆による登山者の人身事故2題＞

北海道の山岳で、登山者が羆に襲われ死亡した事故は、ここで述べる大雪山と日高山系での各1例があるにすぎないが、これも、**鉈を持っていれば、殺されずに、生還し得た可能性が強い**。特に日高での場合は人を襲った羆は、体長1.3m程の羆であり、鉈で反撃すれば生還し得た確立が高い。羆の居るような環境の地に、足を踏み入れる場合は、保険のつもりで鉈とホイッスルは持って行くべきである。

＜15＞＜昭和24年（1949）の大雪山の羆事件＞

本件は明治元年（1868）以来、今日（2019年）までの大雪山の登山史上、登山者が羆に襲われて殺された唯一の事件である。これについては当時救援活動に当たった中条護さんと、その後長らく愛山渓の管理人を務めていた中条良作さん（護氏の子息）からの聞き取りを基に述べる。

昭和24年7月30日、愛山渓温泉に昼前到着した秩父別の青年9人が、昼食を済ませたあと、無謀にも、午後1時ころから全員無装備で、愛山渓から沼の平・裾合平を経て旭岳頂上までの往復約26㎞の日帰り登山に出掛けた。健脚の青年たちばかりとは言え、平地とは異なる登り坂の多い山岳地のため、徐々に疲労が蓄積し、予想外に距離が進まず、姿見の池に至ったころには、既に日が傾き夕方となった。
そこで、1行9人のうち、疲労が強い4人はここで愛山渓温泉に引き返すこととし、元気な5人だけが、なおも頂上に向かった。引き返し組の4人が、午後7時ころ一同そろって、当麻乗越から約1㎞下の第2展望台に着き、これから下る沼の平への電光形の登山路を見下したとき、1頭の大きな羆が登山路伝いに登って来るのを発見した。そこで4人は羆を追い払うべく大声を出したところ、羆は立ち上がりざま唸り声を発し、なおも4人の方に向かって登山路を登って来た。そこで4人は一斉に羆から逃れるために、下の笹薮にそれぞれ飛び込んだ瞬間、羆が脱兎の如く襲い掛かって来た。そして、4人のうちの1人、吉本治夫さん（21歳）を襲い倒した。しばらくの間、吉本さんの苦悶する声がしていたが、他の3人は手の施しようがなく、第2展望台付近の岩の間に身をひそめた。そうしているうち、午後9時過ぎ旭岳の頂上をきわめた5人がやって来たので、事の次第を伝え、驚き戦く5人とともに、同じ岩の間に入って夜の白むのを待った。
一方、愛山渓温泉では若者たち9人が夜になっても戻らないので、午後11時過ぎ中条護さんと監視人の吉田仁一郎さんが、三十三曲りの坂の上まで、ラッパを吹き吹き様子を見に行ったが、人の気配もなく、暗くていかんともしがたく引き返した。翌31日早朝、愛山渓温泉から国策パルプの山岳部員16人が、沼の平・旭岳・中岳経由で層雲峡に向かった。そして第2展望台の岩の間に避難していた8人と会い、共に再び愛山渓に下り、吉本さんが羆に拉致されたことを伝えた。8月1日早朝から総勢20数人で吉本さんの捜索が始まった。第2展望台下の這松帯の中で、吉本さんの頭と足を、雪渓の上で胴体を発見収容したが、いずれも筋肉はほとんど喰い尽くされて、骨と化していた。左足部だけがその時発見されなかったが、翌年の命日にこれを発見した。

吉本治夫さんを襲ったヒグマと殺獲者の佐藤己吉さん。クマは毛皮にモミガラを入れて復元したもの
（愛別町役場・片桐繁さん提供）

さて加害羆であるが、24年8月1日の捜索時、この羆を吉本

さんの遺体近くの笹原で発見したが、撃ち損じ獲り逃がしてしまった。しかし、翌年5月下旬に、リクマンベツ川奥でこの羆を発見、佐藤己子吉さん（45歳）と佐々木幸太郎さん（22歳）の両人が殺獲した。この羆を加害羆と断じた根拠は、鼻の傷跡（前年の弾跡）と毛色と体形によると言う。この羆は推定年14、15歳の雄で、凶悪羆の典型として剥製にされ、昭和25年に旭川で開催された「北海道博覧会」に展示されたが、その後この羆の剥製の行方は不明である。

＜16＞＜昭和45年（1970）の日高山脈の羆事件＞

本件は日高山脈縦走中の学生が羆に襲われ、3人が殺された事件で、明治以来今日まで（2019年）日高山脈で登山者が羆に襲われ殺された唯一の事件である。本件については、福岡大学の遭難報告書と警察の調書と私（門崎）も登山で幾度も当山に行っているので、その知見などを基に述べる。

事件発生地は日高山脈第2の高峰で一等三角点がある、カムイエクウチカウシ山（1979m）を主体とした山地である。7月14日、5人の学生は、芽室岳からペテガリ岳まで縦走すべく入山、芽室岳から主稜を南下、同月23日、日高幌尻岳の7つ沼カールに至って、カムイエクウチカウシ山で縦走を止めることとした。そして7つ沼から新冠川を経て、エサオマントッタベツ岳に登り、主稜を南下し、25日午後3時20分、札内川9の沢南カールに着き幕営した。

4時30分ころ、夕食をして全員テントにいたとき、竹末君が1頭の羆を見つけた。羆はテントから25m付近をうろついていたが、次第に接近し、テントから6、7mまで近づいた。そのうち外にあるリュックを暴き、食料を食い出した。しかし、羆の隙を見てリュックを全部テントに引き入れた。そして羆を追い払うべく焚火をしたり、ラジオの音量を上げたりしたら、羆は立ち去った。しかし夜9時ころ、羆がテントに接近、テントに爪をかけて拳固大の穴をあけたが、羆はそれだけで姿を消した。

翌26日、午前4時30分ころ、羆がテントの上方に出現、テントに接近して来たので、テントに全員入り、様子を伺っていると、羆がテントに手をかけ始めた。5分間ほど羆と人がテントの引っ張り合いをしていたが、全員して羆と反対の方から天幕を抜け出し、高みへと40、50mほど逃げ、振り返ると羆はテントを倒し、中のリュックを暴いていた。滝君と河原君は9の沢を下り、猟師の出動要請に向かった。そして8の沢出合いで北海学園大学のパーティーと会い、彼らもこの羆に襲われそうになったことを知った。彼らに猟師の出動要請を伝言し、2人は8の沢を遡って、午後1時ころ国境稜線にいる2人と合流した。午後3時にカムイエクウチカウシ山北の1880mの瘤で幕営と決め、夕飯やテントの修繕をし、4時半ころ、夕食をすませ寝る準備をしていたところ、また羆が出現したので、カムエクの方へ50mほど下り、1時間半ほど様子を見た。その間2度、竹末君がテントに接近、偵察したが、羆がまだテントの側にいるので、テントを放棄、8の沢で幕営中の鳥取大学の学生たちと合流すべく、カムエク手前から8の沢のカールめがけて下り出した。稜線から60、70m程下った6時半頃、しんがりの滝君の後方10mほどに羆がいるのを発見、全員で1斉に駆け下った。滝君は直ぐ横にそれ、這松の中に身を隠したところ、羆は気付かず通り過ぎ下方へ向かって行った。そして滝君から25m程下方の這松の中で、叫び声がし、格闘している様子がした途端に河原君が這松の中から飛び出して、畜生と叫びながら、羆に追われる如くカールの方へ下って行った。そこで滝、竹末、西井の3君は合流し、コールしたところ30mほど下から興梠君の応答があったが、興梠君は滝君らの方には来なかった。

ところで、興梠君の日記によると、竹末君らのコールの意味が聞きとれず、下に焚火が見えたので、その方に向かったところ、また羆が20m程先に見え、向かって来たので、15㎝大の石を羆めがけて投げつけたら命中、羆が10mほど後退、腰を下ろして睨んでいた。そこで、下のテントめがけて逃げ込んだが、テントに人は皆無だったとある。興梠君は27日午後3時頃までテントの中で日記をつけており、その後羆に襲われ死亡したものである。

一方、滝君ら3人は鳥取大学のテントに避難、鳥取大学の連中は焚火をしてくれたりしたが、午後7時頃8の沢を下って行った。残った滝君ら2人は、安全と思われる岩場に登り身を隠し、26日の夜を過ごした。翌27日、ガスのなか午前8時ころ、竹末、滝、西井君の順で下りだした。15分ほどして、下方2、3mに羆が出現、一瞬身を伏せたが、羆の唸り声とともに竹末君が立ち上がり、羆を押しのけ、8の沢のカール底の方へ羆に追われ走り去った。滝と西井の両名のみ、難を逃れ下山した。

結局、河原、竹末、興梠の3君が羆に襲われ死亡した。竹末君の遺体は前夜過ごした岩場の下方の涸沢のガレ場で、その北斜下方100mのガレ場で河原君の遺体が、さらに300mほど下方の涸沢で興梠君の遺体が発見された。羆は7月29日午後4時半ころ、8の沢カール下方から出現したところを猟師が射殺した。

加害羆は体長131㎝、年齢が2歳6カ月齢の雌羆で、この羆は剥製にされ中札内村役場に保管されているが、毛皮は加害羆であるが、頭蓋は別個体のものが使われている。

羆が被害者らに付き出した最初の動機は、人が逃げたあと、羆は人を追跡せず、テントの中のリュックを2度にわたり暴いていることから、人目当てではなく、彼らが持参していたリュックの中の食物であったことは確実である。最終的に羆が空身の彼らに執拗に付きまとい、攻撃をしかけ出したのは、彼らが3度にわたり荷物の争奪を演じていることから、羆はこれら荷物を確保するために障害な彼らを徹底的に排除するために、攻撃したものである。荷物目当ての羆と荷物の争奪を演ずることは極めて危険なことである。

さて、彼らの慰霊碑の真鍮板が、札内川8の沢カール底の景観上最も目立つ位置の岩にはめ込まれているが、これは由々しきことである。あのような碑は衆人の目につかぬ場所に、密かに設置されるべきものである。碑の設置までも自然に逆らった所業というべきであろう。いずれにしても、**人が自然と融合するために訪れるあのような山岳地には、いかなる人造物も設置すべきでない**。また、**銃を持っていれば、殺されずに助かった事例である**。

学生たちを襲ったヒグマ・殺獲後
（音更町役場・青山義信氏提供）

＜補稿＞2019年日高山系の十勝管内札内川上流での人身事故

北海道日高山系の十勝管内、札内川上流の八の沢源流上にある「カムイエクウチカウシ頂上東側の圏谷カール」での2019年の羆による人身事故の顛末

この山頂（1979m）は日高山系第

2の高峰で（一番は日高幌尻5052m）、50㎞間隔で３カ所ある一等三角点の2つ目がある。私は（門崎）幾度も四季通じて登っており、2月にスキーとアイゼンで、八の沢から頂上に直登した事もある場所。熟知である。今回、羆に襲われた登山者2人も、この八の沢から登山したもの。

下記の事故の経緯は帯広市にある、「十勝毎日新聞社（2019年8月17日掲載）」からの転載である。

第１の事故：「2019年7月11日午前4時40分頃、65歳の男性が単独で、8の沢圏谷を歩いていたら、突然体長1.5m 程の羆が、襲って来て、杖で抵抗し、右手に10㎝程の傷を受けながら、笛を吹いたら、羆は逃げて行った」と言う。
第2の事故：「2019年7月29日午前4時頃、47歳の男性が単独で、8の沢圏谷を歩いていたら、10m 程先から、羆の唸り声がし、突然体長1.2～1.3m程の羆が、襲って来て、馬乗りにされたが、足で羆を、蹴ったら、羆は逃げて行った」と言う。

私の見解

この羆は、圏谷で「ハクサンボウフウやチシマニンジン」を、採食に来て居たものだろう。

襲った個体は、襲った手口と退散の状況が同じで有ることから、同一個体で有る。時刻がいずれも午前4時代である。個体は３歳代で、襲って反撃されたその個体は、直ぐに、人から離れ、逃げている。本気で襲っていない。この事故はいずれも、ホイスルを鳴らしていたら、襲われなかった事故である。

羆が居る可能性がある場所には、ホイスル（軽い、音が響きわたる）と鉈は必需品で有る事を肝に銘じることである。

第3章　開拓時代の羆対策、経済的被害と現在の予防策

北海道（蝦夷地）の開拓（開発）は1869年（明治2）7月8日、明治政府が政府直轄の「開拓使」を設置して始まったが、開拓は「羆が生活地としている森林を伐開し、人が居を構え農地や牧地を造成することで、羆の生活地を奪う事であったから、当然羆による人身事故などの発生が予想されたが、開拓使（政府）が行った羆対策と言えば、開拓史の役人と郵便や電報配達の脚夫に羆除けラッパを持たせた事と殺した羆皮や胆嚢の乾物(羆胆)を買い上げる事のみであった。

開拓民の安全に思いをはせるのであれば、真剣に「アイヌから羆の本性を学び、その対策を真剣に考究すれば」、対策として、①アイヌが外出時常に羆対策としてタシロ(鉈に似ているが先が尖った刃渡り30～40㎝の刃物)やマキリ（先が尖った刃渡り15～20㎝のタシロより短小な刃物）を持ち歩いた様に（87頁参照)、外仕事や外出の際は鉈を携帯することを。そして、②アイヌが羆の神様は聞き耳の神様だから、遭遇して神様を驚かせて神様（羆）の気分を損ねないために、口の中で呪文を唱えたり、時には、鹿角の断片を2本持ち歩き、時々それを打ち鳴らすなどした事(犬飼哲夫さんが、阿寒湖湖畔の音吉アイヌから聞かされたと言う）と、往時既に蝦夷地に住んで居た和人から「自然に無い音を発する事で羆との遭遇が避け得る事を、施政者は聞き、役人や郵便脚夫用に吹くと大きな音が出る熊避けラッパを造って携帯させたのであるから、開拓民にも出来る限り小型で軽く、しかも高い音が出る笛を造り全員に支給していれば、遭遇での事故は相当減らせたと私は思う。今で言えば、カタツムリ型のホイッスル「全長4.5㎝、重さ20ｇ」は小型で音が大きく鳴り響くので最適である。「熊避けラッパ」の原型は往時本州以南で使われていたラッパで、北海道での羆対策として、開拓使・逓信省・北海道廳で造られ用いられたが、いずれも吹き口に口を当てて吹くと、「ブウー」と言う、傍に居ると耳が痛く感じる程の大きな音が出る。ちなみに、逓信省のラッパは真鍮製で全長が22㎝、重さ230ｇあり、道廳のも真鍮製であるが薄板の真鍮で造られ全長19㎝、重さ100ｇである（118頁参照)。であるから、開拓民にもカタツムリ型のホイッスルを持ち歩く事を行政が啓発し続けていれば、往時はもとより1945年以降

に、戦後新たに北海道に入植した開拓民やその学童が熊と遭遇し、襲われると言う事故は相当回避し得たはずである。③往時は羆が家屋に侵入し、人を襲うという凄まじい身の毛がよだつ事故も発生したが、これも、逆釘を打った板を窓枠の下部に取り付け、さらに逆釘を打った板を、入口の戸板の面の、羆が這った状態と立ち上がった時の顔と手の高さ付近に、張り付ける等の対策を講じていれば防げたと、私は思うが、そのような対策をしなかった事も悔やまれる。④また、アイヌが、襲い来る羆と対峙するための武器として、狩猟や山への踏み込みで常に携帯していた、長さ1.5m程の槍（オプ op）を、各家に2・3本、支給すべきであったが、それも行わなかった。もし、これらの対策を実施していれば、羆が人家に侵入するとか、屋外で羆に人が殺されると言う事故も、相当少なくし得たと私は考えている。⑤牛馬が羆との遭遇を避け、羆からの攻撃を避ける効果がある牛馬の首に下げる畜鈴（チクレイ）は、元はと言えば、西暦1000年代にイギリスで用いられ始めた物と言うが、日本への持ち込みは、札幌農学校校長を務めた橋口文蔵（1853～1903）さんが米国から明治24年（1891）に持ち帰ったのが最初である。橋口さんが持ち帰った蓄鈴（チクレイ）の現物は私が保存しているが、この畜鈴の大きさは、高さ14㎝、横幅11㎝、奥行5㎝の鉄製で、鉄板の厚さが2㎜程で､紐を括り付ける細い鉄板は畜鈴の内側で潰して止めてあり、畜鈴の内側には振ると揺れる直径2㎝程の球附きの鉄棒が付いている。それで、この畜鈴を振るとガラン・ガラン・ガランと言う大きな粗野な音が出る（118頁参照)。

いずれにしてもこの畜鈴を模倣して造られた畜鈴の利用で、羆との遭遇による家畜の被害は相当減らせた事は確実である。ところで、明治政府は早々に、ロシア等を意識して、国土警備のための国軍として屯田兵を道内に配置したが、羆対策として、各集落に出張所の様な施設を設け、隊員を2名程でよいからなぜ配置しなかったのか、私には疑問を感じる。

それはそれとして、我々は人や作物や家畜などの、羆による被害を一方的に羆による被害と言っているが、その責任を羆に問えば、羆は必ず「真の被害者は俺達羆族で、悪者は土地を侵略する人間共だ」と言うに違いない。しかし、痛ましい人身事故が多くあったことは事実である。

⑥羆による家畜の食害も、有刺鉄線が我が国でいつ生産されるようになったか、定かではないが、明治末には有ったと言うから、その時点で放牧

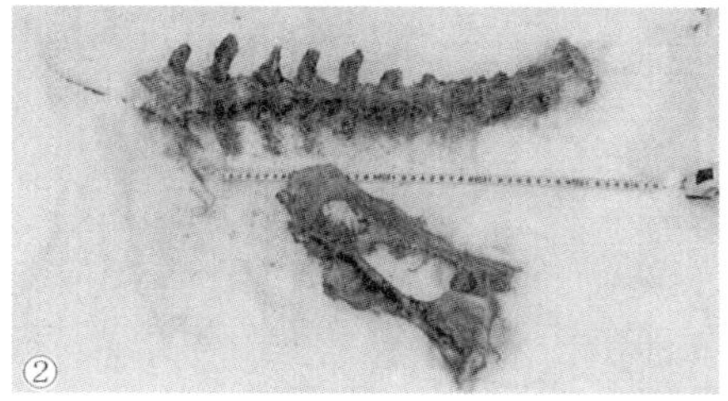

ヒグマが食べた骨の食痕、①シカの頭骨の残骸、②シカの臀部骨の残骸

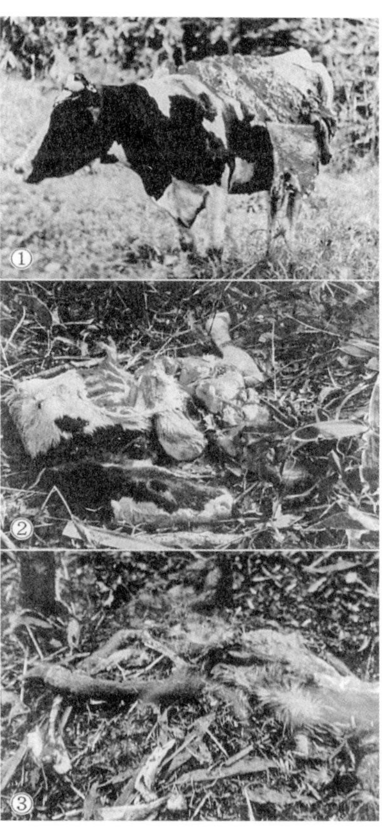

①ヒグマに襲われた乳牛（北檜山町、中川庄司氏撮）、②ヒグマに喰われた牛（標津町、木下英一氏撮）、③ヒグマに喰われた馬

共食いされたヒグマの下半身残骸

地や畜舎に目幅15㎝で有刺鉄線を張り巡らすことを為せば被害は減らせたと思う。

経済的被害と現在の予防策
＜農地・牧地・果樹園・家屋（や施設）とその周辺・養蜂地・養魚池・標識等の羆対策＞

＜電気柵や有刺鉄線柵で被害の予防を図る＞

電気柵や有刺鉄線を一時的又は恒久的に張り羆の侵入を防ぐ。

電気柵は非常に有効である。電気柵にも、色々あるが、最も簡便なのは、電源を太陽光（ソーラーパネル）で12ボルトバッテリーに充電し、電線に触れると瞬間的に、7千ボルト（電圧は変更出来る）の衝撃を与える装置である。設置して置いて、羆が出る時間帯に通電する。人がその電線に手を触れると、バシット痛痒いショックを感じるが、怪我をしたり死亡することはない。草などが電線に触れていると、漏電し作用しないので、草を刈り取ったり、抜き取ったりと言う保守管理面で難点がある。

＜張り方＞

①電線を張り巡らす為の細い支持棒を、適当な間隔で地面に立て、それに電線を固定し、張る。**地面から20㎝上に、電線を1本張る。**さらに、**それから約30㎝間隔で、上に3本張る。**

また、羆が地面を掘り込んで、潜り込んで侵入する事があるので、それを防ぐ為に、**地面に1本有刺鉄線を張る必要がある。**張った有刺鉄線がずれないように、適当な間隔を置いて杭で固定する。

電気柵（朝日町）

②恒久的に**有刺鉄線で熊の侵入防止柵を造る。柵は、目幅縦横15㎝間隔で、地面から2mの高さまで、網目状に張る。最下端の有刺鉄線は、羆が地面を掘り込んで潜り込んで侵入するのを防ぐ為に、地面に接して固定**

する。地面に張った有刺鉄線は、ずれないように、適当な間隔をおいて杭で固定する。

③家屋への一時的な侵入防止には、家屋を前記①の手法で、電気柵で囲む。先ず、**地面から20㎝上に電線を1本張り**、さらに、**それから約30㎝間隔で、上に3本張る**。恒久的には、前記②の手法で地面に有刺鉄線の網を張った方が良い。

④羆が窓や戸口を壊して、侵入するのを、防ぐために、**逆さ釘を打った板（厚さ2㎝の幅広板に、長さ9㎝程の釘を7〜8㎝間隔で、網の目状に打ち付け、釘先の出た面を上向きにした板）を、窓や入口の戸に打ち付けて固定する。有刺鉄線を張っても有効である。**

クマ侵入防止用逆釘
（カナダ）

<樹木>

果樹などの**樹が、数本しか無いようなの場合は、その個々の樹に、地面から1mから3mの間に、有刺鉄線を螺旋状に約10㎝間隔で巻くと、羆は樹に登らない**ので、被害を予防し得る。

<標識杭や標識板や表示板などの被害の予防策>

登山道などの木製の標識や測量用の標識板や掲示板等が、羆に囓られたり、叩き壊される事があるが、羆がそうする原因は、**自然に無い物に対する違和感や好奇心や、塗料等の臭いが原因**で為すものと、私は見ている。

・**防止策は、①標識等は柱も含めて、有刺鉄線を適当な間隔で巻く**。②掲示板の場合は、その周囲に杭を幾本か立て、羆が掲示板に触れないように、**有刺鉄線で目幅縦横15㎝間隔の網を作り、囲むと良い**。

<特記>

特定の家屋や農地等に、羆が出た場合には、その羆を殺す事を考えず、即、その出没場所とその付近に電気柵を3〜4本張ることである。一度電気柵に触れると、その羆は、その場所から出て来なくなる。羆の出没対策

として、ぜひ、実施して欲しい。

羆が里などに侵入して来るのを、防ぐ対策。

＜1＞羆がその生息（出没）地から、里などへ侵入して来るのを防ぐ恒久対策。広域放牧地、広い果樹園、広い養魚池等にも適応する。

侵入防止柵の設置　**いずれにしても、殺さない事を前提に、対応すべきである。**

①恒久的に**有刺鉄線で熊の侵入防止柵を造る。柵は、目幅縦横15㎝間隔で、地面から2mの高さまで、網目状に張る。最下端の有刺鉄線は、羆が地面を掘り込んで潜り込んで侵入するのを防ぐ為に、地面に接して固定する。地面に張った有刺鉄線は、ずれないように、適当な間隔をおいて杭で固定する**。長距離に防止柵を設置する場合には、人が出入り出来る様に、約300mないし500m毎に、幅1m程の戸（目幅縦横15㎝間隔の有刺鉄線の戸）を設置する（錠は人が鍵が無くとも開閉し得る縦の閂(カンヌキ)にする）。札幌市管内の「滝野すずらん丘陵公園」での事例がある（門崎允昭指導）25頁参照。

②高速道路の対策、柵に地面から最上段迄、金網や鉄線が幾本か引かれて居る場合は、**その最上段沿いに、有刺鉄線を張る**。羆は（鉄の刺が痛いので）、登って柵を越えない。

＜2＞羆が街中に出て来る等の一時的な侵入を防ぐ対策

①羆が山林から、住宅地に出て来る場所は、よく吟味すれば、およその位置場所は特定し得るから、その前後を含めて、そこに電気柵を張って、再度出て来る事を阻止する。電気柵に触れ、刺激を体験すれば、執拗に出没を繰り返す場合でも、それを幾日か体験（電気ショック）すれば、出て来なくなる（農地での事例がある）。

＜3＞電気柵設置が不適な場所での対策

①羆が出入りした箇所、ないし、出入りする可能性がある場所に、有刺鉄線をリング状に直径1m程に巻き、それを地面に展開して置くと、それに手足が触れると、痛いので、近づかなくなる。

第4章　人はなぜ羆と共存すべきなのか

私は、50年間に亘る羆に関する多様な検証調査と羆と遭遇した際の経験から、羆は非常に頭脳明晰で、無用な諍いを自ら避けようとする意識が強いと確信している。

①「人はなぜ羆と共存すべきなのか」について、私の考えを言えば、この大地は総ての生き物の共有物であり、生物間での「食物連鎖の宿命」と「疾病原因生物」以外のものについては、この地球上に生を受けたものは、生有る限りお互いの存在を容認すべきであると言う生物倫理（私の定義では、「人が生物界の一員として他種生物に為すべき正しき道」）に基づく理念による。よって、羆を極力殺すべきで無いと言うのが私の本意である。羆のあらゆる事象を調査検証していれば、羆の本性が分かり、今流通している羆への考え、例えば、道職員の間野勉氏が「北海道新聞2004年9月7日」で、「羆の攻撃は30秒から1分で終わるので、腹ばいになって、後頭部で手を組み、頭や首を守って下さいと述べ、同様の記述は、道庁の自然保護課が出版した「あなたとヒグマの共存のために」と言う啓発紙に、「クマにかかられたら、首の後ろを手で覆い、地面に伏して死んだ振りをして下さい。山に入る人は万一に備えて練習して下さい」（第2章参照）とある。これはとんでもな妄言である。また、「人を恐れない新世代羆：間野勉氏（北海道新聞2012年4月20日）と北大の坪田敏男教授(北海道新聞2012年4月21日)」、「羆は視力が弱い（札幌市のパンフレット「28頁参照」等)」、「熊（羆も月輪熊も）は臆病である（流言している)」等が、未検証による妄言である事が分かり、同種同士殺戮を繰り返す人間よりも、羆が「如何に理性有る動物である」かが分かるはずである。羆を殺さずとも、北海道の山野に羆がそこかしこに居ると言う状態にならない事は、江戸期以前の史料（古い記録「松浦武四郎など」）を見れば明らかである。長期的施策で、山林をかつての様な針広混交林化し、羆鹿の狩猟は行なうが、害獣視しての殺獲は止めるべきと言うのが私の主張で、自然生態系の摂理に委ねれば、羆も鹿を喰うし、鹿もやたらと増えやしない。これも史料を見れば明らかである。鹿が樹木の樹皮や枝・稚樹を喰い林木に甚大な損害が生じているとか、高山植物を喰い植生を荒らすとか言って、鹿を目の敵にしているが、林木につ

いては、明治以来の自然の摂理を無視した純林育木（同種を植林）を推進してきた林政が原因で、被害が目立つのであり、また鹿が高山植物を採食するのは、太古からのもので、正常な自然の摂理であると私は主張したい。諸々の害獣問題や外来生物問題の根源は、森林生態系を崩し続けてきた林政と、外来種の移入を初期に禁止しなかった行政と、それらを正しく早期に認識し、行政を啓発しなかった研究者に責任があると私は言いたい。

②アイヌは羆を「カムイ」と尊称し（カムイと単称すれば、通常羆を指す）、明治期から昭和20年代（第二次世界大戦後：1945年8月15日の敗戦後）に、北海道に本州以南や外地（大陸「旧満州等」や樺太）から北海道に入植した開拓民が「山親爺」と畏敬した羆の成獣の生態（生活状態）は威風堂々とし、見る者をして畏敬と羨望を与えずにおかない霊力（aura）がある。

③羆はお互いに、言語音とは言えないまでも、類似の音声顔相振る舞い等で互いに意志伝達を図り、無駄な諍い闘争を避け、子を連れた母羆の子に対する対応は、羆族が太古から歪み無く子々孫々伝授してきた、掟に裏打ちされた純朴で真摯な愛情が感じられ、その生き様は「人が鏡とせねば」の感がする。羆は生態系の頂点に位する種で、人とは対極の関係にある。羆が存在し得る地所は、北海道の総ての自然が存在し得る地理的環境の地である。したがって、人が羆と共存して行く事で、北海道の自然は一括して保全し得るし、羆そのものから、あるいは羆の棲む自然環境から、人が感受する効用は絶大で、これはいかに宗教や科学が進歩発展しようとも代償し得ないものと思う。

④羆による人畜や作物の被害は皆無には出来ないが、限りなく減らす事は可能で有る。よって、これらを予防しつつ、人と羆は棲み分けた状態で共存を図るべきであると言うのが、私の持論である。

＜明治の動物学者八田三郎さんの羆（熊と表記している）への思い＞

八田三郎（1865～1935）さんは、帝国大学（現東大）卒業後、1904年（明治37）札幌農学校（現北大）の動物学助教授となり、1904～1928年迄教授を勤め、私の恩師、犬飼哲夫（1897～1989）・島倉亨次郎（1905～1999）両先生の師であるが、明治44年（1911）、46歳時に日本で最初の羆の書籍である書名「熊」冨山房発行、pp.90を刊行し、その最後の頁に、羆の本性を端的的確に余すところなく捉え、その思いを述べているので、

大雪山のヒグマ、①木板（キバン）を齧（カジ）る、②背擦（セコス）りをする、③雪上で腹ばいで涼む、④狭い流れに腹ばいになり、鼻から息を吐（ハ）き水を泡立て遊ぶ、⑤母に甘える子、⑥母子の別れ、母を見据（ミス）えながら立ち去る子熊、⑦眼下を警戒する

ヒグマ、1993年８月カムチャツカ南部のクリル湖で撮、①～③熊同士の挨拶、左の若熊が右の老熊の側を通る際に、①若熊が躊躇（チュウチョ）、老熊は若熊を見ぬふりをする。②若熊がゆっくり老熊に近づくと、老熊はゆっくり若熊の方に顔を向ける。③老熊はスタンスを変えずに身体を若熊の方に伸ばした瞬間、若熊は老熊の鼻先に自分の鼻先を一瞬接して離れる。後は何事も無かったかのように若熊は老熊の側を通り抜けて行った。これは正しく熊同士の無言の挨拶仁義（アイサツジンギ）であろう。④陰茎が見える、⑤うたた寝する、⑥水を飲む、⑦日没の陽光を微かに浴びながら岸辺を行く

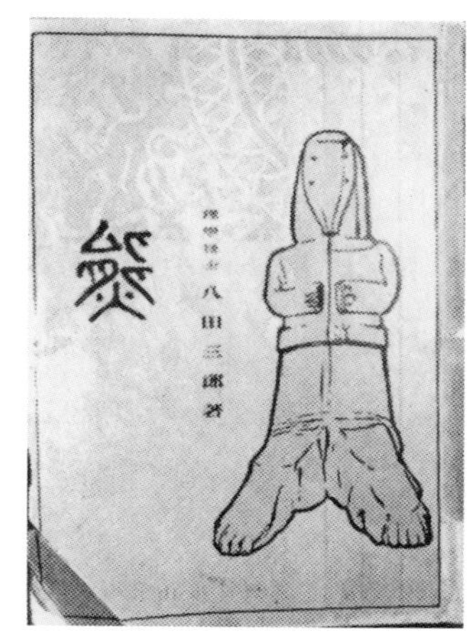

八田三郎著の「熊」

其の部分を転載する。**この文は羆に関する古今東西唯一の名言**と私は思うが、弟子達が師の提言をなぜ具体化し得なかったのか残念である。やはり、**羆のあらゆる事象に関し検証を重ねる学者が輩出しなかった事が、それを達成し得なかった主因**だと私は思う。

＜八田三郎さんの文章＞

「終わりに一言申したいのは羆の保護のことである。羆は前にも言った通り、正直と真面目との表象のように見える。大勇は深く内に蔵して外には露わさぬ。猛獣仲間にはありがちの邪知もなければ権謀もない、大様で、公明正大で、淳朴で、真面目で、余程のっぴきならぬ場合でなければ其偉大な実力をば利用せぬ。世が若し不正直で、不真面目にでもなったら、貪(タン)婪(ラン)飽くことを知らぬとまで歌われている猛獣仲間の羆が、そんな下劣になった人間の手本となって、彼らを正道に引き戻して呉れるようなことが確実に認められる。これが一つで、第二には世界の猛獣中、最大なる羆が我が国に棲んでいて、世界の獣類共を睥睨(ヘイゲイ)しているかと思えばそれも気持ちが悪くもない。第三には北海道とアイヌと羆とは付物だ、北海道といえば羆とアイヌは是非連想される。羆は我国北方の大立物だ。だが此偉大なる品質を具えた動物は次第に人類の圧迫を受け、年を逐うて衰微しているは争はれぬ事実で、いつかは欧羅巴(ヨーロッパ)の国々にある実例に倣(ナラ)い、全く跡を絶つに至は明らかである。**今より適当な方法を講じて、其の害は十分にこれを防ぎ、世界第一等の此の猛獣が我国に永遠無窮に永続する様にしたいと思って念じて居る**。その方法として幾分か取り調べておいたこともあるが、ここには唯これだけのことを申して、世人(セジン)の注意を促(ウナガ)しておく。(**をはり**)」とある。

＜羆と共存するための自然＞

①**江戸期以前の北海道の植生はその殆どが天然の針広混交林で、ヤマブドウやコクワなどの蔓木や下層植生も豊かであったはずで、一時(トキ)（2時間）**

も山野を歩けば、1～2頭の羆が見られた、そう言う自然であったはずである。そのことは、江戸期末に、蝦夷地北海道を巡検した、松浦武四郎の紀行や、現在でも2、3時間居れば、1、2頭の羆が必ずと言っていいほど実視し得る知床のルシャ川河口部の状況から、推察し得ることである。しかし、現在の北海道にはそのような自然は前記知床の奥地のしかも限られた場所にしか存在しない。

②野生動物を育む母体である山野の現状を見ると、現在（2015年）は**森林面積が全道面積（北方領土を除外しては784万2千ha）の約71％（森林面積は554万2千ha）もあるが、針広混交林では無い人工林の樹林地が、森林面積の27％程、148万9千ha占め（全道面積の約19％）、木部に水分が多く、自然乾燥では木材として利用し得ないカラマツの純林だけでも41万6千ha、全道面積の約5.3％も**ある（森林面積に関する数値は北海道森林管理局に2017年1月に問い合わせたものである）。この**森林を江戸期以前の自然豊かな混交林に戻すべきである。カラマツの純林だけでも、樹間を広く間伐し（間伐した材はその場に自然放置しても構わない「肥料となる」）陽光を入れ、他種樹木の自然導入や下草の繁殖を促し、野生動物が自活し得る環境の創出を大いに図るべきである。**

③**河川管理は今では奥山でも砂防ダム（土砂が下流に流出するのを防ぐなど幾つかの定義がある）が無い沢を見つけるのが難しい程、何処かしこ無く多くのダムが造られ、いずれにしてもダムの上下流域の水棲生物はもとより岸辺の生態系をも狂わせている**が、**そのダムを撤去ないし一部Ｖ字型に割除し現状を是正し、河川の生物相も往古に戻すこと**である。流域の氾濫が危惧される河川では、人の生活圏での堤防強化（高く強靭に）を図る事である。北海道の国有林だけでも2015年時点で、総計1万1,969箇所ものダムがあり、知床世界遺産地だけで50基のダムがある。

④そして、**狩猟以外では、極力羆を殺さない**（羆が増え北海道の大地が羆で埋め尽くされるような事は起こり得ない事）は、前述した。

⑤野生動物の管理法には三種類あって、生息数と生息域を同時に管理する方法と、生息数を主体に管理する生息数管理法と、生息域を主体に管理する生息域管理法がある。生息数管理法は何頭は残すが、多い分は捕殺する。生息域管理法は生存を認める地域を指定し、はみ出してきたものを捕殺するという方法である。羆を含めて野生動物に対しては、生息域管理法

を採用すべきで、そこから出没する羆については、一概に殺すのでは無く、出没の目的理由を的確に把握し、無用な殺戮を避けるべきと私は主張したい。私が生息数管理法に反対する理由は、生息数を正確に特定するのはまず不可能だし、増えたからといって、奥山まで入り込み銃や罠を仕掛けて殺すのは生物倫理に反する行為と考えるからである。

⑥以下に述べる事は、**恩師犬飼哲夫先生と、相談し、世に提言することを決め、犬飼・門崎共著「ヒグマ」（北海道新聞社1987年刊 p.46）に、掲載したもの**だが、ここに再掲する。

「人と羆は互いに軋礫を生じさせないために、生活地を区別して共存していくことが望ましいが、両者の生活基盤が根本的に異なるからそれは可能であり、現に北海道では棲み分けが実現している。共存の方策としてわれわれが主張したいことは、**里山での羆の捕獲**は日常の人身の保安上から、これは仕方ないが（その場合も**一概に殺すのでは無く、出没の目的理由を的確に把握し、無用な殺戮を避ける**事）、**奥山では羆の捕獲を極力しない**ことである。昭和60年（1985）現在の北海道の土地利用状況をみると、人の日常の生活地である宅地や農牧地などの総面積は、全道面積の約28.5％ 224万haで、残りの71.5％ 562万haはその中に10％ほどの無立木地（湖沼や礫地や草地）を含んではいるものの、森林地帯といわれている地域である。そこで、この**総森林面積の一割に相当する約56万haの地域（全道面積の7％）、具体的には大雪山地域23万ha、日高地域25万ha、知床地域8万haを羆を含めた諸々の生物たちの生存権を認めた「自然保存地区」**として、**屁理屈は言わずに自然の摂理にまかせきった形で未来永劫に残すこと**である。**これは人以外の他種生物のためにも、また我々の子々孫々のためにも現代を生きる我々の当然の責務である」**と言うもの。

今さらに追記したい事は、**「自然保存地域として樹木は間伐後、多様な樹種の造林を図り、入域は羆対策として、鉈の携帯を啓発し、自己責任の基、人が大いに自然と全身で対話する場として利用を図るとよい」**と主張したい。

＜新開地造成と羆の出没＞

私は「羆の生息地」の定義を①羆が通年利用している地域、②羆の越

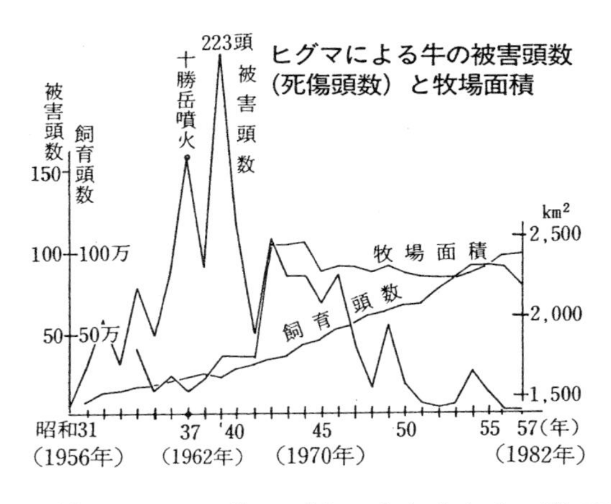

冬地域、③春季・夏季・秋季・冬季のいずれかの時季あるいは両季以上に渡り長期的に羆が利用している地域としている。この羆の生息地を農地牧地などに改変した場合、そこを利用していた羆は勿論他の羆も含めて、3世代（数年から10年ほど)、出没し続ける。出て来たその羆を、銃器で殺し続けると、以後ほぼ出て来なくなる。出て来なくなる理由は、弾丸発射時の強烈な音がする銃器での殺戮を羆は学習しそれを避ける習性があるのと、母羆がそのような行動をとる事で、子羆も学習しそう言う場所への出没を控えるものと、私は解している。ただし、母羆から自立した年の若羆は、造成地が己の生活地として使用し得る地所か否かを確認に出て来る事があるが、その場合も通常は人と遭遇し難い時間帯に出没するし、人と遭遇しても、人を襲う事は無い（襲った前例がない)。

<電波発信器装着での熊調査について>

熊の生態（生活状態）調査と称し、目的とする熊（個体）の位置を容易に捕捉する為に、熊の首に幅5cmもあるバンドを着け、それに弁当箱ほどの重い電波発信機を常時一年も二年もあるいは死ぬまで着けっぱなしでの調査が、己さえ良ければ、対象生物に苦痛を与え続けても構わないと言う米国やカナダの研究者の真似をして、1977年から北海道でも北大の連中が主体となり熊調査の基本として為され、今も熊調査手法の本流として、知床などで広く多用され続けているが、この手法は検体個体に、本来身体に着いていない物を、着け続ける事で、甚大な負担を掛け続けていると言う点で、私はこの手法に反対である。

本来身体に付随していない物を着ける事は、容積、重量に関わらず、負担になるものである。**生態調査の基本は対象個体に負担を課さない状態での実視観察が基本で、これに勝る方法は無い**と言いたい。任意の日時に検体を容易に捕捉し得ると言う事で、発信器を装着しているのだが、私から言わせれば邪道である。

何処にいるか分からない対象個体を、捜しながら山野を跋渉し、探し当てる事、そしてその過程で得られる地理的知見と他種生物に関する知見は、対象個体の生態と其の地域の生態系全体を吟味識る上で多量の示唆を与えて呉れるし、対象個体の心も分かって来る。

野生動物の調査は、対象動物に負担を掛けず行なうことが基本である。まず己の首ないし家族の者の首に同じ物（発信器）が常時一年も二年も着けられての日常生活を想像して見よと言いたい。そんな調査は、北海道で人と熊が共存するための調査としては不要である。

まず、熊のあらゆる事象に関し、手間暇掛けて、検証調査を繰り返しなさいと言いたい。

40年も前から熊の首に電波発信器を着けの調査が北海道で行われ続けているが、その結果から、何か人と熊の益となる事、例えば人身事故の防止策や人と熊の軋轢を減じる策など、何か発信器装着調査を行なっている者から提起されているかと言えば、そう言う事は何一つ公表されていない。公表された事と言えば、「思ったより、熊の行動域は広かった」とか、

発信器を装着された羆

「どこそこまで熊が移動していた」とか「何時の時季はどこそこを多用していたとか」、言う事ぐらいである。この程度の知見は発信器に頼らずとも、きめ細かい実視調査を為していれば分かる。今一度、発信器を着けられて居る動物達の心を思い返してみよ。

＜発信器装着で熊を苦悶死させた2事例＞

①朝日新聞1977年4月30日の、「発信器付けた熊が死んでいた」の記事

北大天塩地方演習林長の滝川貞夫氏と同大熊研究グループの学生らが、冬眠中の明け3歳（満2歳3カ月令）の熊に、わが国で初めて無線発信機をつけるのに成功、冬眠が明けて動き出すのを待っていたが、この熊は雪どけの穴の中で死んでいた。いつまでたっても出てこない熊に対し不審に思った学生らが25日に穴をのぞいてわかった。札幌の北大獣医学部へ運んで解剖したが、死因は栄養失調ぎみのところを冬眠からたたき起こし、麻酔を注射したためのショック死らしい。同研究グループは、2月14日、冬眠中の熊の穴を取り囲み、鉄製の檻の中に追い込んだ。当時の体重は38kg。母親から独立して初めて一人寝の冬を越したところ。5c.c の麻酔薬を注射し眠っている間に無線機を仕込んだ首輪をつけ、目印の黄色のペンキを背中に塗って再び穴に戻した。

その後、この熊の行動を監視できる態勢をとっていたが、熊は、穴に戻されて4、5日で死んだらしい。麻酔薬で苦しんだとみえ口を開け、舌をかみ切っていた。早速他の熊を捜し再び発信器を着ける予定と言う記事。
＜門崎の批判＞冬籠り中の熊は代謝機能が低下しているので、麻酔は勿論、発信器など絶対に装着すべきでないのに、己の好奇心を満たす事と初めて為すと言う衒いに駆られ為したと批判したい。「舌を咬み切る程の苦悶＝如何程七転八倒した事か、如何ほど無念であったか」。

②北海道新聞1992年4月30日の、「発信器付けた熊が括り罠に掛かり、死亡」の記事

網走管内斜里町内の知床国立公園で、昨年（1991年）発信器つけて放した熊が前足に括り罠のワイヤが巻き付き、木にからまって宙づり状態のまま死んでいたと言う記事。

発見したのは同町知床自然センター研究員の山中正実さん（33歳）。熊は若いオスで昨年9月20日、山中正実さんが電波発信機を付けて放した。昨年10月末から位置が動かなくなり、冬眠した可能性もあるため、今月まで近づかなかったが、このほど電波を頼りに探し当てた。現場は斜里町幌別地区の知床横断道路から、約400mの広葉樹の町有林。ブドウ蔓に絡んだワイヤの先には前足の骨だけが残り、根元にばらばらになった頭骨や脊椎骨、熊の皮などが散らばっていた。ワイヤは骨がえぐれるほど深く食い込み、「かなり長期間もがいたらしい。自分で足を咬み切ろうとした跡もある」と山中さんは言う。現場から1㎞ほど離れた国立公園区域外の国有林と民有林には多数の括り罠が仕掛けられており、その罠に掛かり、そのワイヤを引きずって逃げて来て、ブドウを食べようとしたらしい。と言う内容。＜門崎の批判＞足を咬み切ろうとまで､精神的に追い詰めた行為、熊の心情になってみよと言いたい。全く許せない行為である。この熊はどれだけ精神的肉体的に苦悶し、山中を恨んで死んだ事か。熊が冬籠りを始めるのは、早い熊で11月中旬以降である。10月に、冬籠りを始めたとすれば､論文にし得る新知見の価値がある。なぜ､検証に行かなかったのか。行って発見し、麻酔し、ワイヤを外し得れば、救出し得た可能性もあったろうに。

＜熊は羆も月輪熊も臆病な動物であると言う者が居るが、これは誤りである＞

熊は基本的に単独行動を好む種で、複数で行動を共にする場合は①母子（育子中)、②発情した番い、③母から自立した兄弟姉妹だけである。臆病とは「ちょっとした事に恐れおののく事」の義だが、熊はこのような種ではない。羆も月輪熊も単独行動を好む種であるが故に、己が望まない時は、熊同士でも（ましてや、人を含む他種動物との出会いを）意識的に避ける（避けようとする）行動をとる。そう言う性質を羆も月輪熊も有していると、私は山野での熊の目撃調査やその他の事象の検証調査の結果から解している。羆（月輪熊）が臆病と見られる基は、猟師以外の一般人への羆の対応は9型あるが（月輪熊も基本的に同じである)、そのうちの①羆は人に遭遇しないように、注意しながら、行動している。②人が来たら、出会わないように、身を潜めるか、他所に移動する。③人と遭遇したら、直ぐに身をひるがえし→人から離れて行く。④人と遭遇したら、その場で、しばらく、人の様子をうかがう（観察する）等の行動を取る事によるものであるが、これは単独行動を好む特性に基づくもので、臆病心に起因する行動ではない。

＜北海道での羆の生息域と生息数＞

羆の生息数は年周変動していて、出産期（1月と2月）直後（2月末）に最多数となり、出産期直前（12月末）に最少数になる。故に、生息数を言う場合には、いつの時季の数値であるか明示すべきであるが、通常これが無視されている。

①1984年時の生息域

1978年1月～1983年12月末の6年間に、道内で捕獲された羆2,080頭について、捕獲場所と日時、性別、推定年齢（305個体は歯の年輪で査定した）、伴子の数と子の年令等を調査し、それに基づき、1984年時（昭和59年時）の北海道における羆の生息域と生息数について公表した（犬飼・門崎他「北海道におけるヒグマの捕獲並びに生息実態について、北海道開拓記念館研究年

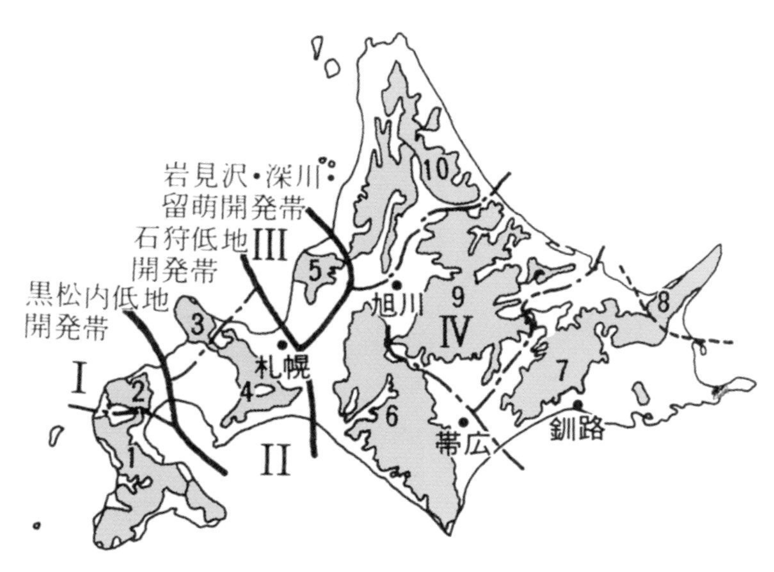

ヒグマの棲息域（暗部・棲息地）

報、I（1983）とII（1985）」)。「生息地」を①羆が通年利用している地域、②羆の越冬地域、③春季・夏季・秋季・冬季のいずれかの時季あるいは両季以上に渡り長期的に羆が利用している地域のいずれかに該当する地所と定義付け、特定した結果、全道面積の約50％で、しかもそれは人里外の山地・丘陵等の森林地帯とその間の草地帯等に限られ、人と羆の生活圏で日常的に競合している地域は、もはやなく両者間に棲分けが成立しているとの結果を得た。

②生息個体群の性比・年齢構成など

本道では1875年（明治8）以来、1987年（昭和62）に春熊駆除で母子の捕獲自粛が出るまで、100年以上も捕獲個体になんの制限もなかったから、多数の捕獲個体の統計的な性比、年齢構成のデータは生息個体群においてもほぼ同じとみて誤りでない。1978年（昭和53）から1983年（昭和58）までの6年間に道内で捕殺した羆2,080個体の分析結果は、性比は雌1に対し、雄1.2である。年齢は5歳以上が49.5％である。この他、3子伴っている母は1.7％、双子伴っている母は47％、単子伴っている母は51％である。母が伴っている子の平均数は1.52頭である。また子の性比は雌1頭に対し、雄1.3頭で、全個体での性比に比べ、幼獣は雄の性比が高いのが特徴である。育子期間については、母子で捕獲した232組のうち、24組の子は2歳過ぎで、この場合は子の数がいずれも2子であった。他の208組の子は年齢が0歳ないし1歳代であった。

③1978年（昭和53）から1983年（昭和58）時の生息数

生息数については、6年間の総捕獲数2,080頭の年平均捕獲頭数は346頭であり、この間6年間の年毎の棲息数が同じであると仮定した場合の、年間の生息数を、下記式で算出を試みると：

$$Pr\ (S+1)\ (2D_2+3D_3)\ /BC = Pb$$

Pbは基礎個体数と称し、補充個体数を生産する母体となる個体数のことで、年間で最も個体数が少ない時の生息数に相当し、時期的には新生子が出生する前の12月の個体数に相当する。Prは補充個体数で346頭、性比Sを1.2、平均伴子数C（母獣が伴っている子の数）を1.5、繁殖個体（5歳以上）の割合を49.2％（B）、雌雄とも5歳以上を繁殖年齢とし、雌の繁

殖周期が3年の個体の割合を10％（D_3）、周期が2年の個体の割合を90％（D_2）として推算すると：Pb（基礎個体数）＝2,166頭、新生子誕生後の3月時点での最多個体数は2,166＋346＝2,512頭となる。

飽くまでも仮定での事であるが、**1978年（昭和53）から1983年（昭和58）時の生息数は、年間、最少時（12月下旬）2,166頭、最多時（3月初旬）2,512頭で変動していたと言えよう**。

（注） 報文（北海道開拓記念館研究年報、Ⅰ（1983）とⅡ（1985)」）では、補充個体群数として平均捕獲頭数の346頭と言う数値を用いるのは過大との考えで、補充個体群数を300頭ないし315頭とし、年間通じての個体数は1,880頭から2,285と推算し、これを公表したが、過大としたのは観念的なものであったので、ここでは、平均捕獲頭数の346頭と言う数値を用いることに改めた。

④明治10年（1877）頃の状況

北海道史研究者の関秀志さん作成の「時代による開発地の変遷図」（明治大正図誌：北海道、筑摩書房1978,p.142）で、**明治10年（1877）頃の開発地（宅地農地牧地など）を見ると、それは全道面積の4％弱**である。他所**90数％の地域は、私は往時の史料から羆の恒常的生息地**であったと見る。そして、**生息数は、生息数を推算した（1978～1983）当時よりも生息密度が20％程は高かったと見て、往時の生息数は約5,200～6,030頭であった**と私は見る。算出法は、(1978年～1983年時点の生息数（全道の1/2の面積に2,166～2,512頭）×2倍（全道）＝（4,332～5,024頭)。さらに生息密度が20％高いとすれば、(4,332～5,024頭）×1.2倍＝5,198～6,028頭（約5,200～6,030頭）と成り、これが当時の生息数と成る。そして、この6,030頭と言う数値は往時の最多許容頭数であると私は見る。北海道の羆の生息数について言及した史料に、**上代知新氏の明治25年発刊の「北海道銃猟案内」があるが、明治20年と21年の両年に全道で獲殺されたヒグマは合計2,158頭であるが、氏は「羆の棲息数が年々減じて来た**」と書いている。

上代知新著の「北海道銃猟案内」

＜北海道の羆の生息地＞

現在北海道の羆の棲息域は全道面積のほぼ50％の地域であるが、これらの地域は次に述べる3本の開発帯によって大きく4地区に完全に分断され、これら4地区間での羆の交流はもはや常態では全く無い。以下に、その3本の開発帯を詳述する。

「黒松内低地開発帯」 この開発帯は黒松内低地とその東部の山地を含めた地域で、この開発帯の西端線は黒松内低地帯の西端線とほぼ一致し、東端線は木無山（725m）山麓（共和町）と岩内郡・虻田郡・有珠郡を縦貫する国道276号線の東側山地とを結んだ線とほぼ一致する。この開発帯は北端部で幅約40㎞、中央部で約60㎞、南端部で約50㎞に及ぶ地域だが、この地帯一帯はもはや羆の恒常的棲息地とはなっておらず、極めて稀に西縁部と東縁部の森林及び林縁部に出没が見られるにすぎない。

「石狩低地開発帯」 この開発帯は石狩低地帯とその両側に広がる丘陵地と山地を含めた地域である。西端線は銭函川上流域から奥手稲山(949m)・迷沢山（1006m)・砥石山（827m）を結んだ線、真簾峠（652m）の西方部、松島山西方部（539m図根点付近）と口無沼（苫小牧国有林）の東方部を結んだ線である。北東端線は浜益川・察来山（590m）及び徳富川を結んだ線とほぼ一致する。東端線は奈井江川上流部（上砂川町）から、美唄川上流域・奔別川沿いを経て、桂沢湖西方部から幌向川上流域及びシュウパロ湖一帯を経て、澄川（夕張市）の西部域（754m図根点）を経て、厚真川のショシウシ沢を経てオニキシベ川南東部の幌内（379m図根点）を結んだ線である。さらに、北東端線と東端線は空知郡と樺戸郡の石狩川流域沿いに広がる幅30㎞から45㎞に及ぶ開発帯によって分断されている。この開発帯は次に述べる岩見沢・深川・留萌開発帯の一部を成すものである。石狩低地開発帯は北端部と中央部で幅が約60㎞、南端部の最狭幅で30㎞に及ぶ地域で、この地域1帯は羆の恒常的棲息地とはなっておらず、辺縁部付近の森林と林縁部に出没が見られるにすぎない。

「岩見沢・深川・留萌開発帯」 この開発帯は国道12号線と275号線及び国道233号線沿いに開けた地域である。もはや、羆の恒常的棲息地にはなっていない。出没も稀に辺縁部で見られるにすぎない。この開発帯の最狭部は恵比須墜道から峠下（留萌市）の東部地域に至る間であるが、私の調査では昭和52年10月に恵比須墜道北部で羆の足跡を確認して以来、その後度々の調査においても羆の痕跡が全く見られない。したがって、この間を経ての羆の移動はもはや断絶していると見てよい。

＜全道規模での羆の移動＞

現在道内の羆の生息域は大雑把に見て3本の主開発帯と、その間にある6本の開発帯計9本の開発帯によって10地域に分断されている。この9本の開発帯の中、3本の開発帯（黒松内低地開発帯、石狩低地開発帯、岩見沢・深川・留萌開発帯）を通過してその各両側にある生息域間での羆の交流は常態ではまずない。江戸末期までは全道的に羆の生息地が連続していたが、渡島の羆が知床や稚内まで（逆の移動も含めて）移動移住するようなことは常態では無かったであろう。

理由は道南の羆は身体や頭骨が道東・道北の個体に比べ小型であること。また寄生虫のマダニ類の寄生率が緯度で異なり、しかもこれらの事実が地域的に普遍であることによる。

故に、北海道に生息している羆の個体間の交流は、北海道と言う水盤で言えば、水盤の各所で発生した波が、波及漸次ぶつかり合う様な、近隣同士の個体の漸次的出合いによる交尾での遺伝形質の交流という形で、悠久の時の中で全道的交流がなされていたと私はみている。ただ火山噴火時の噴煙や降灰に追われての、個体群の大移動も過去には幾度もあったことは、1962年（昭和37）6月29日と30日の十勝岳噴火の際に西風に乗った火山灰が北と東に流れ降灰し、それから逃れるべく風下に移動した羆により、道北・道東を中心に家畜の被害が頻発した事実を思い起こせば、過去に例えば駒ヶ岳・有珠山・十勝岳・雌阿寒岳・樽前山などの噴火の際にも、噴煙灰を避けての移動があり、その結果常態では起こり得ない広域個体間での交尾（遺伝子の交流）が行なわれたであろうことは疑いない。

第５章　アイヌ民族と羆

＜アイヌ民族＞

私の見解では、**アイヌ民族は古事記・日本書記で蝦夷（エミシ・エビシ）と言われた民族で、時代によりその居住範囲は異なるが、古代（古墳時代）から中世（鎌倉時代）にかけては、本州中部以北から北海道・千島列島・樺太南半部に住み、文字は持たぬが蝦夷（エミシ）語を話し、口承で子々孫々事象知識伝承を伝え、生活に自然物を利用し、トリカブト（学名 Aconitum）毒やエイ（学名 Dasyatis）の毒針を矢毒として用いていた民族**である。

アイヌが毒に用いたトリカブトはオクトリカブト A.japonicum とエゾトリカブト A.yezoense の2種で、その根をすりつぶして用いた。

＜アイヌ民族の形成＞

アイヌ民族の形成についてはまだ定説はないが、私が理解している通説を記すと、日本列島の縄文時代以降の人種は、世界の人種を類別した場合の人種群の一つであるモンゴロイド Mongoloid（黄色人種群）に属する。モンゴロイドには現棲人として日本人・アイヌ民族・朝鮮人・中国人・インドネシア人・マレー人・ポリネシア人・エスキモー・アメリカ先住民等が該当する。縄文時代には日本列島にはモンゴロイドの古い形質（古モンゴロイド）を多く有した縄文人が住み、まだ和人とアイヌの区別はなかった。以下に述べる時代区分の年代は現在も研究者間で見解が異なるし、さらに将来研究の進展で変わる可能性があることを前提に述べると、縄文時代の年代は本州以南と北海道とでは異なり、本州以南は約1万年前～西暦 B.C 約300年前迄、北海道は約9千年前～西暦 A.D 約100年頃迄である。その後、本州東北部以外の本州中南西部以南の縄文人は弥生時代（B.C300年頃～A.D300年頃迄）から古墳時代（ほぼ A.D300年代末～600年代中期）にかけて、北東アジア大陸から入って来た新モンゴロイド人との婚姻でその形質（遺伝に依る形態的生理的特徴）の影響を受け、少しずつ特化し、その末裔が和人となった。他方、本州東北部以北と北海道の縄文人は新モンゴロイド人との婚姻が無かったのか少なかったのか、その形質の影響を受けず、縄文人の形質である古モンゴロイドを受け継ぎ、続縄文人（A.D100

年頃〜A.D700年頃迄）から擦文人（A.D700年頃〜A.D1300年代中期頃迄）を経てアイヌへと特化した民族と言えよう。従って、続縄文人（通説は北海道のみの時代区分であるが、私は本州東北部も包括されるとする見解である）の年代は本州では弥生時代中期〜奈良時代中期、擦文時代は奈良時代中期〜鎌倉時代中期、に相当する。

<アイヌの生活の概要>

アイヌは矢毒を用いていたが、矢毒は仕掛け弓矢を用いての狩猟の効率化と毒矢に当たった獲物の神経を麻痺させる薬理作用から本州では月輪熊・北海道以北では羆に逆襲される事象が減少したことは確実であり、矢毒の発見とその使用は狩猟民にとっては革命的事象と言えよう。先史時代の遺跡からトリカブト毒を矢毒として用いた証拠となる痕跡は見つかっていないが、鋸歯が摩耗した使用痕があるエイの毒針が出土していると言うから、アイヌ民族より古代の先史人例えば続縄文人やその後の擦文人やオホーツク文化人がアイヌ時代に先駆けて矢毒を用いていたことは確実で、アイヌの矢毒文化もそれを引き継いだ結果である可能性もあろう。

本州ではアイヌ領土を奪う和人の統治地域拡大策が、西暦658年から阿倍比羅夫による侵攻を緒とし、坂上田村麿の侵攻など、1200年代初期（鎌倉時代初期）まで続きアイヌ民族は領土を奪われたが、その間アイヌは数百人規模で和人軍に毒矢で勇壮に反撃した事を語る史料がある。**本州のアイヌはその後、北海道以北への移住や和人との婚姻などで和人化の道を辿ったものと私は見る**。他方、**北海道でも江戸期に入って、和人によるアイヌへの侵害が始まり、これに対しても、やはりアイヌは毒矢で応戦した**。しかし北海道においては、和人の狡猾な策でアイヌの指導者は騙し討ちされ、和人への武力によるアイヌの抵抗も、北海道では西暦1789年の国後・メナシの戦いを最後に終わった。しかし、これに先立つ18世紀初頭から始まった特権和人に漁業権な

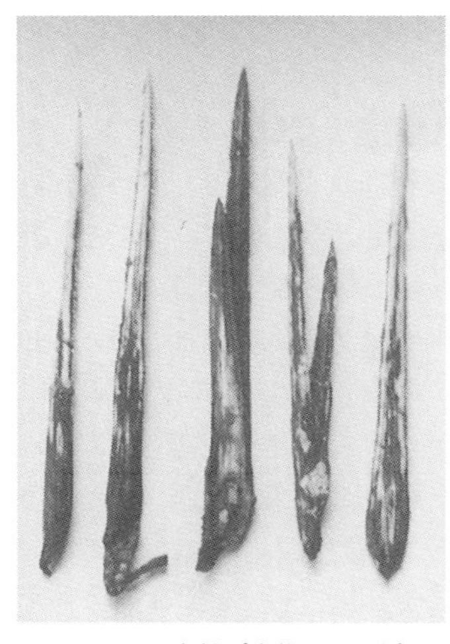
アカエイの毒針（実物の1/2大）

どを独占的に占有させた「場所請負制」により、アイヌの強制的な酷使労働、アイヌ女性の性的侵害によるアイヌ家族の崩壊、アイヌ男女の婚姻の減少、さらには性病や疫病（天然痘など）でアイヌは更なる蹂躙に苦しみ続け、この状況が江戸時代末期まで続いたのである（＊高倉)。江戸幕府は1799年（寛政11）に東蝦夷地を直轄地としたのを手始めに、1821年（文政4）迄に蝦夷地全島を直轄地とし、アイヌに対し和語の奨励、耳環・入れ墨・熊送りの禁止などアイヌの習俗文化を無視したアイヌの和人同化策をも行なったりしたが成功しなかった（＊関)。

さて、北海道のアイヌは入墨をする慣習があったが、本州の蝦夷（エミシ）（アイヌの先祖）と千島アイヌが入墨をしていたとの史料は私の文献渉猟では見当たらない。樺太では南部アイヌのみが入れ墨をしていた。北海道のアイヌは古くは半穴居住居に住み、後に地面に建てた家屋を住まいとした。住まいは漁猟に便利で容易に飲料水が得られる地所である海岸の河口や鮭鱒が遡上する河川沿いに、人が住む場所の義であるコタンと称する一戸から多くても10数戸、最多で20戸で生活した（＊高倉)。婚姻は一夫多妻（未亡人の面倒など）で家族単位で生活し、時に応じて地域で集団で活動した。アイヌ社会ではイウオル iwor と称する各地域集団だけが共有使用する個々の固有の漁猟採取区があって、勝手に他の iwor で漁猟採取する事は禁止されていた（＊高倉)。そこには自ずからその地域を統括する首領がいた。食物は漁猟の産物の鳥獣類・魚介（魚・貝）類など動物質を主とし、野草の茎葉根や草木の果実も食した。知里真志保は分類アイヌ語辞典（著作集、別巻Ⅰ）植物編に、98種類の食用植物海藻を、薬用植物に104種類、煙草の代用に5種類、お茶として13種類を上げている。幼虫を含む昆虫類を食すると言う記録は無い。調理法は生食か煮るか焼くかで、発火には火打ち石やアカダモの木を錐揉みして発火させる法を用いた（＊犬飼)。調味料は獣脂・魚油・海水・塩で（＊犬飼)、貯蔵法は乾燥だけであった（＊高倉)。萱野アイヌ語辞典には「塩 sippo、塩をつける sippo-usi、塩汁 sippo-rur、砂糖トペンペ（索引にあるが、本文に無い)」がある。知里真志保の分類アイヌ語辞典、植物編にイタヤ他の樹液を糖分に用いたとする記載がある。江戸期中期以降、アイヌの生活地が北海道以北になってからは北海道南西部の気候温暖地で、本州人と接触が多い地所では一部粟稗（アワヒエ）等が簡単な農法で栽培されていた（＊高倉)。アイヌは犬（和犬である）を家畜として飼育し、狩猟や漁（鮭鱒の捕獲）の使役のほか、肉を食料とし毛皮を防寒具等の生活具に用いた。カラフトアイヌは他の民族（ギリヤーク、オロッコ）の影響で犬を牽引《ケンイン》にも用いた。羆の子や鳥の飼育も行われていた（＊高倉）。衣服履物被り物は草・樹皮の繊維の他、鮭・獣皮・鳥皮の他、後世には和人から入手した麻《アサ》や木綿の生地でそれらを作り用いた。鉄製品はもっぱら和人から入手し、斧《オノ》・小刀《マキリ》・山刀《タシロ》・鎌《イヨッペ》・針・釜《カマ》・鏃《ヤジリ》・銛先《モリサキ》・槍《ヤリ》先《サキ》・仕掛け（マレック「鈎銛《カギモリ》」）が用いられた。漁具には釣り針・魚槍・鈎銛・タモ網・ウライ（魚獲仕掛け）・テシ（魚獲柵）等が用いられていた（＊高倉）。漁猟や交通には3〜4人乗りの丸木舟の他、航海用には丸木船の縁に割板を蔓草の縄で綴じ付け、蒲席《キナ》（アイヌ語でゴザ）の帆と車櫂《クルマガイ》（櫂の漕ぎ手が握る手前部分に穴を開け、その穴に舟の縁に付けた止め杭に入れ、それを力点にして、櫂を漕ぐ装置を言う）とで運行する大形船を用いた（＊高倉）。

北海道南西部のアイヌは古く西暦600年代から、本州以南の蝦夷《エミシ》（アイヌの先祖）又は和人との交流があり、北海道東部のアイヌも、相当古い時代から、北方千島のアイヌやカムチャッカの民族と交流があった。また北海道南西部や北東部のアイヌは樺太さらにはそこの住人を介し、大陸の住民とも交流があったことが様々な事象から分かっている（＊高倉）。北海道のアイヌは地上に存在する万物は神の化身で、それらは総てアイヌの為に存在すると見、アイヌの手による造作物にも神が宿ると信じた。そして、それらはアイヌに利用された後、アイヌによる送りの儀礼で神国に戻ると解していた（＊佐藤）。羆送りの儀礼の始まりは私はそれらの一環として行なわれ始めたもので、当初から羆に特別な思想を抱き始めた物では無いと解している。しかし、送りの歴史を重ねるに伴い、羆が偉大な獣で在ることが強調され（事実、羆は偉大な獣で在るが）、複雑な作法で行われるように特化したものと私は見る。確かな記録は無いが、本州のアイヌもかつて熊（月輪熊）送りを行っていて、それがその後本州の狩猟集団であるマタギに儀礼の一部が伝授された痕跡がある。

北海道・千島・樺太で、かつてアイヌが住んで居た地域には、和人にとって人跡未踏と思われる深山幽谷に至るまで、河川沢・峰・岬・懸崖に至まで地理的特徴や特産物を示すアイヌ語名が付され、それが子々孫々、口承でアイヌ民族間で伝授されて来たことを識るに付け、アイヌが幾百年にも亘りその地を跋渉していた事を実感しその驚きと共に、その地でアイヌが生活していた歴史とその時間の重さに身が引き締まるのを、私は禁じ得ない。明治政府は蝦夷地北海道を本格的に開拓するために、1869年(明治2)に政府直轄の開拓使を札幌に設置し、アイヌがアイヌの国（ainu mosir）：多くの場合北海道を指す（＊田村）として使用していた土地を無主地として、一方的に政府の所有とし、開拓を進めるために、本州以南から和人入植を進めた。その間、アイヌに対しては、矢毒や仕掛け弓の禁止、さらに漁猟の制限などが為され、アイヌ民族は伝統的生業が成り立たない状態に追い込まれ困窮、その状態は昭和20年代末葉まで続いたというのが実態であった。

引用文献（＊）
犬飼哲夫、1969年、アイヌ民族誌
佐藤：佐藤直太郎、1958年、釧路アイヌのイオマンデ
高倉：高倉新一郎、1972年、新版アイヌ政策史
関：関秀志、1995年、北海道民のなりたち
田村すず子、アイヌ語辞典 p.395

＜アイヌと言う語の語義・語源＞

「アイヌ」と言う語には4つの語義がある(金田一京助、言語学上より見たる蝦夷とあいぬ、1923年)。一つはこの語の原義である「人」の意。二つ目は「人種名・民族名」の意。三つ目は男の名の下に付し、男子名であることを表する意、例えば私がアイヌであれば、masaaki-ainu の様に。女の場合は -matu マツを付す。四つ目は敬称の意で、名前の下に付す。例えば、長禄元年（1457）に、和人と戦った首長(コシャマイヌ) Kosham-ainu の様にである。

釧路春採コタンのウエーニキ・エカシ夫妻
（1936年撮、佐藤直太郎原図）

＜アイヌの髭(ヒゲ)＞

アイヌの男の髭が長い事については、中国の唐時代の東夷(トウイ)（801年)」に、髭(ヒゲ)の長さ4尺、

入墨をしたアイヌ婦人
(1901、Batchelor 原図)

弓矢をよくす等の記述がある。また、菅江真澄（スガエマスミ）(1753～1829)の「蝦夷迺天布利（エゾノテフリ）、1791」(東洋文庫、遊覧記2、p.232) にも、「アヰヌのメノコ達 (女) が、すべて、よい男性だと言って懸想（ケソウ）し恋い慕うのは、皆髭（ヒゲ）の大変長い男だ」とあり、アイヌの男の豊かな髭（ヒゲ）は健康な男の象徴であったことが解る。

＜アイヌの入墨＞

本州のエミシは入墨をしなかった。北海道のアイヌは入墨をした。千島アイヌはしなかったらしい。樺太アイヌの入墨は北海道に比し、色が薄く、しかも奥地に行くに従い、入墨をしない者が多かったと言う(間宮林蔵、北蝦夷図説巻之二)。北海道アイヌは①女性のみ7、8歳頃から口辺部に入墨を施し始め、婚約成立時点でそれを完成させた (若齢時から始めるのは良縁を願ってと入墨施術の負担を減らすためであろう)。②既婚女性は手背部から前腕部、第2指～第5指基背部にも入墨をした (若齢時から始めたか否かの記述は無い)。③既婚女性の眉額部に横筋状の1、2本の入墨をする地域があった (胆振の西半部のみの習俗)。以上は女性のみの入墨である。この他男女とも、④疼痛解消の呪い（マジナ）として、疼痛部に入墨をする事があった。⑤また、男のみ、弓術に長けるようにとの呪いの意味で、左右いずれか片手の拇（オヤユビ）と人差指の間に長三角形文様を入墨する者が在ったと言う。私が思うに既婚婦人 (将来結婚しようと言う意志がある女も含めて)が行う入墨の本義は、「病魔を追い払い、安産を祈願するお守りとしての」奥深い目的があったのではないかと思う。

＜狩猟で身に着ける刃物＞

狩猟に行く時の装いは、左側の腰にタシロ (tasiro = tasiho、山刀) と言う刃渡り30～40㎝程の細身ながら肉厚で、先が尖った鉈に似た刃物で、木を切るのに都合よくできていて、ある程度の重さがあり、充分武器ともなる刃物を着け、右側の腰にはマキリ (makiri：小刀) と言う刃渡り15～20㎝程の小刀を着け携帯した。この出で立ちは他家を訪問するような

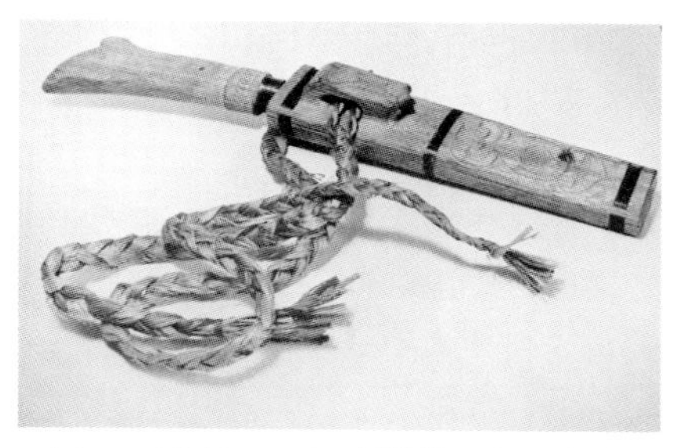
タシロ（1969、アイヌ民族誌、上、原図）

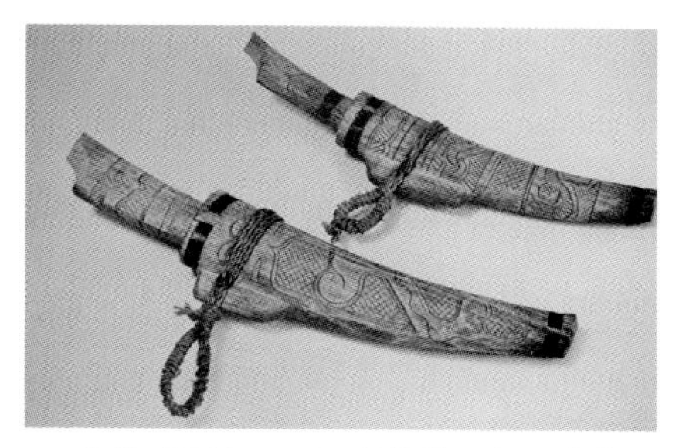
マキリ（1969、アイヌ民族誌、上、原図）

普段の外出の際もそうだった（萱野茂、アイヌの民具）。**刃物をこのように左右に下げ分ける理由は、万が一にも羆と格闘した時に、どちらかの刃物を抜くことができるためで**あった（萱野茂、アイヌの民具）。これは咄嗟に羆に襲われた体験から生み出したものであろうが、アイヌはこのように羆に対して用心していたのである。**松浦武四郎の廻浦日記巻14樺太の項にも、この島之土人常に小刀を2挺ずつ所持する也とある**（理由の記述は無い）。女も刃先が少し短小なmakiriを普段も携帯した（萱野、アイヌの民具）。本州の東北地方でも鉈様刃物を「tasiro」、小刀を「makiri」と言うが（金田一京助他、アイヌ芸術）、これはアイヌ語であろう。この事も東北にかってアイヌ民族が住んでいた事の証となろう。狩りや遠出には、さらに手槍や弓を持ち、背中には矢筒を背負い出掛けた。大刀やタシロは和人から交易等で得たりしたものだが、小型のマキリや鉄製の鏃（矢尻）などは、和人から得た鉄片を加工して時にはアイヌも製作したと言う。

＜アイヌの羆猟の方法＞

アイヌの羆猟には四つの方法があった。

①穴羆猟。②仕掛け弓猟、ama 置く -ku 弓（俗にアマッポとも言う）。③出会い猟（羆を見つけて追い獲る、羆が近づいてきたのを獲る）、④他の方法で獲る（落し穴、「ヒラオトシ」と言う仕掛けで圧死させる罠、等）「彙落（イラク）（ヒラオトシ）、彙（イ）（集める義）」本州のマタギの猟法で、熊がどうしても通らねばならぬ地形に、柵（キ）を設け、その中に餌を置き、その餌を食べに熊が入ると、重しのついた天井が落ち、熊を圧死させ獲る仕掛けを言う。「オス」とも言う（狩猟伝承研究、千葉徳爾、p.134、他）。ハママシケ（石狩管内浜益村）

で、和人が主導して1863年に設置した記録がある（幕末の開拓地、関秀志、北の青嵐64号）

＜アイヌの狩猟具＞

アイヌが用いた陸獣猟具には手弓・槍・仕掛け弓等があった。実用には矢毒を併用した。**矢毒はトリカブト属（学名 Aconitum）の毒とアカエイ属（学名 Dasyatis）の毒針（尾棘）の毒が使われた。使用頻度はトリカブトが断然多用された。手持ちの「オブ op（手槍）」と、よく研いだ「タシロ tasiro（山刀）とマキリ makiri（小刀）」は腰から絶対にはなさなかつた。**タシロ tasiro（山刀）は刃先が尖った鉈状の刃の長さ40㎝程の刃物、マキリ makiri（小刀）はタシロよりも短小な刃物を言う。

＜アイヌの手弓＞

松前志」には、**「夷人の木弓はアイヌ語で「クウ」という。木弓の長さは大抵3尺4～5寸で（1m程）、弦の中央と上下の違藤、この三箇所に樺皮を巻く**。弓材はオンコ T.cuspidata で、この真っ直ぐな木の心材を取り、久しく枯らし火にあぶり作ると、暑天陰雨でも狂い弛むことなし。この木堅く朽ち難く、木理細やかにして直なり。木色は代赭石（ダイシャセキ）（赤色の石、赤鉄鉱）の如し」とある。**弦は麻糸「松前志、松前廣長著、1781」や、ツルウメモドキ C.orbiculatus の皮の繊維やイラクサ U.platyphylla の繊維の撚糸**「アイヌの民具、萱野茂1978」も用いた。**矢はクマイザサ S.senanensis の茎などを用い、長さ50～70㎝で、手弓の矢には矢羽をつけたが、仕掛け弓の矢にはつけなかった。鏃（ヤジリ）はクマイザサの太い茎を二つ割して、その一枚の先を鋭く尖らせ、その凹面に矢毒をつけたものや、骨や鉄製の同様の鏃を用いた。槍は全長約1.5-2mで、穂先は鹿の肢骨（シコツ）を鋭く尖らせ、中央に矢毒をつけ込む溝をつけたもの**である。

アイヌの手弓
（1901、Batchelor 原図）

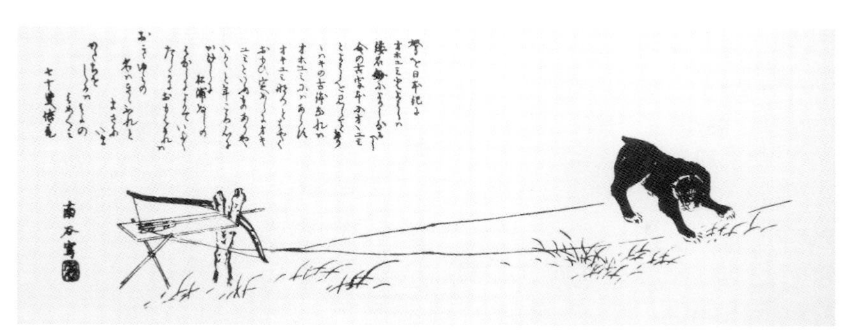

置き弓の圖、天塩日誌（松浦武四郎原図）

＜アイヌの仕掛け弓＞

アイヌは獣を仕掛け弓（ku 弓 -ari 置く、または ama 置く -ku 弓（俗にアマッポと言う）でも獲った。アイヌが仕掛け弓を使用していることを和人が記した最初の文献は多分坂倉源次郎1739年著の「北海随筆」であろう。それには「獣の通う道へ縄を張り、柱を立て、はじきにて箭（矢）発する仕掛けなり（タイマツフと言う）。あたらずと言う事なく、当たりて死なぬものなし、獣を夜取る仕掛けなり」と。北門叢書の同書には松前廣長の下札（注記）があり、「この仕掛けをアマホイという」とある。**獣にはそれぞれ好む環境というものがあって、そういう場を好んで棲場とするし、通路も好んで通る場所があって、そういう通路は獣道となる。仕掛け弓はそう言う獣道に弓を仕掛けて獲る猟具である**。通路を横切って細くて目につき難い丈夫な撚糸を丁度獣の胸の高さに張り、端を仕掛け弓の引き金に結び、他端を木に固定し、この張り糸に獣が掛かると自動的に矢が発射され獣の胸板を射る仕掛けである。毒をつけ込んだ鏃は雨水で毒が流失

アイヌの仕掛け弓
（1901、Batchelor 原図）

するのを防ぐ筒の中に収まるように工夫してある。この仕掛けによる羆や鹿の猟法はアイヌにとって重要なもので、特に山野を跋渉している羆をアイヌが捕獲し得たのはこの仕掛け弓によるところが非常に大きい。したがって、その猟場は代々伝承されていた。

＜杖＞

山野を歩くとき使う杖（ツエ）で、全長2m弱、太さ4㎝程のハシドイ＝ドスナラ S.reticulata 製の一端が小二股の木で、アイヌ語でエキムネクワ（ekimne-kuwa：それ－山に入る－杖）と言い、他端を石突きとして尖らせてある。穴羆を獲るとき、先端にタシロ（山刀）を括り付け、槍がわりにも用いたと言う。ドスナラは神を作る場合御神体にする木で、腐れ難いため墓標にしたり家の柱にしたと言う（萱野茂、アイヌの民具、p.164）。

＜オプ op（手槍）＞

1.5m程のハシドイ＝別称ドスナラ S.reticulata の柄に、鹿の足の骨を鋭く尖らせ、中央に浅い溝のある穂先を付けたもので、この**溝には矢毒を充填する。槍の先端から約40㎝のところに、長さ11㎝程の丈夫な横木を付ける**。横木をつけることで、槍先が40㎝以上獲物に刺さるのを防ぐ為である。槍の先端には鞘を被せ携帯する。

＜矢毒＞

矢毒（ヤドク）とは漁猟（ギョリョウ）や武器としての毒を言う。**矢毒には色々あるが、アイヌを含む北半球の多くの先住民はトリカブト類（Aconitum 属）の塊根（カイコン）を矢毒として使っていた**。トリカブト類は北半球にのみ分布する植物で、これで狩猟した**羆は、矢毒が刺さった部分の肉などを両手一杯ほど取り捨てれば食べられた**と言う。（毒「aconitine」が分解するまで加熱すれば勿論食べられるが、後述の松浦武四郎の記述では、生で食べている）。この**矢毒を使うことで獲物の神経が麻痺し狩猟時に羆などから逆襲される機会が減少したであろうし、矢毒を付けた仕掛け弓を獣道に多数仕掛けることで猟獲も増加したであろう**から、これら**矢毒の発見はアイヌを含む多くの狩猟民の生活向上に一大革命をもたらしたに違いない**。毒となるトリカブトの原因物質は aconitine を主体としたアコニチン型アルカロイドで、生体への作用部位は神経で、神経の正常な刺激伝導を阻害することで、心臓麻痺や呼吸麻痺の中毒症状（諸神経の麻痺）を起し死に至らしめる。**アイヌが仕掛け弓に触れ、毒矢が当たり、死に至った事故があったが、このトリカブト毒を解毒する方法はアイヌは持っていなかった**。知里真志保の『著作集別巻Ⅰ』、p.214に、ショウブ A.calamus の根を解毒に用いたとあり（用法の記述はない）、関場不二彦の『あいぬ医事談』1896年、p.53には、「ショウブの根を細末にし創傷に貼す」とある。矢毒については、門崎允昭著『アイヌの矢毒トリカブト』北海道出版企画センター刊がある。**矢毒は二大別される。①特定の獲物を1頭ずつ獲る矢毒と②多種類の獲物を獲る（川に毒を流す）矢毒である**。

アイヌ語でトリカブト「suruku」の語の初出文献は「松前志、松前廣長著、1781年」である。蝦夷地北海道で、アイヌが毒矢を使っていたことを語る最初の記事は、左京大夫藤原顕輔（1090～1155年）作の「あさましや　ちしまのえぞの　つくるなる　どくきのやこそ　ひまはもるなれ」という短歌で、「夫木和歌抄（藤原長清撰、1310年頃成立）」にある。歌の意味は「（蝦夷＝アイヌ）が鳥の羽の茎（「長管骨」製の鏃）に附子という毒を塗ったもので、鎧（ヨロイ）の隙間を見定めて射る」。千島とは北海道とその付近の島と、さらに千島列島やそれに多分樺太も含めた地域のことである。

アイヌが矢毒に使用したトリカブトは、種の分布と採取地の照合とから、エゾトリカブト A.yesoense とオクトリカブト A.japonicum の2種である。アイヌは自然物を総て神の化身と考えていたから、トリカブトの根、アイヌ語で surku あるいは surgu というが、これも神が化身したものと考えた。であるから、獣が surku で倒れるまでの所作は、獣の神と surku の神双方の所作と考えた。

塊根の採取は毒となるアコニチン型アルカロイドの量が多くなる晩秋や早春に行った。トリカブトの毒は根だけではなく、葉・茎・花にもあって、どの部分でも、切ったり揉み砕いて臭いを嗅ぐと、ピリットした刺激臭がする。アコニチン型アルカロイドの量が多いトリカブトの塊根を、搗（ツキ）砕くとその刺激臭は強烈で、時には目がチカチカし涙が出るほどである。竹内君一の「アイヌ毒箭並動物試験、1894年」には、「晩秋の候この根部を堀取り蓬（ヨモギ）で苞（ツト）を作り、根数十個を盛り爐（イロリ）の上に高く懸け一月ばかり乾燥の後、刀で一片を削り取り、舌の上に置きて毒性の強弱を試み、辛味猛烈にして耐え難きもののみを取りて、細挫し石上にて擣(ツキ)砕く」とある。矢毒の製法は秘伝であった。アイヌは矢毒の効果を増強するために、呪術的に蜘蛛や、天南星の根茎の黄色の有毒部など、他物を混入した。

調製した毒の保存法は「氷らさないようにした（更科源蔵、コタン生物記、1976年、初版1942)」という程度の記述しかない。矢毒の有効期間は、竹内君一が1894年（明治27）に「アイヌ毒箭並動物試験」で、日高国沙流アイヌ「グイカナ」の話として、箭毒は数年間保存しても毒性は減ずることはない、と述べている。ただし萱野茂は「アイヌの民具」に「古い毒は羆の神が嫌う」と書いている。トリカブト毒は鯨猟にも使われた。鏃(ヤジリ)への毒の付け込みも秘伝であった。羆への毒の効き方は次の松浦武四郎の記述を参照されたい。

松浦武四郎は安政4年（1857)、山越郡八雲のアイヌのノサカ50歳からの聞き取りで「附子に煙草の脂(ヤニ)、蜘蛛(クモ)、水中の虫 kurunhe(クルンヘ) を練り合わせて筒に入れ、腐らせて用いると、肉に毒が廻ってややもすれば食し者に当たる故、今は附子だけにて surku を製す。されば毒の廻り遅いが、肉を捨てる所少しですむ」（東蝦夷日誌初編）と書いている。アイヌはトリカブト毒で鯨羆鹿狸狐兎貂などを猟した。アイヌが猟に用いた弓と矢は手持ち弓と仕掛け弓とがあった。

＜毒と毛皮＞

北海道大学の前身農科大学時代の動物学の教授であった八田三郎（熊 1911、p.58）は仕掛け弓による羆の猟法について、「**仕掛け弓を敷設したら四日ないし七日おきに巡視する**。仕掛けの矢がなければ羆が掛かったのだから、笹や草の倒れ伏している方に静かに注意深く捜索していく。羆が嘔吐した形跡があれば、毒が弱くて羆は斃れずに逃げたのだ。また五六間（約10m）歩いたきりで斃れていたら毒が強過ぎたのである。毒が強過ぎると毛皮にしてから毛が抜けるし、肉も腐敗が速い。アイヌはそれを嫌って矢が刺さった部分を慌てて欠きとる。毛皮に丸く継ぎが当ててある毛皮は仕掛け弓で獲った皮だと言って人は喜ばない」と。

＜羆猟の実例＞

＜松浦武四郎記「穴羆を毒矢で獲り、生肉を食う」＞

以下に記すのは、松浦武四郎がアイヌの案内で、旧暦安政5年1/18～2/15（新暦1858年2/1～2/28）に、北海道石狩管内の喜茂別川から中山峠付近を経て、豊平川を下った際の記録である。松浦武四郎の後志羊蹄日誌（丸山道子訳、凍土社刊）から転載する。

2月9日（新暦1858年3月24日）昨日と同じような猛吹雪、それを幸いに私は洞穴の中で一日のんびり休むことにする。**アイヌ達はこの吹雪の中を平気で出掛けて行ったが、やがて狸2匹と、貂を3匹、兎1匹下げて帰って来て（矢毒付きの矢で獲たものか否かは記されておらず不明である)、「今日は羆の足跡を見つけた、きっとこの近くにいるだろう」と云う**。

2月10日（新暦1858年3月25日）快晴になったので出発する。わずか5、6丁（1丁は約110m）登ったところで羆の足跡を見付けた（現場は喜茂別川の源流部であろう「門崎の見解」)。アイヌたちは大喜びしてその跡をつけて少し谷へ下り、大木の根に羆穴を見つけて、居るぞ叫ぶ。(羆は春に穴を出た後直ぐに嵐になると、稀に穴に再び戻ることがあり、今回はその珍しい例である、また満2、3歳過ぎの単独羆は総じて穴から早く出がちである「門崎の見解」)。アイヌ達が長い木の枝を穴に（入口から）突っ込むと、**羆が怒って吠える。2匹の犬（武四郎は連れ歩く犬は2匹と決めていた）は、興奮して今にも穴の中に飛び込んで行きそうなのを、アイヌが押さえて、毒矢を3、4本穴に射込む。羆は洞穴が崩れんばかりに吠えているが、アイヌは手際よく穴の手前の雪を掘り崩し足場を良くし、それから犬を穴に追い込んだ。すると羆は猛り狂って穴から飛び出て、トネンハクアイヌに襲い掛かった。彼は待って居たとばかり、驚く様子もなく、「ヘベレ（子羆)」と、羆の首を片手でしっかり抱き込んで、羆と角力をとるような形にもみ合っている。犬はその周りをめまぐるしく馳け廻って吠え、羆に跳び突いてはあちこちとやたらに噛みつく。やがて矢の毒が回って来たのだろう、羆は弱り始め、声もとぎれ勝ちに、全身が痙攣し、その時を見図らっていたトネンハクが山鉈（タシロ）を抜いて、羆の腋の下あたりから、肋骨にかけて突き刺した。**

実に鮮かな手並であった。アイヌが羆に立ち向う際には必ず、ヘペレと言う、「小羆め」、という意味である。トネンハクは毎年羆を7、8頭は仕留める猛者で、アイヌの中でも猟の巧いので有名な男なので、特に連れて来たのだったが、さすがにと思わせられた。

そこで大物をしとめたときのヘウメンケ(勝どき)の声を揚げて喜び合う。**羆の肉を切り取って、まず山や海の神に供え、その上で皮と、肉の半分を昨夜の洞穴に蔵って保存(アイヌが郷里に引き返す際、持ち帰るのであろう)して置く事にし、残りを生のまゝで、或いはあぶり肉（火で焼く事）にして一同腹一ぱいにつめこんだ。肉を喰べて元気が出たところでまた山を登り始める。そのときのアイヌ達ときたら、鬚(ヒゲ)には羆の血がこびりついてコチコチに凍りついているし、手足も着ている物も血だらけのまゝ、まるで赤鬼のようで、世にも恐しげな恰好であった、とある。この記述は、毒矢で射止めた羆の肉を生で食べたという、唯一のもので、極めて貴重である。**

＜日本での熊儀礼の初記載＞

アイヌ民族は樺太南半部（サハリン南半部）から北海道・千島列島そして江戸期初期までは本州東北部まで土着していた人びとであるが、その**アイヌが、熊を儀礼的に殺す事実を記した初出史料は、1710年の松宮観山(マツミヤカンザン)による「蝦夷談筆記(エゾダンヒツキ)」で、対象の熊は羆 U.arctos である。**この記述には儀礼という意味合いの文言は全く無いが、記述内容が、その後に書かれた熊の送り儀礼の内容と一致することから、この文献は熊儀礼に関する日本での最初の史料である。そして、対象とした個体は飼育した子羆である事から、**アイヌによる飼育子羆に関する「送り儀礼」の初記載でもある。**

＜松宮観山の、「蝦夷談筆記、1710年」＞

『日本庶民生活史料集成』4、p.390に掲載の記述である。

松宮観山（1686生～1780没）24歳の1710年に幕府巡検使の一行として、蝦夷地松前(エゾチマツマエ)で、蝦夷通詞(エゾツウジ)（アイヌ語通訳）勘右衛門(カンエモン)61歳の談話を筆記した記録である。以下にその文章を転載する。

「蝦夷人は熊を大きなる籠に飼い置、十月中殺し候て胃を取申候。飼候得ば殊外なつき申ものの由。初(ハジメ)はメノコシ（蝦夷詞女を云）乳を呑せ候て飼入候。成長仕候ては魚を給させ候。夏の中は熊の胆も薬力弱く御座候故、十月に成候て大木二本にて首をはさみ、首に＊シトキ（道具也）をかけさ

せ男女五・六人にて押殺胆を取、肉をば喰申候。皮ははぎ候て商に仕候。殺候跡にて一時も二時も寄合、大きに嘆き、其上にて弔ひ餅とて米をひやし（水に浸し軟らかくし）、シトギ（粢（シトギ）、粟（アワ）や米の団子の義）の様に拵、寄合給候由の事」とある。この記述には「熊を殺す目的」が書かれて居ないから、当然「熊祭り、とか、熊送り」等の語も無い。

＊ sitoki とは、首飾りの下方に付く円形の金属を言う。

＜観山の記述を解読すると以下の様である＞

①「蝦夷人（エゾビト）は熊を大きなる籠（カゴ）（檻である）に飼置（カイオキ）、②旧暦10月中（新暦12月上旬）殺し候（ソウロウ）て、③胃（イ）（胆嚢の義）を取申候。④飼候得ば殊外なつき馴れ慕申ものの由。初はメノコシ（蝦夷詞（エゾコトバ）で女を云）乳を呑せ候て飼入候。成長仕候ては魚を給させ候。⑤夏の中は熊の胆（クマノイ）も薬力弱く御座候故、10月（新暦12月上旬）に成候て（子熊が成長し、胆嚢がそれなりに容量が大きくなる時季を強調している）、⑥大木2本にて首をはさみ、首にシトキを掛けさせ（女が付ける胸飾りで、雌熊に付ける。雄熊には飾刀を供える）、男女五・六人にて押殺（「男女でする」とする初記載である）、⑦胆（タン）を取、肉をば喰申候（胆を取ることを強調している）。⑧皮は剥ぎ候て商に仕候（毛皮を商う事も強調）。⑨殺候跡にて一時も二時も（2時間～4時間）も寄合、大きに嘆き、其上にて弔（トムラ）い餅（モチ）とて米をひやし（米や粟と水に漬け、軟らかくして、臼で搗き粉にして）、シトギ（粢（シトギ）、粟（アワ）や米の団子の義）の様に拵（コシラエ）、寄合給候由の事」と。

この①～⑨迄の一連の行為は、その後の史料に照らして、正に、アイヌが熊の霊を神国（親元）に送る為に為した「熊送りの儀礼 i-omant ＝ i-omande」そのものであり、それに関する初記載と言うべき史料である。①～⑨の行為は大筋に於いて、江戸期末更には昭和期まで踏襲されており、江戸期の1710年代に、アイヌの「飼熊の送り儀礼」の作法は既に確立していた事、そして優良な熊胆と毛皮の採取時期も把握しそれらが商用目的に用いられていた事も識れる。

＜アイヌ民族はなぜ「熊送り儀礼」を始めたか＞

アイヌ民族（以下アイヌと略称する）が、なぜ「熊送り儀礼」を始めたかを考えて見たい。**アイヌは、己が生活している地上界に存在する生物は、アイヌの為に神界で暮らして居る神が化身して存在するものと見、岩**

石など無機物やアイヌ自身が作出した器具等にも神が宿ると見、利用した後には、その神を神界に送る事を作法をもって行っていた（佐藤直太郎、1888生〜1975没）の「釧路アイヌのイオマンデ、原著は1958年で、ガリ版刷りである。活字版は1961年、佐藤直太郎郷土研究論文集に掲載、p.95-178」。**それ故に、熊送りの儀礼もその一環と見るべきだと、私は考える**。

それでは、アイヌがなぜこのような世界観物質観に至ったか、私の考えを述べる。私は1970以来、羆を含む野生動物の調査で、羆の生活地に行き、踏査し、時には羆を実見するなど、自然にどっぷり浸かった生活をし続けている。そのような中では獣類や虫は当然の事、あらゆる動植物自然と対話するようになる。さすれば、当然自然と人との関係も考究することになる。アイヌがかって暮らして居た往古はどうであったか。

アイヌは漁猟採取民族である。コタン（居住地）を一歩出ればそこは総て羆が跋渉する自然地である。そのような地での生活では日常的に常に自然と対話を為したであろうことは、私は自らの体験からそう確信する。そのような状況で、自然界を見た時、枯れた植物が時季が来れば再生し、狩った獲物も絶えなく居れば、それを再生の結果とし、その神秘さと、己のさらなる佳き生活への願望とから、アイヌが己と自然界の関係に、「地上界に有る生物は神界でアイヌと同じ姿で、暮らして居る神の地上界での姿であると言う観念（知里真志保著作集、別巻Ⅰ、p.14)、さらに、**アイヌに利用された後、神はアイヌから土産を受け神界にアイヌの儀礼で戻り、その土産で神も佳き生活が出来ると言う考え」、この因果応報の相互扶助の考えから、「送り儀礼の考え」を創造するに至ったと私は見る**。アイヌ民族は周知のように、ユカリ yukar と称する膨大な口承叙事詩を伝承してきた知的な民族である。アイヌ民族が独自にこのような「送り儀礼の観念」を創造し、習慣として来たとしても不思議では無い。知里真志保は、熊祭り（熊送り）の起原は、「冬の狩猟時期での豊猟を祈念する行事として始まった」ものと推察しているが（知里真志保著作集3、p.10)、知里が言うこの祭りの基本も「相互扶助の考え」と言えよう。

また、子熊を飼育し、それを送る儀礼も、漁猟採取の生活は不安定で飢えとの闘ったであったであろうし、内心は病と死の恐怖不安との戦いでもあったであろう、そう言う状況下で、子熊を飼育している間は、「神の力で不幸が無いと確信すること」で、一時的にしろ不安や恐怖を払拭し得た

効用は絶大であったと私は見る。いずれにしてもアイヌの送り儀礼の起因は、アイヌの内心によるもので、他民族からの借用や移入した行為では無く、アイヌ民族が独自に発想し発展させた固有文化の一つであると私は見る。

「ユカリ＝ユーカラ yukar」＝（口承叙事詩＝民族の歴史や民族の生活事象を口伝えに伝承したもの）、神謡（yukar：yukara 知里真志保、著作集、1、p.155〜）

「コタン kot-an：アイヌの住居」アイヌ語にコタン kot-an と言う語があるが、高倉新一郎は「kot ＝住居、an ＝在る」の義とし（「北辺・開拓・アイヌ」1942年）、金田一京助は「kot ＝窪 -an ＝在る -i 処」の義であろうとし、穴居在る処の義と推察している（採訪随筆、1937年）。知里真志保は（著作集1、p.351）、「kotan は「住居の在る所」の義で、家一軒の所でも kotan であり、ある季節だけ住居する場所も kotan と言うと述べている。

＜アイヌの送り儀礼は相互扶助＞

アイヌは熊ばかりでなく、得た自然物（生物を含む）、アイヌが工作した道具や家屋まで神・魂が宿るとし、利用後は inaw イナウ等の土産を神に贈り物として捧げて、イナウ inaw などを介して神と対話し（inaw や髭篦（ヒゲベラ）等は人と神との意志伝達具でもある）、送りの儀礼を行ったが、そうすることで、神の国に戻った神は、その土産でより豊かな暮らしが出来るとし、再び神国から神は土産を携えてアイヌ世界に降臨する、これによって、アイヌもまた豊かな暮らしができると信じた。これは正に「相互扶助」の思想である。熊について言えば、熊神から肉や毛皮などを戴き、眼球の硝子体、舌耳の軟骨や脳を生食すること、解体時に体腔に貯まる血液などを生飲することで、熊の優れた性能が得られると信じていた。

＜アイヌが行った儀礼の種類＞

アイヌが行っていた儀礼の種類を、佐藤直太郎の「釧路アイヌのイオマンデ、1961年、佐藤直太郎郷土研究論文集」と、Batchelor・萱野茂・田村すず子・中川裕らの各アイヌ語辞典から該当する語を採録整理すると以下の通りである。佐藤直太郎によると、地上の万物は皆天上界の神が扮装して現れたものであり、そこで、アイヌの生活に利益をもたらす善神（ピリカカムイ）が扮装した物には、感謝の意を表して、天上界（カンドモシリ、萱野辞典はカント kant ＝天、mosir ＝国）に帰ってもらい、再び扮装を新たにして地上に来てもらう。そのために儀式を行う。しかしその作法は対象とする神によって軽重がある。

送る対象物による儀礼名は次の通りである。

①日用器物や祭具―イワクテ iwak-te

普段愛用していた日用器物や祭具が破損したり不用になった時には、人里離れた清浄な場所で、キケ（削り花）を着け、イナウ（木弊）を建て、神酒を献じて、その霊魂を天に送る。これをイワクテ（「祝福して送る」の義）と言う（萱野辞典には、iwak-te「帰す、神の国に送る」とある）。

②猟で獲た小獣や小鳥―イワクテ iwak-te ともアルパレ arpare とも言う

マタギ（猟師）が山に猟に入った時は、まず猟小屋（クチャ、「Batchelor 辞典には kucha クチャ、萱野辞典には kuca-cise クチャチセ狩小屋とある」）を造り、その側にヌサ（祭壇）を設ける。そして猟で獲た小獣や小鳥でも、粗末ではあるがイナウ（木弊）を急造して、ヌサに捧げ、その霊を送ってやる。これをイワクテ iwak-te ともアルパレとも言い、いずれも「送る」と言う意味であると言う。アルパレの語は Batchelor・萱野茂の辞典には無いが、田村すず子の辞典に arpare ＝行かせる（送る）とある。

③猟で獲た熊狐狸狼縞梟など―オプニレ

中川辞典に「ホプニレ hopunire(山猟で得た動物を神の国に送る)事とある」

熊狐狸狼縞梟など、位の高い動物を山奥で獲った場合は、常にイナウを建て、神酒の代用として、米と麹の少量を袋に入れて用意した「ブシクスリ（萱野辞典に pus/pusi/puhi ＝穀類の穂＋ kusuri ＝薬「和語」）」を献じ鄭重にカムイノミ（神への祈り）し送る。この儀礼を「オプニレ（「送り届ける」義）」と言うとある。オプニレの語は Batchelor・萱野・田村とも辞書に無い、中川辞典には「ホプニレ hopunire（山猟で得た動物を神の国に送る）事とあり」同義語であろう。

④猟で獲た熊―カムイ・オプニレ

特に最も位の高い山の神であるキムンカムイ（羆）は、猟場の根拠地であるシラツチセ siratcise 岩家（sirar 岩、cise 家「中川辞典」）等で行う場合とコタン（部落）に持ち帰り、丁寧な儀式に依って送る場合とがあった。この儀礼は「カムイ・オブニレ」と言い、「熊の霊を送る」と言う意味だと言う。これも前記中川辞典の語義から「kamui-hopunire」と同義語であろう。

⑤**往時（時代は不明）は位の高い鳥獣の子を生け捕りして、コタンに連れ帰り飼育した後に送る場合を―イオマンデ i-omande と言い。後に（時代は不明）、飼育した子熊を送る事をのみ―イオマンデと言う様に成ったと言う**。

位の高い鳥獣の幼い子を生け捕りして、コタンに連れ帰り飼育した後に送る場合には、盛大な儀式でこれを送る習慣があり、この場合を「イオマンデ」と言うのだと言う。熊の他、縞梟（シマフクロウ）、狸（タヌキ）も熊の叔父として、イオマンデを特別に行ったものであるが、時の経過で熊以外のイオマンデは忘れ去られて、行われなくなったと言う。要するに、山猟で殺した熊の場合は、「カムイ・オブニレ」で送り、飼育後の子熊送りの場合だけを「イオマンデ」と言うのだと言う。

要するに、アイヌに幸をもたらしていた作造物、生き物総てが、作法の軽重は別として送りの儀礼の対象であったと言う事である。

＜イヨマンテの語義＞

イオマンテ（i-oman-te）の意味を萱野茂（アイヌ語辞典）に見ると、「i ＝それを・oman-te ＝行かせる」とあり、知里の辞典では（著作集3)、i ＝それを・oman ＝行く・te ＝させる（それを行かせる）とある。Batchelor の辞典（アイヌ英和辞典）では、「iomande イオマンデ＝ to send away」とあり、和語に訳すと、「離れた所（別世界）に行かせる」である。要するに「この世に居るもの有るものを別世界（異界）これは神の世界であるが、そこに行かしめると言う事で、行かしめるものは熊に限定した事では無いということである。そのことは佐藤直太郎が「釧路アイヌのイオマンデ、1961」に述べている。イオマンテ（i-oman-te）と「iomande イオマンデ」は同義語だが、発音が異なるのは m と n の直後の語、例えば n-te の場合は n-de に濁音化することが多いと言い、男や子供言葉に多く、ぞんざいな語気になると言う（知里幸恵ノートⅣ、1985)。

また知里真志保によると、「イヨマンテ i-oman-te」と言う語は、一般に、熊祭の全過程を包括する語として使われているが、元は熊祭の最後の段階で、死体から切り離された熊の頭部、その耳と耳との間に霊となった山の神が安坐している、を美しく飾り付け、それを山の上に持って行く儀事が行われたが、それを「key-oman-te（ケイ・オマン・テ)、頭を・山へ行か・せる」と言った。「イヨマンテ i-oman-te（イ・オマン・テ)、それを＝熊の耳と耳との間に坐している神を・山へ行か・せる」も、初めはその儀事を指した名称だったのが、後に「熊祭の全過程を包括して指す名称に変わって来た」ものと言う（知里著作集、3、p.59)。なお、「熊の神が熊の頭部の耳と耳との間に坐している」とする初出文献は知里幸恵の「アイヌ神謡集、p.21、岩波文庫」の第1編「梟の神の自ら歌った謡、銀の滴降る降るまわりに」で、「私は身体の耳と耳の間に坐って」である。

＜イヨマンテを「熊祭り」と和語化するのは誤り＞

佐藤直太郎は「釧路アイヌのイオマンデ、1958、p.9」に、「釧路地方では大正の初期まで（1915年頃）は和人も和語を話せるアイヌも「熊送り」と言い、誰も「熊祭り」とは言わなかったし、同様に、研究者以外は、アイヌも和人も iomande とは言わなかった」と書いて居る。イオマンテ（i-oman-te）とイオマンデ（iomande）は異音同義で、和語の意味は「i＝それを・oman-te＝行かせる」である。和語に解訳すると「この世に居るもの、有るものを、別世界（異界）これは神の世界であるが、そこに行かしめると言う事で、厳密に言えばこの語に「祭り」と言う意味は含まれていないから、これを「祭り」と和訳するのは誤りと言うべきであろう。アイヌ語で祭りを意味する語は、Batchelor 辞典では英語 feast（アイヌ語は marapto、maratto)；festival（maratto)、萱野辞典では「祭り（inomi)、祭る（kamuy-nomi)：祈る・祭る（nomi）がある。

＜アイヌ民族の熊送り儀礼の成立＞

私は次のように考える。

①アイヌの熊送り儀礼は、1710年には確立していた（松山観山の史料)。

②その起想は、総てのものに神が宿り、神はアイヌ界と神界をアイヌと神の相互意志で往来し得ると確信した事による。熊についても同じと見た。

③脊椎動物では、神は頭部に宿っていると観た。それ故、頭部（頭骨）を神聖視した。熊については、両耳の間に神が宿ると見た。

八田三郎原図（1911）
1940年頃迄、「送り儀礼」の羆の頭は、鼻と目と口の周囲の毛皮と両耳を頭部に残した

④アイヌと神の生活基盤は相互扶助と観た。故に、送るものに土産物を与えた。それにより、アイヌは更なる返報を得られると見た。アイヌは熊胆や毛皮を交易に用いたが、これもアイヌの益となる相互扶助の神からの贈与物と見た。

⑤漁猟時季前に、対象種の送り儀礼を行えば、相互扶助の理で、その後の漁猟時に返報がもたらされると見た。

⑥子熊を育て送り儀礼を為したのは、穴熊猟をすれば、単独では生きて行けない幼熊を獲るのは必然的事象であり、幼熊は人の世話なしでは生存し得ないから、単独で生存し得るようになる秋まで飼養し、その後に送り儀礼を為すことで、前項⑤が為されると見た。

⑦子熊の飼養中は不幸が生じ無いと信じ、そう願望したことが、飼育熊の儀礼を盛んにした主因であろう。

⑧儀礼の作法も地域や家系や時の経過で、差違があったと言えよう。

⑨熊の送り儀礼には、霊を神界に送る主目的の他、時の経過に伴い付随的事柄が目的に加えられたと私は見る。

＜アイヌの熊儀礼の種類＞

アイヌが行う熊儀礼には3つある。①飼育した子熊を送る儀礼、②獲った熊を狩猟先で送る儀礼、③狩猟先から頭と毛皮を持ち帰って営む儀礼で、いずれも熊を殺す事を目的とした行為であるが、アイヌにはその事で熊を苦しめるとか、熊が苦しむと言う観念は全く無いのである。熊が自ら進んで、そのアイヌに送られたく、身を委ねに来ると言う考えである（知里真志保著作集3、p.200）。

＜飼育する子熊は神からの「預かりもの」＞

熊儀礼の一つに「飼育した子熊を送る儀礼」があったが、その子熊についてはアイヌ固有の観念があった。それは、神から子（熊）を預かると言う観念である。以下にそれを見る。

①佐藤直太郎は「釧路アイヌのイオマンデ、1961」で、アイヌは子熊を飼育する事を、「エベレ（エペレ heper 子熊、）を預かる」と言う。「カムイ kamuy（神）から、その子の養育を依頼せられて、お預りしているのだ」との意味である。これは神様が「ハヨクベ hayok・pe（扮装）」して、熊となつて温い毛皮と、美味しい肉とを、アイヌに与えてその生活を豊にし、幸福を授けるために、自ら進んで獲られ、その子も預けられたのだから、大切に立派に養育して、親神様の許に、お還ししなければならないもの、と信じている。カムイ kamuy が自分を見込んで「エベレ heper」をお授け下さつたのだ」とし、光栄に思つて、熊を飼うと言うよりは、神に奉仕すると言う気持で大切に育てる、とある。

②犬飼哲夫（イヌカイテツオ）（1897〜1989）・名取武光（ナトリタケミツ）（1905〜1987）は、「イオマンテ（アイヌの熊祭）の文化的意義とその形式（Ⅰ）1939＆（Ⅱ）1940」のⅠの p.19で、冬籠り穴猟で得た子熊について次のように述べている。「冬籠り中の熊を獲つた場合、穴の中で子熊が死んでいることがある。この時はアイヌは簡単に死んだ子熊にイナウ inaw（木弊）をつけて穴の外の附近に放置し、あるいは、山の中にあるヌサ nusa（祭壇）、あるいは自宅まで持つて来てイナウ inaw（木弊）を着けて、安全に親元の国に帰れと云ひ聞かせる。育ち得る様な子熊を母親と共に得れば、アイヌは神からこれを育てる様に「預けられた」と考へ非常に光榮に思つて家に連れ帰へり育てる。部落に子熊を連れて来て飼っていれば、その間「疫病が流行しない」と信じている（白老アイヌの宮本エカシマトク「伊之助、1928年改名」談）。アイヌは子熊を飼ふことを実際に「熊を預る」と言つている。子熊を連れ来る時は黙って部落に到着する者が多いが（白老、伏古）、八雲地方では部落の入口で、大聾にマタギ（猟師）が「ヘベレ heper・サンノー sanno 来る」即ち、熊が山から降りで来たと連呼する。すると各戸から一様に「オノオノオノ」即ちでかした、でかしたとか、「ソネベアナー、sone 確かか」即ち本当か

と言う合言葉でこれを迎へる。と言う。サハリンのギリヤークも熊を猟して帰宅するとき家に近づくと ointe（意味不明）と叫ぶと言う。他の民族（北米原住民）でも同様の事が知られている（Hallowell、p.132）。

③犬飼哲夫・名取武光は、「イオマンテ（アイヌの熊祭）の文化的意義とその形式（Ⅰ）p.21で、子熊を預かる事に関連し送り儀礼の口上で、「先づアイヌの高い位の神であるアベウチカムイ（火の神）にアベウチイナウ（木弊）と他の神々のイナウ（木弊）を作り、家の中でその炉に挿して、アベウチの神に祈って言うに、今この熊をアベウチの子として、お預かりして、育てて来たが、明日はいよいよ神の国に立発させるから、宜しく神々に伝言して無事に親元に送り届く様に御見守り下さい。更に子熊の檻の傍に行つて子熊に次の様なことを云つて聞かせる「お前を明日はいよいよ神の国に立発させるから、よくアベウチに道順を聞いて決して道に迷い間違をしない様に氣をつけて帰って行きなさい。我々は旅の支度は全部用意したから、明日は沢山の土産物を持って帰ってくれ」と。アイヌによると、アベウチは火の神（老婆神）で、この神に人も熊も育てられていると言い、アイヌの意志（願い事）を他の神に伝える役も担って居ると言う。

＜アイヌが熊を殺す理由は3つ＞

アイヌが熊を殺す理由は大別して3つある。①猟の対象として殺す（狩る）。②飼育した熊を儀礼として殺す。③人その他を害した熊を成敗として殺す。これら3つのうち①と②が儀礼の対象で、①の場合を「カムイ-オプニレ kamui-hopunire」、②の場合を「i-omante、i-omande」と言う。③の場合は成敗と心を改める事を期待しての処置とがある（犬飼哲夫、1942、天災に対するアイヌの態度）。

＜アイヌ民族の正統な「熊送り」儀礼＞

アイヌ民族（アイヌと略称する）が先祖代々引き継ぎ行ってきた「熊の送り儀礼」の「準備から、本儀礼の前後の色々な行事、さらに参集者が帰路に着く迄」を含めた、いわゆる、私が考える「正統」な「熊送りの儀礼」を識ろうとするならば、古来からの「熊送りの儀礼」を日常的に継続して体験してきたアイヌによって行われた「儀礼」に限定されると私は見る。

そう言う観点から、熊送りの儀礼に関する記録報文を渉猟吟味すると、それは、1940年以前に行われた儀礼に限定される。その理由はこの頃までは古式の熊送り儀礼を識るアイヌ古老が健在で、これらの古老によって行われた熊儀礼の記録が現在も残っている事による。熊の送り儀礼を行う根本的本義は、アイヌの熊儀礼についての初出史料である「1710年の松山観山」の時代から、松山の記録には熊儀礼とは書かれていないが、その内容は、その後の史料に照らして、それは熊の送り儀礼についての記述であり、その当時から、その本義目的は今日に至るまで私は不変と見るが、本儀礼の前・後の行いを含めた諸行事の実施における考えや、個々の所作は、公表されている文献の儀礼だけ見ても、同時代でも儀礼を行う人達の考え・都合で異なっているし、知里真志保の（著作集3）の「ユーカラの人々とその生活」他を見ても、時代によっても変遷してきたと私は解している。

＜正統な「熊儀礼」を詳細に記述した報文＞

正統と見る「熊儀礼」を詳細に記述した報文を私が上げるとすれば、いずれも飼育した子熊の送り儀礼に関するもので、次の3件が該当する。①犬飼哲夫（1897〜1989）・名取武光(1905〜1987)による、実施年の記載がない十勝の伏古村（現、帯広市の西部地域）と1939年12月に虹別（現、標茶町）で行はれた儀礼に基づく、「イオマンテ（アイヌの熊祭）の文化的意義とその形式（Ⅰ）1939＆（Ⅱ）1940」。②佐藤直太郎（1888〜1975）の「釧路アイヌのイオマンデ、ガリ刷り本1958、活字本1961」で、1916年頃に釧路の春採コタンでの儀礼、1936年の1月の白糠の石炭崎・コタンでの儀礼、それに犬飼・名取と同じ1939年12月の虹別で行なわれた儀礼に基ずく記述。それに、**③1936年3月に二風谷（現、平取町）で行はれた儀礼等に基づく伊福部宗夫(1910〜1976)**の「沙流アイヌの熊祭、1969」である。往時のアイヌによる正統な「熊送りの儀礼」を識ろうとするならば、この3著は必見すべき記録である。とりわけ、佐藤直太郎の書は「熊送りの起原」すなわち「アイヌは総てのものを送りの対象として送っていて、熊送りの儀礼もその一環であった事を示唆しており」、達眼である。同報文には、アイヌの人達が信じる「子熊が神国の親元に戻る旅姿」も述べられており、私は感動した。

<子熊の霊の旅姿はアイヌの装い>

旅立つ「カムイ(子熊の霊)」はアイヌの姿をしていて、「アツシ(裾長着物)」を着て「ホシ（脚絆)」をつけ、「シュトケリ（葡萄蔓ブドウツルの皮で造った草鞋ワラジ)」をはき、「キナ（蓙ゴザ)」に包んだ土産の荷物を背負って歩き、夜はアイヌの家に寄って宿を求め、泊りながら旅を続けて行くのだと言う（佐藤直太郎1958)。

<アイヌ犬>

犬はアイヌ語で「セタ」と言い、往時は何処の家でも2、3頭飼い、外出や狩猟、鮭鱒などの捕獲、さらに飢饉の際には食料にもしたと言う（知里真志保、松浦武四郎、犬飼)、犬は飼い主に忠実で親しみを全身で表し接するので、飼い主の心に潤いを与え、出掛けた際は道中度々放尿し、その臭いを嗅ぎ分けて行動するので、山野で道に迷う事もなく、さらに訓練済みのアイヌ犬は勇猛で嗅覚視力聴力に長けているので、獲物を容易に追跡し得るなど、狩猟採集の民であったアイヌの生活には欠かせない存在であった。鮭鱒を犬に捕らせたと言うのは、訓練すると犬は水を恐れず、自ら川に飛び込み、正に犬掻き泳法で泳ぎ、時に潜り動くものを、襲い噛む習性があるので、この習性を利用し、年寄りで一人暮らしの老女は、特に犬を使って鱒や鮭を獲り、冬に備えたと言う。

犬は南極圏を除く人が住むほぼ総ての地に往古から棲んでおり、生物界での公称（学名）は、Canis familiaris（ラテン語で、「親しみを表す犬」の義）である。本邦では縄文時代の遺跡から骨が出土しており、犬は往時から棲んでおり、アイヌ犬はその末裔である。アイヌ犬を「北海道犬」とも言うが、それは昭和12年（1937）にアイヌ犬を国指定の天然記念物に指定した際に、「アイヌが主に狩猟に飼育していた、俗にアイヌ犬と呼ばれている犬」と定義し「北海道犬」と公称した事による。

<アイヌが考える人と神の世界>

アイヌが懐いていた人と神の観念は、北海道でも、地域で異なるが、ここでは、佐藤直太朗さん（前出）による釧路アイヌの考えを紹介する。アイヌは「アイヌと神の世界」を、基本的に天界・地上界・地界の3界から成ると考えた。地上界はアイヌと神がアイヌの為に扮装した姿で存在する動植物と神の霊魂が宿った岩石土湖沼川等から成る世界とした。風雨雷雲雪霰（アラレ）などは天界に居る神（善神）の所作の結果と考えた。地上に扮装した状態で居る神以外の善神 pirka kamuy は天界に住むが、天界は6層からなり、アイヌに益を与えて呉れる羆など善神ほど最上部層「カンド（静かな)・モシリ（所)」に住み、益が少ない善神程、下層に住むと考えた。地界と言う観念も有り、地界も6層あって、地上に最も近い第1層にはアイヌの死者が住んで居ると考えた。地下の最下層の第6層部は、いわゆる地獄で、ここは人間（アイヌ）の行くところではなく、ウエン（悪)・カムイ（神）wen kamuy のいる所と考えた。人間に祟（タタ）りや病魔など不幸をする神はここから出て来るのだと言う。いずれにしても、天界の善神も、地界に居るアイヌの死者も、その下層部に居る悪神も、それぞれの界（世界）では、地上で生活しているアイヌと同じ姿で、着物も家も生活具も同じ物を用い、食べ物も同じで、家族（夫婦子供等）も居て、地上で生活している命有るアイヌと同じような暮らしをしていると考えて居た。

第６章　羆の生態

「生態」とは「生活状態」の事である

＜羆の好む環境＞

現在世界に7種の熊類が居るが、羆は冷涼な気候を好み、世界的に観て7種の中で最も広域に分布する種で、北半球に広く生息し、日本では北海道と国後島・択捉島にのみ現棲している。**羆は①育子期と発情期と子が複数の場合母から自立した子同士が短期間行動を共にする以外単独行動を好み**人との遭遇も嫌うので、日常的には人と遭遇し難い場所に居る。但し、人が居ても、羆自身が安心し得れば、その地所で目的の事をし続ける。②**食性が雑食性で、草本類・木本類・蟻や蜂類・獣類など多様な物を食する**事から、これらがあり、③**冬期には斜面の土に横穴を掘り、その中に入り冬籠りする**事から、**横穴が穿けるような地理的環境地、換言すれば、これら3条件を満たす森林地帯や森林に囲まれた山地や湖沼周辺・河川とその岸辺・海岸の潮際などを生息地**（長期に続けて使う地所）としている。**北海道の現在の羆の生息地は、全道面積の約50％で（76頁参照）、生息圏の中にある番屋（漁師の作業宿泊家屋）等を除き、人との日常的競合地はない。**出没地（一時的に使う地所）は生息地の外周部の森林地帯とその近隣の一部耕作地や牧地が該当するが、その範囲（出没地）は、生息地から出没域に移動して来る個体の有無と移動範囲により変動する。大雪・日高・知床などの森林限界上部の山岳地に6月頃から羆が上がって来るが、それはこれらの山岳地に餌があるためと（特に、ハクサンボウフウとチシマニンジンを好食）、これら山岳地の自然環境が冷涼な気候を好む羆の体質に総合的に合致しているためである。従来、羆がこれら山岳地に上がって来る理由として、羆が蚊・虻・蚋などの吸血虫を避けるためであるなどとも言われているが、これは全く想像に基づくもので誤りである。実際これら山岳地の羆は身体の回りにこれらの虫が無数に乱舞していても全く平然としている。

＜年間の行動圏＞

単独羆や母子羆や母から自立した後兄弟で行動している**羆が一年間に行動する範囲を年間の行動域あるいは年間の行動圏（ホームレンジ）**と言う。年間の行動圏には冬ごもり地をはじめ、その羆が一年間生活する上で必要な採餌場や休憩場などと共に、交尾や子育てと言った繁殖の場など、その羆達が生存するのに必要な場が総て含まれている。行動圏の範囲はその羆のその時々の生理的状態と行動圏として占有する地域の環境、これには人や他個体との軋轢等、色々な要因が複雑にからみ合うので、その範囲は毎年極めて流動的である。しかし、その中でも**冬籠り地とその時々の休息地は占有権が明確で、その様な場所を使用している時は、なわばり（領域・テリトリ）**として確保し､他の個体の侵入を拒むことが多い。**採餌場では、お互いの距離が数m離れていれば､お互いに諍いなく採餌していることも**、稀では無い。

＜一年の行動形態＞

羆は1年を1区とした生活型の種で、年間の行動形態は、山地の土穴に絶食で籠もり過ごす**「冬籠り期」**と穴から出て、山野を徘徊生活する**「跋渉期」**とから成る。また年間の行動形態を環境要因の一つである森林限界を基準に見た場合、消雪期間が短い森林限界上部の**山岳地を行動圏の一部として使用するか否かによってその行動形態は二つの型に分けられる**。一つは、このような山岳地を擁しない地域で生息している羆や山岳地があっても行動圏の一部として山岳地を使用しない個体で、このような個体は冬籠り期はもちろんのこと、春に冬籠り穴を出て再び晩秋に冬籠り穴に入るまでの全期間をもっぱら森林地帯で暮らす。第二の型は、消雪期に森林限界上部の山岳地に上がって過ごす個体で、この種の個体は春に、森林地帯にある冬籠り穴を出た後、山岳地が消雪するまでの期間を森林地帯で過ごす。そして山岳部の消雪を追うようにして七月上旬頃から山岳地に登り過ごし、**積雪が30㎝以上になると（通常は9月末ないし10月初・中旬）、積雪が30㎝以下の森林地帯に下り**、冬籠りに穴に入るまでそこで過ごす。要するにこの種の羆は山岳地とそれ以下の森林地帯を季節によって使い分けるのである。

＜一日の行動形態＞

冬籠り季を除くいわゆる活動期の羆の全個体が為す**一日の行為は、採餌・移動徘徊・休息の繰り返しである**。育子中の母羆はこれに育子が、発情期に発情した個体はこれに発情行動などが加わる。羆はこのような行為を昼夜の別なく行うから羆は決して夜行性の獣ではない。羆は孤独性が強い獣で、同族同士でも遭遇を嫌い用心する。人との遭遇も同様に嫌い用心する。であるから、農地・牧地・人里・市街地など人の生活圏に出現する時もその本性を発揮する。この他、羆の行動を阻害する主な要因に気象状態がある。普通の強さの風雨や風雪では平気で採餌などの活動をする羆も強烈な風雨や風雪あるいは特に日射の強い日中などは活動を止めて、己の安心できる環境に潜み休息することが多い。

＜休息場＞

基本的に己が安心し得る場所で休息する。通常は自分からは外部が見通せるが、外界からは自分の姿が見通せない藪の中・立木の中・岩陰・丈の高い草木の生えた中に潜んで休息する。しかし、己の身に危害が及ばない安全な場所と自分で判断した場合には、自分の姿が外界からすっかり見通せる場所でも休息する。しかし、このような開放地では、警戒を怠らない。少しの物音にも頭を挙げ辺りを警戒する。春から秋の山地では堅雪の上に腹這いになったり、横に臥したり、沼地・雪解水・沢地に入って腹這いになって休息することもある。また、草を食んでいる途中で、草地や近くの岩の上で休息し、うたた寝したりもする。子羆は樹に登って遊んでいて、樹又で寝たりする。

＜羆が集まる場合＞

行動を共にしている**母子以外の羆が、一カ所に集まるのは**次のような場合である。①**母から自立した兄弟が互いに独立するまで一緒に行動することがある**。②**自立させられた子が母を慕って母羆に近づく**ことがある。③**発情期に発情した個体が近づく**。④**徘徊移動中に遭遇する**ことがある。⑤**鱒鮭が群れる遡上河川の良場に、鯨の死体が打ち寄せられた時、複数の個体が集まり**、採食する事がある。⑥**2組の母子の子同士が親密になり、子同士が戯れ合ったり、その2組の母子が、一緒に連れ添って歩いて居る事**

がある。⑦**獣類などの死体の死臭を嗅ぎつけて、複数個体が死体を食う為に、集まって来る**事がある。

＜放声＞

新生子や子羆はbya-ビヤー、pya-ピヤー、gya-ギヤー、などと時に応じて力みあるいは穏やかに、また時には弱々しく鳴く。新生子以外の**羆が威嚇する時はuo-ウオー、guoグオー、fu-フー、ue-ウエーなどと底力のある声を喉に響かせ**ながら出す。

「発声以外の威嚇音」これには三つある。野生の羆もこの音を立てて威嚇することがある。①**歯をカツ・カツ鳴らす**。相当な音がする。②**口の中でポン・ポンと鼓のような音**をだす。③ゆっくり歩きながら**足を地面に擦りつけて、ザー・ザーと音を立てる**。

＜背こすり＞

羆がよく徘徊している場所を注意深く調べてみると、**立ち木や標識の木柱などに羆が噛んだ跡や爪で引っ掻いた跡が**ついていることがある。それが比較的新しい場合、注意深く見ると、ささくれた木面や脂(ヤニ)がついた樹面などに羆の毛がからみ付いていることがある。これは俗に「クマの背こすり」といって、羆が頭や身体をそこに擦りつけた際に付いたものである。羆の身体には、マダニ類が少ない場合で数十個体、多い場合は670個体も寄生いたことがある。他にノミや虱(シラミ)が寄生していることもある。私は羆が「背こすり」する目的は痒みを緩和させるためだ思う。実際に野生羆を見ていると、ダニなどの外部寄生虫で体がかゆいためにするとしか考えられない所作、**「手で胸や横腹や足や尻を、後足で首の後ろをよく掻く」**。

＜樹登＞

羆は樹登りの得意な獣であるが、羆が樹に登るのは樹上の実を採食するためだけではなく、いろいろな原因で登るし、また気ままに登ることもある。特に幼羆や1、2歳の個体は遊び等でよく登る。羆が登る樹の直径は、太い樹であれば樹に抱き着くように爪を引っ掻けてよじ登るし、直径が細い樹でも手の五本ある爪のうち、少なくとも三本の爪が同時に引っ掻かる直径の樹であれば、枝がなくともよじ登る。樹から下りるときは普通尻を下にずり降りて来て、途中から地面に飛び降りることをよくする。山野を歩いているとトドマツに羆の爪跡が特に目立つが、これはトドマツの樹皮についた傷は長く残存するというトドマツ樹皮の特異性によるものである。しかし羆はトドマツの樹皮を（稀にエゾマツ）爪で引っ掻いたり剥いだりして、脂(ヤニ)を好んで舐めたり、身体に擦りつける事がある。その場合には、樹皮に体毛が付着している。

<木印>

羆がよく徘徊している場所を注意深く調べてみると、羆が立ち上がって手の届く高さ以下の立ち樹の部分に、羆が樹によじ登るためにつけたのではない爪跡や、まれに咬跡がついていることがある。これを俗に熊の木印あるいは木版という。語源は昔杣夫が自分が伐り倒す樹や、道標として樹に付した鉈目などの印のことで、羆も自分の棲み処の目印として付けるものであろうとの発想で転用された言葉である。

羆が樹を爪で引っ掻いたり囓ったりするのは、己の目印とか領域や存在あるいは所有を顕示するためというよりも、爪を含めた手腕筋や歯や咬筋や全身の運動生理的欲求、あるいは樹の芳香に惹かれたり、あるいは単なる戯れでするものである。羆は己の行動圏に設置された木柱や看板などの人工物に対して、異常な反応を示すことがある。構造物を爪で引っ掻いたり、歯で咬んだりする、叩き壊す事もある。

<地面を掘る>

①横穴の越冬穴を斜面に造る。その場合、既存の越冬穴を改善するために掘ることもある。既存の洞の内部を越冬穴に改善するために掘ることもある。いずれも穴の入り口手前に多量の土砂が掻き出されている。その場合、表層から土を除去しながら、その間にある落ち葉層を数えることで、幾度その穴から土砂が掻き出されたかが分かる場合がある。入口は必ず一つである。爪痕が土穴の土面につくことがある。②作物や家畜を食害するのに畑や牧地やその側の藪地内に窪地を掘り、潜むことがあり、そのために掘ることがある。③草類（ハクサンボウフウ・チシマニンジン・フキノトウなど）の根茎などを食べるために土を掘ったり、一面掘り返すことがある。④食物（アリ類、埋めた家畜死体）を得るためにも掘る。⑤犬やキツネ

がするように、わざわざ穴を掘って物を埋めたりはしない。⑥稀に他にいろいろな原因で土に大小浅深いろいろな穴を掘ることがある。羆の場合はいずれも羆固有の爪跡や足跡が見つかることが多い。

<雪を掘る>

①羆は雪下の食草を採食するために雪を掘る。しかし、晩秋や初冬に山岳地で積雪が30㎝以上になると、草類を掘り出して食べるのが難儀になるのか、積雪30㎝以下の地域に移動する。だが、②春に越冬穴を出た個体は、積雪が平均して30㎝以上ある地域でも、その間に融雪地があって草類が採食し得たり、ネコヤナギの花穂など採食する対象樹があれば深雪地でも留まる。③雪下の越冬穴に入るために雪を掘る。不本意に越冬穴から出た個体はその穴に、己が記憶している他所の別の穴に行き、雪をあちこち掘ってその穴を探し当て入ることがある。羆の場合はいずれも羆固有の足跡が見つかることが多い。

<水浴>

羆は水浴びが好きな獣である。現在では開発されたり人の入り込みが多くなって羆の痕跡も非常に少なくなったが、1950年代までは知床五湖や芦別岳の熊の沼、大雪山の沼の原・沼の平・高原沼、日高幌尻岳の七つ沼や暑寒別の雨竜沼など、羆が棲息している地域の沼湿地の裸地には、水浴びなどのために沼に出入りした羆の足跡が訪れる度に必ず見られたものである。羆が水浴する理由は皮膚に寄生しているダニなどの寄生虫を水中で除去するためというより、ほてる体熱を冷やすためと思われる。水浴を見ていると、羆は晩秋の曇りで人には寒風身を刺すような寒い日でも水浴する。人気がなければ、沼の広さや水深は気にせず水に入り、水中で全身を大きく揺さぶり、水面を両手で叩いたり、全身を水中に沈めたり、実に楽しんでいる風である。水浴時間も20秒ほどから数分に及ぶことがある。水中から上がると決まって全身をブルブルと揺さぶって水払いをし、いかにも爽快そうに歩きだす。時に、羆は腹這いになってやっと腹や上体が水に浸かるような浅い水溜まりや小川に腹這いになって水浴することもある。そんなとき、鼻先を水中に差し入れて鼻から息をはいて、水をブクブクと泡立たせて遊ぶこともある。海浜に出て来る羆は、海で泳ぐ。新生子

（6カ月令程）も8月には、海に入り泳ぐ様になる。

利尻島鬼脇の石崎沖合で殺獲したヒグマ
（寺島豊次郎氏撮影）

＜遊泳＞

羆は泳ぎの名手だが、泳法は犬掻きである。①**1912年（明治45）5月24日には北海道本島の天塩から利尻島鬼脇の石崎海岸まで約19㎞の海上を泳ぎ渡り、再び鬼脇の石崎沖合に泳ぎ出た推定年齢7～8歳の雄羆1頭を利尻島鬼脇の石崎沖合で、漁師達が殺獲した記録がある**。この羆は利尻島在住の寺島豊次郎氏が撮影し、この羆の写真が事件後の6月2日の北海タイムス（現在の北海道新聞）に掲載されたが、撮影者の名前がなく、以来不明であった。だが、1989年（平成元）に門崎が利尻島を訪れた際、その写真に写っている当時6歳だった佐藤末吉さんが利尻の鴛泊に健在であることが分かり、その証言などから、写真の撮影者が当時利尻島でただ一人の「写真技師」であつた鬼脇の寺島豊次郎さん(1879年生まれ､没年不明)であることが分かった。この羆の頭胴長(鼻先から尾の付け根まで直線距離）は、写真での人との比較（人の肩幅を0.5mとして）から2.3m程である。

「羆にとっての利尻島」

利尻島はは北海道北西部の天塩町の海岸から海を約19㎞隔てた地所にある周囲50㎞の島で中部に標高1721mの利尻岳をようし、低地から高山に至る地理的環境が多様で、30数年前の、私自身の調査知見だが、羆が餌とする陸棲草木・蟻類・海生動物（死体を含む）・海藻類などがあり、羆が10数頭は自活し得る陸島である。

＜106年振りに利尻島に泳ぎ来た羆について＞

2018年5月30日に､利尻の鬼脇沼の海岸で羆の足跡が見つかり､その後､自動カメラで、姿が撮影され（日付6/18、7/2、7/6、7/12以上4回)、他にも各所で、足跡や糞が見つかっていたが、7月12に、糞と足跡が、旭浜（北

海道本島と利尻島との、最短距離に当たる）で確認されたのを最後に、7月13日以降形跡が途絶えた。そこで、私はこの羆は、7月12日の夜に旭浜から、海を泳ぎ渡り、対岸の北海道の手塩の「オネトマイ地区」に行ったものと、結論した。「オネトマイ地区」は、現在も羆が時に出没している地域である。

この羆の性別や手足の最大横幅は不明である。**公表された写真で見る限り、体長は1.4m程で、雄の3歳4カ月令の個体である**。今回この**羆が利尻島に来た理由は、天塩の海岸に来て、海の先の山と森林を見て、そこが、如何なる所か、探索に来たと、私は見ている**。この羆は①非常に慎重で、利口で、分別をわきまえ、しかも、好奇心旺盛な羆である。②北海道の自然を知り尽くしている。③人間の本性を知り尽くしている、個体であったと私は見ている。

＜羆はよく立ち上がる＞

羆は4カ月令の幼羆から老羆に至まで、2足で立ち上がるが、これは威嚇のためではなく、立ち上がって目線を高くし、辺りを眺望するためである。

＜子羆は相撲やレスリング遊びが大好き＞

子羆とは母羆と暮らして居る時季の個体を言う。子羆は相撲やレスリング遊びが大好きで、追い掛けあっては、取っ組み合いをする。子が双子や三つ子の場合は、子供同士で相撲やレスリングまがいの取り組み合いを頻繁にする。時には母羆ともする。子が1頭の場合はもっぱら母羆が子の相手をして、相撲もどきやレスリングまがいの取っ組み合いをこれも頻繁にする。この一連の遊びは、子の運動神経・筋力・全身の機能を亢進する手段として、またお互いの対応方法を学ぶ上で為さねばならぬ必須行為である。また、子羆は単独でも、多様な物に触ったり、掴んだり、囓ったりして、それを遊びとする。

＜羆は「銃殺と言う人間の行為」を嫌いそれを避ける習性がある＞

私は自身による1970年以来の人間の羆に対する対応と、その結果としての羆の反応の知見とから、羆は「銃殺と言う人間の行為」を極度に恐れ、それを避けようとする習性があると解釈している（第1章参照されたい）。

＜羆は個体により、個性がある＞

羆同士あるいは人と羆の、両者の間隔が30m離れていれば、羆は先ず焦った様子を見せない。50m離れていれば、羆は己の行動（採食、水飲み、魚の捕獲、木での背擦り、子同志の遊び、など）を続ける。**30m以内の場合は、不快感や焦りの表情が顔相に表れ、若い個体は歯をカツカツ鳴らしたり、口をポンポン鳴らす事がある**。羆は人を見透かし、記憶する。後日会うと、あんたかと言う顔つきを示す事がある。

＜羆同士の対応として、次の知見を得た＞

①**4カ月令以下の子を連れた母子は（6月以前時点の）、他個体との距離間隔を離す**。

②**7カ月令の子を連れた母子は（9月時点の）、他個体との距離が近間になることがある。特に両母に同年齢の子が居る場合には、子が相手の子に関心を持ち近づく場合があり、子同士が戯れレスリングまがいの相撲をとり、遊ぶことが、しばしば見られた**。両母は、お互いに数m離れて、遊ぶ子を見やっていた。**時には子を連れた双母が親しげに連れ立って歩く様も見られた**。（母親同士、世間話でも、しているような、微笑ましい光景であった）。

③単独個体の大物が、当該地の近辺や一時的に川辺などに現れても、母子の生活を阻害せずに、単独個体の方から立ち去る場合が多く見られた。

④**羆同士意志の疏通を図っている**。例えば、母羆が子をおいて、単独で数十m離れた地点に居る単独の成体の羆に、徐々に歩みを進め数mまで近づき、しばし、単独個体の方を見やり戻って来る。すると、単独個体の羆は、母子の行動を阻害せずに、立ち去るのを、幾度か実見した。互いに意志疏通し合っている事が見て取れた。

⑤但し、**発情期の6月から7月上旬には、発情した雄が、自分を見て逃げる単独の雌や幼体を連れた母羆を、追いかける**のが目撃された。

＜羆の絡み合い＞

①戯れと②闘争に大別される。いずれも、手足と口（歯）を使う。「戯れ」の場合は、鼻息をあまり立てず手足と口で絡み合い、相手を出血させたり、怪我をさせる事は先ず無い。一方が、絡むのを止めると、中止する。闘争の場合は、大声や鼻息を荒げ発しながら、取っ組み合い囓り合いながら、

絡み合う。一方が攻撃や反撃を止め、離れ様としても、他方が執拗に迫り寄り、攻撃するか、攻撃しようとする事も希では無い。しかし、一方が、反撃を止め、飽くまでも、離れて行けば、互いに出血や死に至らしめる程の闘争には進まない。しかし、極めて希ではあるが、出血や、そして、死に至らしめる事もある。さらに、その遺体を食べる事もある。

第7章　羆の身体

＜風格＞

野生下で見る**羆の成獣は威風堂々としていて、小賢しさなど微塵もなく、その顔相は時に厳しく精悍で、時に温和で、それは正に王者の風格である。**羆は身体も四肢も造りが太く**一見鈍重に見えるが、臨機の動作は非常に機敏である。**近くの狙った目的物には脱兎のように跳躍して近づくし、**後足だけで立ち上がって（羆は目線を高くして眺望するために、よく立ち上がる）手や上半身を左右後方向きに動かすこともできるし、僅かな距離ならその状態で歩くこともできる。**また、**座り込んで自分の尻を舐める、足で横腹や手で首の後ろさえも掻くことができる柔軟性すら身体に**ある。

筋肉も強大でその気になれば一撃で牛馬の横腹の皮を引き剥がすこともできるし、**斃した牛馬の成体を引きずって己の好む環境に移動させる快力もある。**羆が勢いよく雪中を走り回る姿は重量感にあふれ馬が雪煙りを上げて疾走する様に似ている。このように**羆は外貌・性能とも極めて絶大な獣**である。

＜視力＞

羆は昼夜を問わず活動できる視力があり、闇夜に川岸から水中の魚を狙い飛び込み捉えるし、**投げ与えた菓子を10m離れた場所から、口や手で受け取るから目はとても良い。**また、**一瞬の目撃で、人を識別記憶する能力があり、視力知力ともずば抜けて優れている**と私は諸観察の知見から確信している。

＜聴力＞

羆は聴力に優れ音に対して敏感である。山で羆の行動を観察すると、幼獣は別として、若羆以上の個体は総て、採餌などの行動中は特に頻繁に、また休息中もたびたび顔を上げて辺りを窺い警戒する。その時の様子をよく見ると、一時、眼も鼻先も耳介も緊張させて異変の有無をさぐっている。

昔から、羆と「人でも牛馬でも」不意に出会えば、羆が攻勢して来ることがあること経験的に識り、それを防ぐためには音響を利用すればよいこ

とが解っていて、明治初期の開拓使の時代から、豆腐屋のラッパのようなクマ除けラッパが造られていた。同じことは熊の棲む欧米でも、中世から牛馬用の熊除け鈴も造られていた。**札幌農学校の校長を務めた橋口文蔵さんは明治24年（1891年）に米国から牛馬用の熊除け鈴（畜鈴〔チクレイ〕）を持ち帰り。留寿都にあった自分の牧場で同じ物を造らせて用い、それ以来、日本で一般に広がりその使用が普及した**。

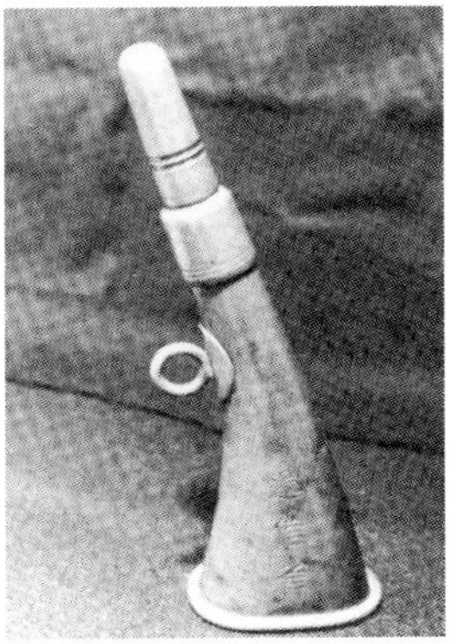

通信省の刻印あるクマ除けのラッパ

橋口文蔵氏が持ち帰った米国製のクマ除け鈴

＜嗅覚＞

獣は嗅覚の生き物と俗称されるだけあって、羆も臭いに敏感である。山野では**採食中でも頻繁に顔を上げ、鼻先をヒクヒクさせ時には口唇を開き気味にして鼻先を突き出し**、時には**口を半開きにして、辺りの空気を吸い込んで臭いをかぎ分け警戒する。嗅覚が敏感であることは土中に、病死した牛馬などの死体を埋め、その上に2尺(60㎝)も、土を盛っても、その死体を探り当てこれを掘り出して食べた事**でも解る。

＜歯＞

歯は羆にとって単に食物を咬み取り、咬みすり砕くだけの道具では決してない。**羆は殺傷・威嚇・痒掻・愛咬・運搬などの際にも歯を使う**。

羆の歯は切歯（記号Ｉで示す）・犬歯（C）・前臼歯（P）・後臼歯（M）の4種類からなっている。これらの内、切歯と犬歯、それに前3本の前臼歯は頭骨の成長につれて、乳歯（dentes lactei 記号ｄで示す）からより大きな・強靭な永久歯へと生え変わる。歯は左右対称に生えるから歯の種類とその数を表すのに、歯式と言って上下片側の歯の種類を記号で、本数を数字で示し、それを2倍した数を歯の総数として示すことになっている。

熊は吻部（顎）が長いので乳歯で28本、永久歯で42本（人は32本）で、片側の上下歯と歯の総数を示す乳歯の歯式は「Id3/3, Cd1/1, Pd3/3＝28

本」、永久歯 dentes permanentes の歯式は「I 3/3, C 1/1, P 4/4, M 2/3＝42」である。記号Iは切歯で上下各6本あり、先が尖り食べ物を噛み切るのに適している。Cは犬歯で上下各2本あり、強大で殺傷に適している。臼歯は犬歯の奥に前臼歯（P）が上下左右に各4本あるが、いずれも奥の1本を除き極めて形小な歯に退化している。しかし、その奥にある後臼歯(M)は左右上下合わせて10本あり、いずれも大きな歯で、しかも咬面が平板で物を擦り砕くのに適した歯になっている。全体として雑食に適した歯形歯並である。

＜参考＞歯式のIはラテン語Incisivusインキーシウス（切歯）の略で、Jと表記することもある。中世以前のラテン文字には「J、U、W」の3文字が存在しなかったので、写本でIとT、Lの誤記を避けるためにIをJのように表記した。CはCaninusカニーヌス（犬歯）、PはPraemolarisプラエモラーリス（前臼歯）、MはMolarisモラーリス（後臼歯）の略である。

生まれた時の羆の子は歯が全く生えていないが、顎骨の中では乳歯と一部永久歯の発生が既に進行中である。

＜乳歯＞

歯が歯肉を破って生えて来ることを萌出と言うが、その時期は個々の歯によって異なり、また同じ歯でも個体差が著しい。最初に生えて来る乳歯は第2切歯・第3切歯・犬歯・第3前臼歯で、早い子で生後20日目頃、普通は30日目頃から生え始める。これより少し遅れて第1切歯・第1前臼歯・第2前臼歯が生えて来る。萌出が完了する時期は乳犬歯が最も遅く5カ月令ないし7カ月令だが、他の乳歯は4カ月令頃までに萌出が完了する。したがって、4カ月令頃になると、子熊は母乳の他に山野で母獣と同じ食物を

(A)　$Id\frac{3}{3}Cd\frac{1}{1}Pd\frac{3}{3}$＝28本

(B)　$I\frac{3}{3}C\frac{1}{1}P\frac{4}{4}M\frac{2}{3}$＝42本

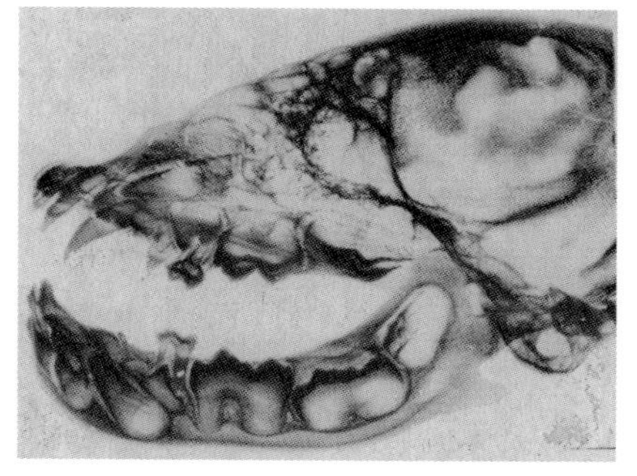

三カ月齢の子グマの萌出済みの乳歯と顎骨内で発生中の永久歯を示すレントゲン撮影像

採食するようになる。

＜永久歯＞

乳歯から永久歯への生え変わりは5カ月令頃から始まる。生え変わる場合、原則として永久歯が生えるその部分にある乳歯は歯根が分解吸収されて抜け易くなっていて、永久歯の萌出に伴ってその乳歯は抜け落ちる。**最も遅くまで残っている乳歯は乳犬歯で、これが抜け落ちるのは1歳ないし1歳4カ月令頃である**。

永久歯で最も早く萌出し始めるのは普通第1切歯と第1後臼歯で、5カ月令頃から生え始める。そして、**6カ月令頃から第2切歯と第4前臼歯、7カ月令頃から下顎第2後臼歯が生え始める**。**第3切歯はこれよりも少し遅く生え始め、上顎第2後臼歯と下顎第3後臼歯はさらに遅く10カ月令ないし12カ月令になって生え始める**。**犬歯はさらに遅く、普通は1歳前後に生え始めるが、中には10カ月令頃から萌出し始める個体も稀にある**。

子が2度目の冬ごもりを終える4月と言えば、**子の年齢は1歳3カ月令程だが、この頃には犬歯と上・下の最奥歯と第3切歯、それに前3本の前臼歯の1部を除き、他の永久歯は萌出が完了している**。**犬歯と上・下の最奥歯と第3切歯の萌出は特に個体差が著しく、遅い個体の萌出完成時期は最奥歯と第3切歯が2歳6～7カ月令、犬歯が2歳10カ月令頃までかかる**。ところで**生えるべき歯が生えない場合もある**。**特に上下の前臼歯の前の3本の歯は個体によってその内の幾本かが生えてこない例が結構多い**。他にも**稀に第1切歯が生えない例もあり、また極く稀には第2切歯が生えていない例もある**。これとは**逆に本来生えないはずの位置に余計な歯が生えている場合も極く稀にある**。以上の知見は、私（門崎）と登別熊牧場獣医師の合田克己さん（1953年～）と研究員の加納菜穂子さんとの飼育個体の継続調査知見に、私の野生個体

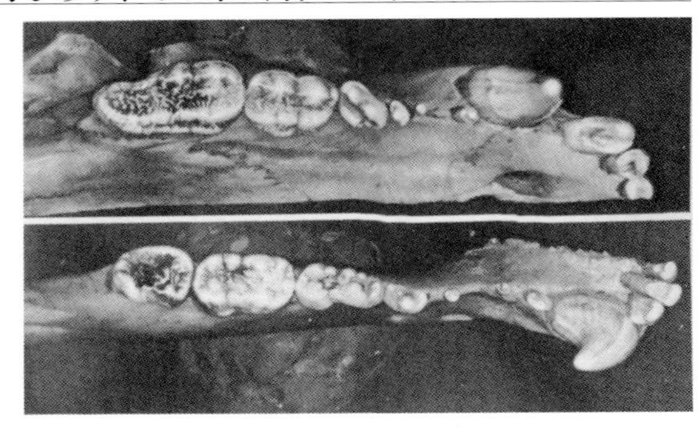

ヒグマの永久歯㊤上顎・㊦下顎

での知見を加えて得た結果である。

＜むし歯＞

羆の歯には結構むし歯がある。1985年（昭和60年度）は道内で殺獲した85頭の頭骨を猟師から借用して調べたが、この内4頭（4.7%）にむし歯があった。むし歯に患っていた羆の年齢は**いづれも満4歳以上で、おかされた歯は主に後臼歯**であった。**8〜9歳以上では、虫歯ばかりでなく、骨もおかされて歯槽膿漏**になっている事もある。**羆の歯には黄褐色や茶褐色の歯垢がよく付着している。冬籠りも終わりに近い時季やあるいは冬籠り明けの羆を獲り歯を見ると、往々にして真っ黒な歯垢が歯全体に付着して**いる。これは、活動期でもアクの強い草を食べた後にはやはり、歯全体が真っ黒くシブやけしてしることがある。

＜歯の摩滅＞

歯は物を噛むために**加齢的に摩滅する**。前歯である切歯は**上顎歯の方が下顎歯よりも早く摩滅する**。それは上顎切歯の先端が僅少、下顎切歯の頬側面に位置し、採食物を噛み切る時にそれと強く接触するためである。前臼歯は大きさは異なるが、歯冠の頬側面観はよく似ている。第四前臼歯と後臼歯の咬頭は頬側列と舌側列に分けられる。上顎歯の舌側咬頭列は下顎歯の両咬頭列間に咬合し、下顎歯の頬側咬頭列は上顎歯の両咬頭列間に咬合する。したがって、対咬歯に直接咬頭の全面が咬合する上顎歯の舌側咬頭列と下顎歯の頬側咬頭列がともに強く摩滅する。いずれにしても**20歳を過ぎると、どの歯も相当摩滅する**。

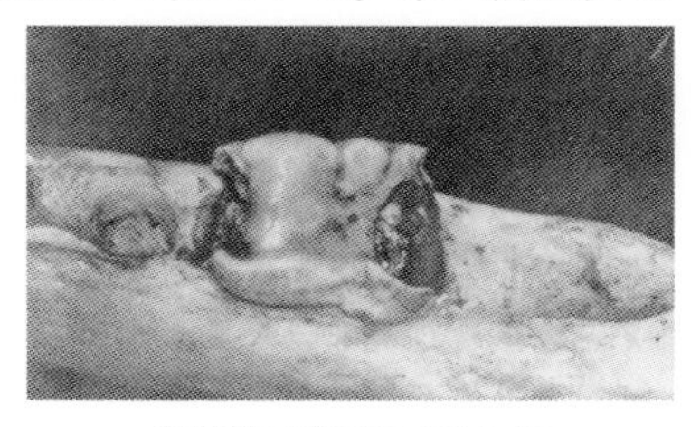

下顎第二後臼歯のむし歯

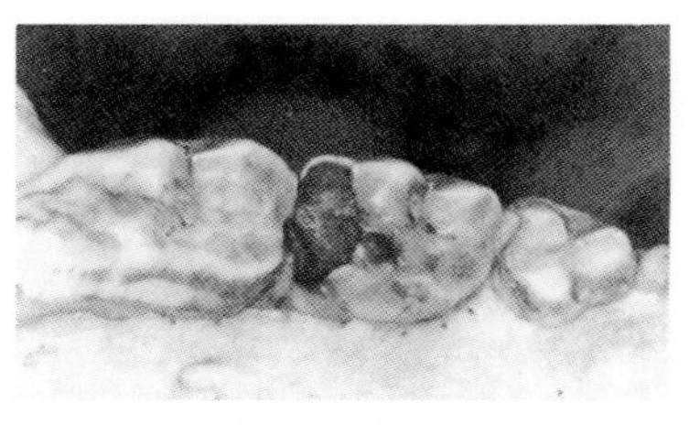

上顎第一後臼歯のむし歯

＜爪＞

羆の爪は**手足とも鉤形で、猫のように指間に爪を引き込めることはできない**。羆にとってこの**爪は指先の保護**のためだけではなく、日常のあらゆる**生活に必要な道具の役**をする。爪は胎子期から形成されていて、生後まもなく、この爪を使って母獣の乳頭までよじ登る。この時から爪の使用領域はぐんぐん展がり、**歩行・走行・木登りなどの力点として、滑り止めとして、土や固雪などを掘ったり、枯木などを発いたり、採取の手段として、狩猟・闘争などの用具や武器として生涯使われ続ける**。手爪と足爪の役の違いを言えば、樹や崖を登る際、足爪は身体が下方にずり落ちないように身体を支える支点となり、手爪は身体を上方に前進させるための力点となる。

＜爪の成長＞

生まれてまもない羆の子の爪の長さは、**手の爪が6～7.5㎜、足の爪が4.5～5.5㎜、爪の基部の幅は手足とも1.0～2.2㎜である。手の爪が足の爪よりも長いが、これは手の爪の成長速度が足の爪よりも早いため**で、この現象は生涯続く。したがって、羆の爪は常に手の方が足よりも長い。これは羆が足よりも手を多用するから、このように進化したのである。**爪の長さを爪の基部から先端までの距離で計った場合、成獣の手の爪の長さは5～8.5㎝、足の爪は3～5㎝で基部幅は7～13㎜**である。もちろん、**一般的に雌の爪の長さは雄よりも短い。爪の色は毛色と同じで、個体変異が著しく、しかも同1個体でも指によって爪色の異なることも多い。黒色・褐色・白色・黄白色からこれらの混在・混和色まで色々**である。**爪の硬さは骨と殆ど同じ硬さで、10円硬貨より少し軟らかい**。これが歩行などによって土などと日常的に接触することで、先端は適度に摩耗し適度の鋭さを保つのである。もちろん木に登ったり、木に爪を立てることでも同じ効果がある。

＜手足＞

羆の手足には指が5本あり、そして最も短い指は手足とも親指である。したがって、土や雪上の手足の跡でこの最も短い親指さえ確認できれば、手足の左右が解る。羆が歩く時地面に接地する手足部は普通爪先と肉球といわれる部分である。肉球と言うのは手足の裏にあって、皮下に多量の脂肪を含んだ組織で、歩行時に地面からの反動を軽減する作用をする毛のない部分である。**羆はこの肉球の形が手と足で全く異なるから、この形の違いで手足の区別**ができる。足の肉球は人の足の裏の全形に似ており、手の

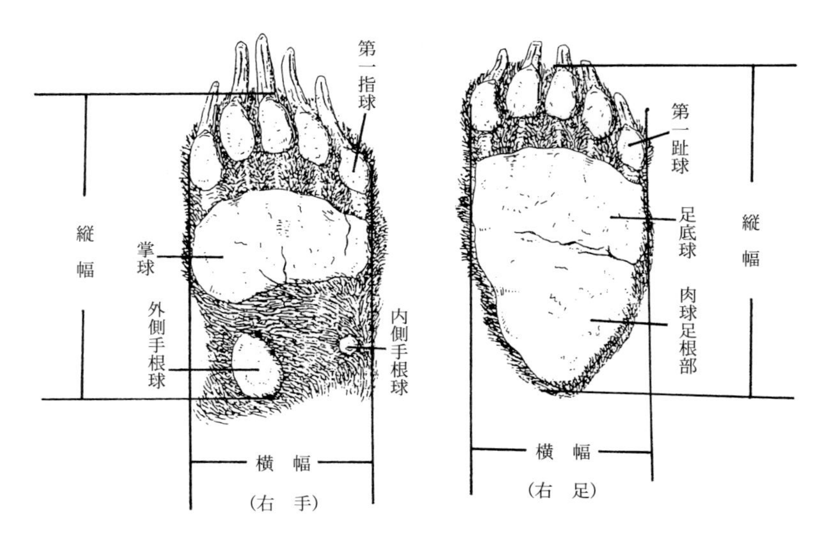

ヒグマの手・足部裏面（Pocock 原図）

肉球はヒトの足の裏の前半部の形に似ている。したがって、人が足の裏の全面を着地させた時に出来るような跡は羆の足の跡であり、踵を浮かせて着地させた時に出来るような跡は羆の手の跡である。但し、手足跡とも、親指が最短である。

冬ごもり穴にいる新生子の手足の皮膚はピンク色で柔らかく、切傷などないが、老獣の手足は皮膚の厚さが7～9㎜もあってごつく、しかも幾数もの深い傷跡と治癒痕がヒダを造っていることもあって、厳しい自然との戦いを感じさせる。

＜手足の横幅と年齢・性別＞

①手足跡の**横幅が9㎝以下は、1歳未満の**新生子である。②手足跡の**横幅が9.5㎝以上は1歳以上**である。北海道産羆の**1歳以上の雄の手足幅は9.5～18㎝**である。そして**雌は9.5～14.5㎝**である。③**手足跡の横幅が15㎝以上は雄**である。雌で手足の横幅が最大のものは14.5㎝である。④**爪を除く手足の縦幅が23㎝以上は雄成獣**である。**22㎝も雄成獣の場合が多い**。⑤体の**大きさ（頭胴長）と手足の大きさは必ずしも一致しない**。

＜外貌での性判別＞

①**臀部尾部を見て、尾部下部に陰裂が見えれば雌**である。**雄の場合は尾部下に陰裂が見えない。雌は尿が尾部後端に伝い流下**する。**雄は尿が下腹部から流下**する。**泌乳中と泌乳を中止して間もない雌は、前胸部や下腹部に婦人に似た乳房（乳頭）**が見える事がある。

毛皮でも、雌の場合は乳頭が胸部2対下腹部1対、見られる事がある。

＜体毛＞

羆の体毛は、**顔面だけにあって感覚を司る触毛と身体の保護と体温調節の役目をする被毛の刺毛と綿毛**がある。羆の**身体で毛がない所は鼻先・手足の裏の大部分・肛門・陰門・陰茎など**僅かである。触毛は羆の口と鼻の辺り・目の上と下・頬などに僅かある剛毛で、羆にとってはあまり重要と思われないが、獣としては元来重要な毛であるため、羆の触毛も胎子期に他の体毛よりも早く生える。昔から羆の毛は縮毛・直毛など色々あってヒトの体毛に感触・形・色とも似ていると言われるが、羆の**刺毛はヒトの恥毛に、羆の綿毛はヒトの脛毛に正にそっくり**である。

羆の身体で**被毛が1番短い所は目の下から鼻・口にかけての顔面で、ここの毛は長さが5～15㎜**しかない。毛が**最も長い場所は身体の下面で、ここの刺毛の長いものは15～20㎝も**ある。ただし、毛が長いかわりにこの部分の毛は細毛で軟らかく、毛の生え方が他よりも少ない。**陰茎包皮の周囲や陰門下部にも総毛と言って長さ10㎝程の刺毛が束状**に生えた部分がある。**毛が太く毛質が最も固い所は羆の手足の背部で**、ここの刺毛は剛毛である。体毛は羆の生活状態を現していて、栄養状態の悪い羆は体毛が粗雑で色艶もないが、逆に力が強く充分餌を食べている羆は毛質・毛艶ともよい。子を哺育した雌の乳頭周辺の毛は抜けたり擦切れたりしていて母としての営みを感じさせる。いづれにしても、野生の羆は体毛を立てていることが多いから体格が1段と大きく見えることが多いのだが、それにしても背の盛り上がりと横腹の数条に波打つ毛の総は正に「羆は豪快なり」の一語につきる。

＜毛色＞

羆は世界に現棲する7種の熊類の中で、最も毛色が多様な種である。体

ヒグマの毛色は多様
①と②黒色毛（黒毛という）②の頸胸部に細い白毛が巡る、③褐色毛（金毛という）、④と⑤頭部と体部が白色毛（銀毛という、正中頭背部が褐色）、1973年１月十勝上士幌町管内で捕殺、⑥母は混在色、子は黒毛で首頸部に白毛が一巡、⑦西興部村で2012年８月２日に確認されたアルビノのヒグマ、同村役場中村太・高田直樹両氏撮、⑧と⑨頸胸部に顕著な白毛がある

毛の色は毛に含まれている**メラニン色素顆粒の量によって多様な色を呈する。メラニン色素顆粒が多い毛は黒色に・少ない場合は褐色に・そしてメラニン色素顆粒を含まない毛は白色を**呈する。**羆はこの他、これらの中間色や混和・混在色もあって色々**である。**全身がほとんど黒色のものを黒毛、褐色毛あるいは黄褐色毛のものを俗に「金毛」、白色毛のものを「銀毛」**と言う。身体の**大半が銀毛（白毛）でも、四肢部（特に手足部）、耳介、正背部、下腹部が褐色や黒毛である。千島列島の国後島や択捉島で見られたと言う、身体が白い羆と言うのは、このタイプ**である。**羆は前頸や前胸部に白毛が三日月型・V字型・あるいはこれらの変形した型や首のまわりを白毛が1周したもの、さらにこれが肩まで広がっているもの等、色々で**ある。**このような白毛を頸胸部に有る羆は、私の調査では1割の個体にある**。このような白毛がある羆を猟師は俗に「**月の輪**」と言ったり「**袈裟掛け**」と呼んだりするが、本州などに棲む月輪熊とは種類的に無関係で、北海道のものはやはり羆である。このように羆の体毛は個体差が著しいから、毛色によって北海道の羆をさらに細かく分類することは全く意味のないことである。**本州以南の月輪熊には、首や前胸部に白毛のある個体が多いが、私の調査では、約1割の個体には、この白毛が無い**。犬飼哲夫・名取武光両氏によると（1939、イオマンテの文化的意義とその形式（一））、アイヌは毛色で羆の性格を判断していたと言う、それによると、**全身が黒っぽい毛色のものは、キムンカムイ「山の神」**で好い神で山の奥に棲み、**腰から上の毛色が褐色・腰から下の毛色が灰色のものは、ヌプリ・ケシ・カムイ「山裾の神」**として、恐れられていたとあるが、毛色から羆の気性の善悪を云々することは正しくない。私は北海道で羆を相当数実視しているが、「腰から上の毛色が褐色・腰から下の毛色が黒色」の個体は、相当数見ているが、**厳密に「腰から上が褐色、下の毛色が灰色」と言う個体は見た事が無い。と言う事は、アイヌは本当に気性が悪い羆は実際には居ないのだと言う事を、暗に語っている**のだとも、私は解釈し得ると思う。

＜アルビノの羆＞

　虹彩が赤色で皮膚が赤色気味で、体毛が全身白色の羆を「アルビノの羆」と言う。これは身体の黒色素であるメラニン色素を欠いた「アルビノ albino ＝ラテン語で白の意」の個体である。メラニン色素はアミノ酸の一種チロシンが変化重合して生ずる色素で、この色素が欠損するとアルビノに成る。欠損するのは、この反応経路の一部が損なわれてメラニン色素が形成されない事による。命に別状はない。目が赤く白毛の兎や鼠もこのアルビノである。**北海道の羆に関する史料で、アルビノの羆についての最初の記録は「松前志」（1781年）にある**。それには、延宝3年（1675）に、「熊の純白のもの出（イデ）、其の皮を江府（江戸幕府）に献じたり」とある。多分アルビノの羆であろうと思う。その後、**2012年の7月末から10月末の間、西興部村から滝上町札久留（サックル）に至る地域で、アルビノの体長1.1m程**（写真から私が推定した）の羆が見られ、同年8月4日に、西興部村の牧草地で、シロツメクサ T.repenswo を食べて居るのを、同村役場職員の中内太さん（38歳）が撮影した。その後も、2017年8月16日朝7時過ぎに、西興部から直線距離で西に23㎞地点の下川町の中学校近くのカラマツ樹林地で地面を堀起し蟻を食べているのが発見された。体形（体長1.3m程）で、2017年時点の年令は満6歳と言うことになる。

＜換毛＞

毛が生え換わることを換毛と言うが、羆は1年に2度換毛する。換毛期の羆を獲り剥いだ皮の内側を見ると皮の色が青黒色に見える。これは俗に「青皮」と言って、換毛のために造りだされたメラニン色素の色調である。**北海道の羆は5月末から7月末にかけて冬毛から夏毛に換わる**。夏毛は綿毛が抜け落ちてほとんど刺毛だけになるから、夏毛になると羆の肌がすけて見えることもある。**夏毛から冬毛に換わるのは9月中頃からで、綿毛が多くなり始め、さらに長い刺毛も増えて来る。そして12月初め頃にはふくよかな冬毛**が完成する。もちろん、夏毛と冬毛で毛色も多少違う。

羆の毛皮で上等なのはすれ毛のないふくよかな冬毛である。これが日本間の雰囲気に合致するから、以前は日本では貴重品扱いされたが、欧米では洋間に合わないから、左程重視されないし、日本でも現代は和室のある家も減ったので、毛皮の需要は少なくなっている。

擦れ毛は冬籠り中に羆が穴の中で身体を盛んに動かすことによって毛が土面などに擦れて生ずることが多い。しかし、擦れ毛は冬籠り中にだけ生ずるのでは無く、それ以外の時季でも、樹木や土や岩などに頻繁に身体を擦る癖のある羆には擦れ毛が出来る。

<毛皮の性判別>

羆の毛皮を展げた状態で鼻先から尾の付根までの長さが1.9m以上あれば雄である。また手足底の最大幅が15㎝以上あるのも雄である。乳頭の直径が9㎜以上のもの、あるいは乳頭周辺の毛が哺乳により擦り切れているものは雌である。

<成獣の頭蓋の形態差>

羆の頭蓋の形状が幼獣から成獣へと成長するに伴って変化するのは当然であるが、成獣でも個体によって頭蓋の形状は色々である。成獣の頭蓋の上面の形状に限って見ても性別とは無関係に三つの型に大別される。

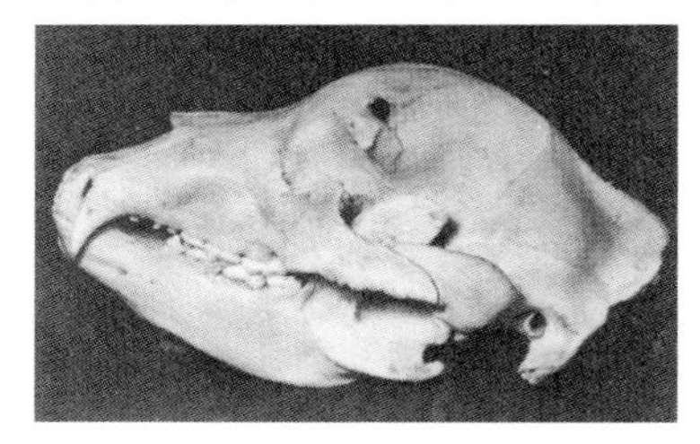

ヒグマの第一型頭蓋

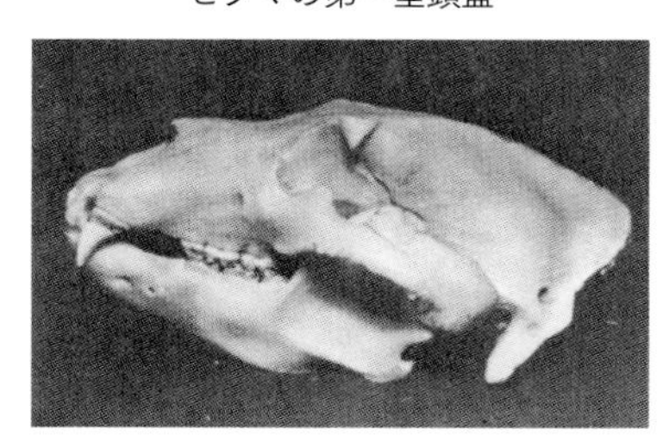

第二型の頭蓋

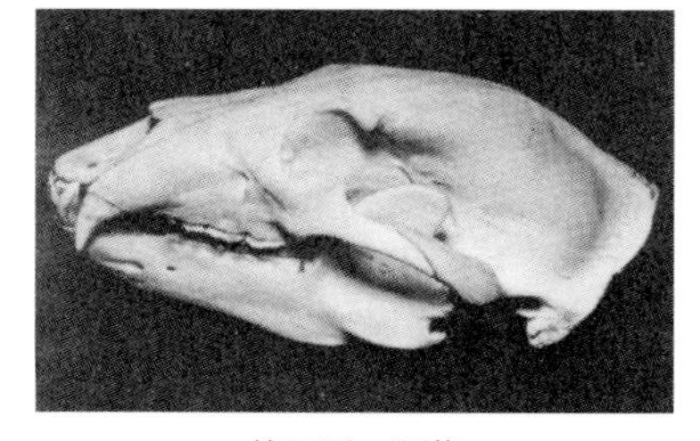

第三型の頭蓋

①第一型は前頭骨上面がドム状に膨出し、前頭骨と鼻骨の会合部が窪み、前頭骨頬骨突起部が下方に強く傾斜している型。②第二型は前頭骨頬骨突起が上方に反り上がっていて、前頭骨上面が平板を呈する型。③第三型は第一型と第二型の中間型で、前頭骨が上方に膨出せず、前頭骨から鼻骨へ緩く傾斜し、頬骨突起も緩く下方に傾斜している型である。第一型と第二型を両極とし、その間に第三型も含めて種々の移行型がある。熊類の進化を研究しているフィンランドのクルテン教授によると、羆の出現とほぼ同時代にヨーロッパに出現し、今は絶滅した洞窟熊（ホラアナグマ）の頭蓋は第一型が最も多いと言う。また同教授によると羆の頭骨で世界最大のものは米国のロサンゼルス自然史博物館にあるコジャック島産雄羆のもので、計測部位が明確でないが、その最大長は456㎜あると言う。私が計測した北海道産羆で切歯骨の前端から後頭顆後端までの直線距

離が最大のものは、雄が下頓別の三国利夫さんが浜頓別町管内で1956年に獲殺した年輪による推定年齢が11～13歳の380㎜である。雌は1973年に下川町の尾形利之さん（1931年生）が下川町管内で獲殺した年輪による推定年齢が9歳のもので320㎜である。

ヒグマの犬歯歯頸部による性判別基準

		♂			♀			判定基準値(mm)		
		標本数	計測値範囲(mm)	平均値(mm)	標本数	計測値範囲(mm)	平均値(mm)	①	②	%＊
縦幅	上顎犬歯	209	17.3～22.6	19.8	175	14.0～20.5	16.1	17.2	20.6	94.0
	下顎犬歯	225	18.4～25.6	21.3	182	14.7～19.9	16.7	18.3	20.0	97.3
横幅	上顎犬歯	135	13.3～17.2	14.9	129	10.3～13.8	11.5	13.2	13.9	98.9
	下顎犬歯	127	13.2～17.5	17.5	128	10.6～13.5	11.7	13.1	13.6	97.4

＊印は判定しえる確率を示す
計測値が①より小さいものはメスで，②より大きいものはオスである

ヒグマとツキノワグマの歯冠・歯列・示数による種判別基準

		ヒグマ			ツキノワグマ			判定基準値 (mm)		
		標本数	計測値範囲(mm)	平均値(mm)	標本数	計測値範囲(mm)	平均値(mm)	①	②	%＊
歯冠最大縦幅	M^1	238	18.8～26.1	22.4	152	14.1～ 19.2	17.1	18.7	19.3	99.4
	M^2	533	28.1～41.6	35.0	150	21.2～ 26.8	24.4	26.8	28.1	99.8
	M_1	216	20.3～26.1	23.1	144	15.3～ 22.3	17.4	20.2	22.4	99.3
	M_2	208	22.1～28.2	24.8	148	15.6～ 22.1	18.5	22.0	22.2	99.4
	M_3	212	14.9～24.5	19.8	145	10.5～ 17.6	13.4	14.8	17.7	98.7
歯冠最大横幅	M^1	192	9.7～19.2	16.5	102	9 ～ 15	13.0	9.6	15.1	94.5
	M^2	212	15.8～21.2	18.5	102	12.4～ 15.5	13.9	15.5	15.8	99.4
	$\overline{C}$	255	10.6～17.5	13.5	173	7.4～ 13.2	10.8	10.5	13.3	83.1
	M_1	168	8.7～12.8	11.3	98	7.3～ 9.9	8.3	8.6	10.0	97.8
	M_2	192	10.8～17.9	15.2	102	9.5～ 13	11.2	10.7	13.1	98.4
	M_3	188	11.4～16.9	14.6	99	8.5～ 12.2	10.5	11.3	12.3	97.3
歯冠部での歯列長	J^1～M^2	405	101.7～165	137.6	217	82.5～118	102.4	101.6	118.1	97.7
	J^1～J^3	380	18.3～ 36	24.3	210	13.3～ 23	18.4	18.2	23.1	91.7
	$\underline{C}$ ～M^2	406	82.7～144	116.2	214	68.9～ 98	84.6	82.6	98.1	97.6
	P^1～M^2	387	73.9～122	93.9	219	57.3～ 76.1	67.9	73.8	76.2	99.2
	P^4～M^2	424	52.1～ 82.6	71.1	223	45.9～ 57	51.3	52.0	57.1	99.9
	M^1～M^2	419	47.7～ 68	57.3	224	36.7～ 46	41.5	47.6	46.1	99.9
	J_1～M_3	393	112.7～171.7	139.4	217	83.8～116	103.8	112.6	116.1	98.0
	$\overline{C}$ ～M_3	446	93 ～164.9	130.2	221	71 ～109	96.3	92.9	109.1	97.1
	P_1～M_3	446	71 ～136.5	110.0	219	61.1～ 97	79.6	70.9	97.1	99.0
	P_4～M_3	448	66.2～ 97	79.3	217	51.4～ 68	58.6	66.1	68.1	99.7
	M_1～M_3	443	54.9～ 79.3	67.6	222	41.8～ 58.5	49.0	54.8	58.6	99.8
示数	NL.／DbM^1×100	160	100 ～205.4	113.5	170	66.4～ 99.2	86.0	(99.2)	(100)	92.7

（　）内の数値は示数で無名数である
＊印は判定しえる確率を示す
計算値が①より小さいものはツキノワグマで，②よりも大きいものはヒグマである

＜犬歯のよる頭蓋の性判別＞

羆の上顎犬歯のエナメル基部の最大横幅が13.8㎜以上は雄であり、**13.3㎜以下は雌である。この基準を用いれば99％の確率**で羆の雌雄の判別ができる。同じく、羆の下顎犬歯のエナメル基部の最大幅が13.5㎜以上は雄、13.2㎜以下は雌で、この基準では97％の確率で性判別ができる。

＜羆と月輪熊の違い＞

羆は比較的冷涼な気候を好み、月輪熊は比較的温暖な気候を好むから、わが国においては有史以来、羆は北海道にだけ、月輪熊は本州以南にだけ分布している。羆と月輪熊の身体で最も異なる所は手の裏の裸皮部分である。羆の手の主な裸皮部は手の前半部なのに対し、月輪熊の手は裸皮部が手根まで大きく広がっている。したがって、いかに互いに似た両種でも、手の裸皮部を比較すれば両種の判別は明瞭である。

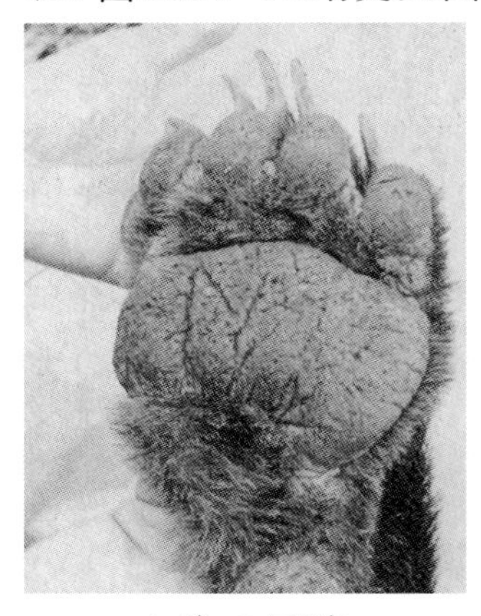

ヒグマの左手底

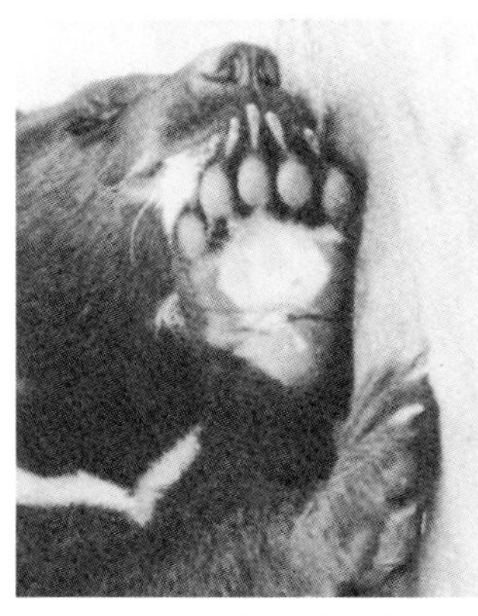

ツキノワグマの左手底

イギリスの博物学者のポーコック氏は羆と月輪熊の頭蓋の判別基準の一つに、頭蓋の眼球の入る窪みを眼窩と言うが、その前縁の下垂線が上顎第二後臼歯を通れば羆、通らずにその前の部分を通れば月輪熊とする基準を唱えているが、これは極めて有効な判別法である。私は共同研究者とともに、＊羆の頭蓋491個体、月輪熊の頭蓋234個体を用いての研究では、上下の最奥歯の最大幅の位置が羆は歯の前位部、月輪熊は中位部であることが多く、この判別基準で羆は94％、月輪熊は98％の確率で両種を区別することが出来る。

＊日本産羆と月輪熊の頭蓋及び歯の比較形態学的研究（Ⅰ）1986～（Ⅴ）1990（北海道開拓記念館研究年報）に掲載。

	捕獲地	頭胴長		捕獲年	所蔵施設
北緯44°付近	沼田町	193cm		1923年	沼田町役場
	滝上町	209cm	平均値	1971年	滝上町郷土館
	苫前町	243cm	226cm	1980年	苫前町役場
北緯43°付近	丘珠（札幌市）	191cm		1878年	北海道大学博物館
	苗穂（　〃　）	209cm	平均値	1886年	〃
	軽川（　〃　）	218cm	211cm	1890年	〃
	白石（　〃　）	227cm		1895年	〃
	当別町	232cm	平均値	1973年	当別町郷土資料館
	大滝村	210cm	221cm	1971年	北海道開拓記念館

＜体型の矮小化＞

近年羆の体型が昔に比べ矮小化したという見方がある。これを確かめるには、捕獲年代を異にした、同性・同年齢・同地域の標本を比較せねばならない。しかし、その条件に合う標本は皆無に等しい。そこで雄成獣で近接地で捕獲された個体という条件で比較したが、これらの標本を比較した限り、羆の体型が近年矮小化したとは言い難い。なお北海道では羆の体型（大きさ）は緯度が高くなると大型化する傾向がある。

＜体臭＞

羆の体臭は「垢（アカ）臭さと生臭さ」とが混和した臭気である。しかし、これは羆の体を直接嗅いだときの臭いであって、羆の通過跡や休息した跡、あるいは羆が去ったあとの冬籠り穴に入って、いくら臭いを嗅いでも、そのような垢臭さや生臭さはしない。時に羆の通過跡は獣臭い臭気がするという者もいるが、それは大抵タヌキかキツネの臭い（臭腺からの分泌液）か、あるいは地面などが湿気を含んで生じたかび臭さを誤認したものである。

＜寄生虫＞

トリヒナ症

本州では月輪熊の肉を生で食べて、内部寄生虫（臓器などに寄生する）の小線虫トリヒナ虫（Trichina worm）に感染する事例が以前からあったが、北海道でも昭和54年（1979年）に札幌で羆の肉とされる刺身を食べた人がこれに感染する事件があった。熊肉の流通に詳しい北海剥製標本社社長で私の友人でもある信田誠さん（1941年〜2011年）によると、真実は羆では無く月輪熊の肉であったと言う。DNA分析すれば、種は分かるのだが、当時はその手法が普及しておらず、申告を信じたので、そのような不都合な事が真実と信じられたのである。トリヒナは身体が糸状の短い線虫で、これにかかると時に死に至ることもある。感染は筋肉に寄生している幼虫、これを筋肉トリヒナと言うが、これを食べることによって生ずる。幼虫は嚢胞に入っているが、食べると胃の内でまもなく嚢胞から幼虫は出る。そして、幼虫は小腸粘膜に入って成熟する。成虫の雄は体長1.4〜1.6㎜、雌は3〜4㎜で、雄は交接後間もまなく死ぬが、雌虫は約6週間の生存期間中に1000匹以上もの0.1㎜程の幼虫を産む。幼虫はリンパ系から心臓に行き、体循環によって全身の横紋筋の筋繊維に侵入し、まわりに嚢胞をつくり、さらに石灰の沈着が生じるが、中の幼虫の寿命は11年にも及ぶと言う。豚にもこれが寄生していることがあるので、屠場では検査が義務づけられている。トリヒナが寄生した時の人体の症状は腸寄生の段階で下痢・腹痛・発熱などが現れ、筋肉内に寄生すると筋肉痛や呼吸・咀嚼などの困難が現れると言う。

このような寄生虫はいつ感染するか解らないから普段から注意すべきである。トリヒナは幸い加熱に対して弱いから、充分火を通して食べることである。絶対生肉を食べてはならない。

熊回虫　羆の胃腸を開いて見ると、**胃と胃から1mないし1.5mまでの小腸部に長さ数㎝から20㎝近いミミズに似た熊回虫（Toxascaris transfuga）が寄生している**ことがある。また**熊回虫は野糞にも混じっていることが**ある。

条虫　羆は時に**条虫の中間宿主である鱒鮭を食べて感染したと見られる条虫Cestoda（Tape worms）、俗に外形が真田紐に似ているので、サナダムシと称するが、これに感染していて、肛門から条虫を1mも垂らしながら歩いていることがある**。その条虫はまもなく切れ落ちるか、肛門外に排出される。

外部寄生虫　外部寄生虫とは皮膚などに寄生する寄生虫であるが、冬籠もり中の羆の身体をよく調べると、ダニの一つや二つは必ず付いている。

1987年（昭和62）6月13日に浦河町の清水畑清さんが獲った6歳の雄羆にはオオトゲチマダ二362匹・ヤマトチマダ二155匹・ヤマトマダ二324匹・シュルツェマダニ216匹など合計670匹も寄生していた。羆に付くダニは人にもよく付くので注意が必要である。ダニは血を充分に吸うと、脱落するのだが**羆の目の縁（瞼）にダニが数匹も着くと、瞼が充分に開けず、見るからにつらそうで、かわいそうである。**片方の耳介だけで50匹ものダニが付いていたことがある。ダニに付かれた羆の皮膚は発赤し、結節（硬

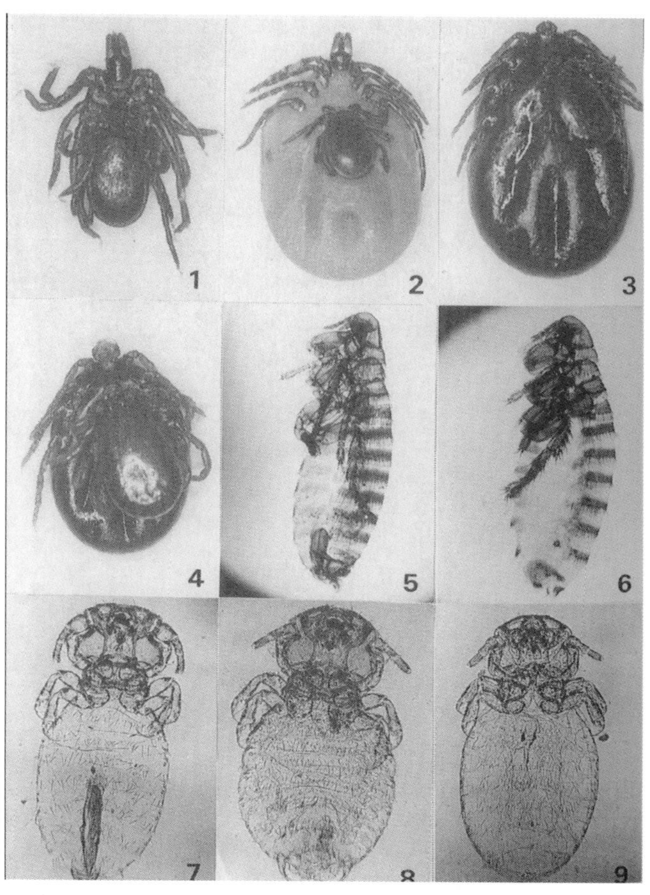

ヒグマの外部寄生虫　１～４：交接態、１：ヤマトダニ、２：シュルツェマダニ、３：ヤマトチマダニ、４：オオトゲチマダニ、５～６：クマノミ、５：雄、６：雌、７～９：ケモノハジラミ、７：雄、８：雌、９：若虫

くなる事）を形成していることもある。

血を吸う前のダニの背板は硬く爪で圧してもつぶれ難いが、多量の血を吸って膨れた雌ダニの身体は直径が7㎜以上にもなることがあって、身体はぶよぶよして軟らかく、圧するとすぐにつぶれるが、ダニの口器は羆の皮膚に刺さり込んでいて残ってしまうことがある。**羆の皮膚に付着した状態でダニの雄と雌が交接している**こともある。私は今までに**羆の身体から、ヤマトマダニ（Ixodes ovatus）・タネガタマダニ（I.nipponensis）・シュルツェマダニ（I.persulcatus）・キチマダニ（Haemaphysalis flava）・ヤマトチマダニ（H.japonica）・オオトゲチマダニ（H.megaspinosa）の6種のダニを確認している。羆の身体に寄生するのは成ダニばかりではなく、種類によっては若ダニ・幼ダニも寄生している。この他蚤（クマノミ Chaetopsylla tuberculaticeps）や虱（ケモノハジラミ Trichodectes pinguis）も寄生していることがある**。ただし**北海道の北部地域の羆はこの地域にマダニ類が少ないために、ダニ類がほとんど寄生していない**。羆と月輪熊両種の外部寄生虫については、羆148頭、月輪熊21頭の殺獲まもない毛皮から採取し研究したものである。（門崎、小澤他、1992年、北海道開拓記念館研究年報第21号の他に、森林野生動物研究会誌、1990年、1993年に、日本産ヒグマとツキノワグマの外部寄生虫（Ⅰ）～（Ⅱ）、の報文がある）。

眼瞼にマダニが寄生した羆

第８章　羆の繁殖・成長・寿命

＜発情時季＞

羆の発情時季は世界的に見ると、地域によって多少差異がある。**北海道の羆の発情期は通常は5月下旬から7月上旬である**。しかし、稀にそれ以外の時季にも、発情し交尾をする。

＜時季外れの交尾＞

5月下旬から7月上旬以外の時季の交尾を、「時季外れの交尾」と定義し、その例を上げると、①知床のルシャ川河口から東に1.2㎞地点にある知床の19号漁業番屋社長の大瀬初三郎さんは（1935年生）、2010年10月16日の日中、ルシャ川河口部の草地で、羆が交尾するのを目撃したと言い、その際撮影した交尾写真を私に見せて呉れた。そして、その雌が翌2011年9月17日に、小さな子羆2頭を（体長50～60㎝「4カ月令～5カ月令程の体長に相当する」）連れているのを、やはりルシャ川地域で目撃したと言う。「体長＝頭胴長」」とは、身体を伸ばした状態で、鼻先と尾の付け根（肛門）間の直線距離を言う。大瀬さんによると、8月に羆が交尾している例は幾度も実見したと言う。

②同様の知見は、ロシア極東地域で熊類を研究していた動物学者のブロムレイ（原著1965、和訳本あり1972「南部シベリアの羆とツキノワグマ」）が、ロシア沿海州の羆が9月に交尾し、翌年8月に体重が6～7㎏の小さい子羆が見られると記している（体長の記載は無い p.77～78）。③これに類する事象を、2015年9月末に、ルシャ川の東にあるテッパンベツ川河口部で私も実見した。母羆と一緒にいた子羆は、体長が60㎝程で、通常に比較し、2カ月成長が遅い7月の子の大きさであった。故に、ブロムレイが述べている事象が北海道の羆に於いても生じている事が強く示唆された。

＜発情する羆＞

野生の**羆が発情する最若年令は雌雄とも満3歳だが、大多数の個体は4歳ないし5歳である。そして、30歳近くまで発情する**。だが、授乳中の雌は発情しないし、授乳を終えた雌でも子を親密に養育中のものは発情し

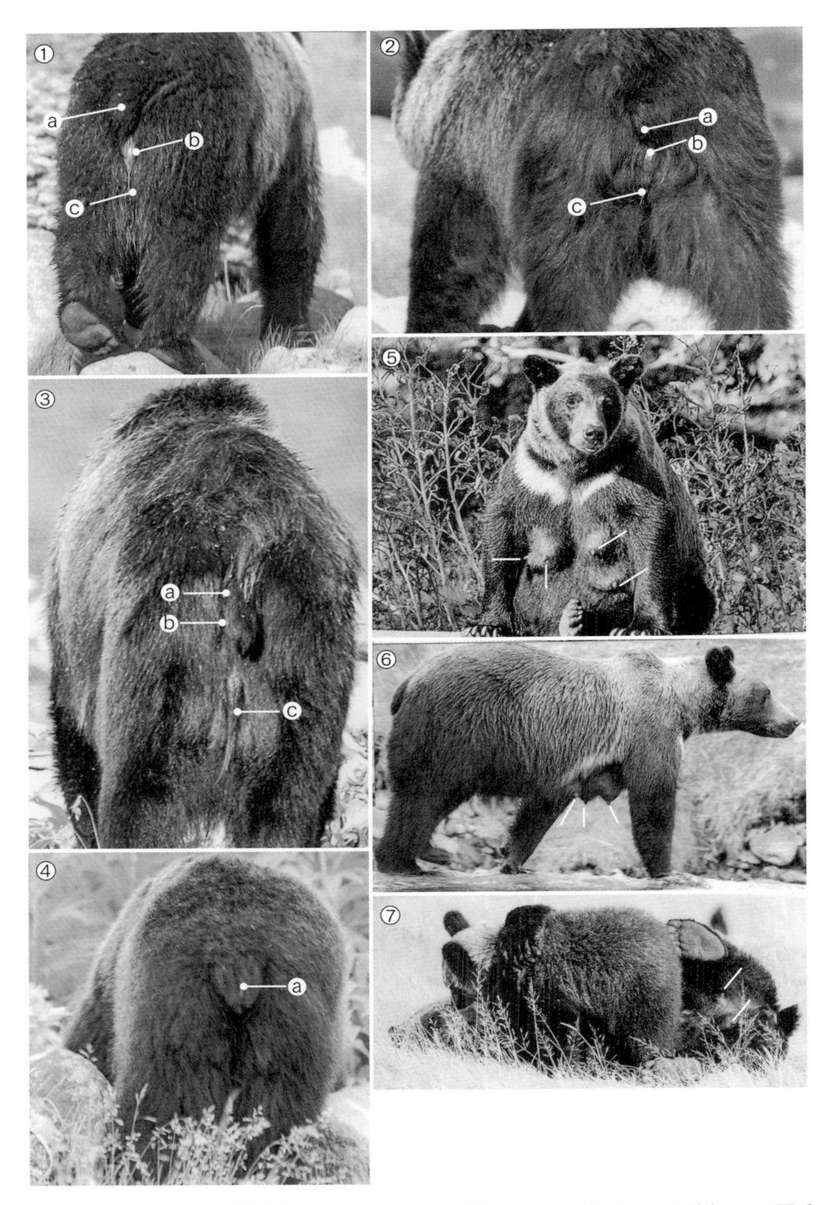

〈2〉雌雄臀部の尾部と雌外陰部形状と授乳期の乳頭房　　a：尾部、b：外陰部、c：戻毛
(①〜③雌の尾下部には陰門が見える。④雄の尾端には裂孔がなく、下腹部に陰茎がある)。
⑤から⑦乳頭房（－）、⑤と⑥胸部に２対４個、⑦下腹部に１対２個ある。

ない。（門崎允昭　北海道開拓記念館研究年報 No.12；森林野生動物研究会誌 No.22）

＜発情の徴候＞

雄の発情徴候は睾丸が陰嚢面に大きく膨出して見え、陰茎の包皮が後退して陰茎の大半が腫張裸出する。陰茎にはその全長にわたって陰茎骨がある。体長2m以上の成獣大物の雄の場合、陰茎骨の全長は15㎝前後、基部（陰茎の付け根）の最大径が15㎜・短経が11㎜程、そして、先端手前の最狭部で径5〜6㎜もある。そして、冬季間ほとんど形成されなかった精子もこの時季だけは盛んに形成され続ける。精子の全長は0.06㎜程である。**雌は外陰部、特に陰門が充血腫張して見え、陰門から発情粘液を漏出しているのが見える**。そして、卵巣では休止状態にあった卵胞も排卵を行うために成熟を開始する。

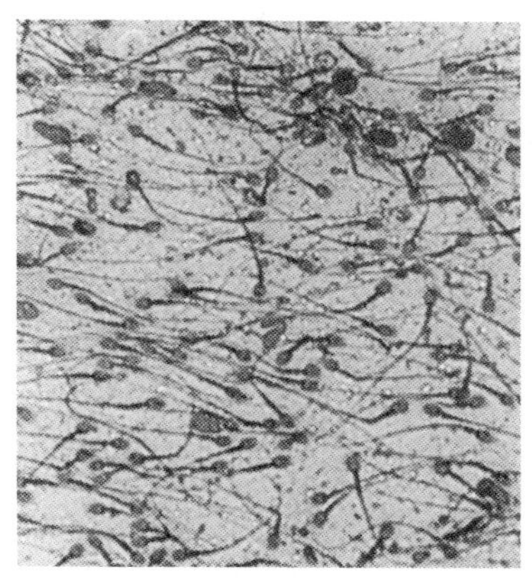

ヒグマの精子、長さは約0.06㎜

＜発情期の行動＞

発情期の行動の最大の特徴は普段孤独性が強く、**単独で生活している羆がこの時季だけ、発情した雌は雄の接近を許し、番いを組み交尾する。交尾を終えると、その番は離れ別行動をする**。発情した雄が雌を、場合によっては、体長60㎝程の子を連れている母羆をも、追い回す現場を（母子は死にものぐるいで、逃げる）私はルシャ地域の草地で6月末に実見した。

＜交尾する場所＞

私はこれまでに羆の交尾跡地と推察される場を1970年代に、胆振管内の厚真川上流と穂別のニサナイの奥、それに日高管内の宿主別川上流でいづれも6月に実見した。3カ所とも小さな流れのある川岸の低い平らな段丘地で、ブドウやコクワの蔓が絡んだトドマツやミズナラの大小の木が疎生し、下草は羆が好んで食べるフキ、エゾニュウ、オオハナウドなどが密生していた。全体の環境は明るくも暗くもなく、何かしらゆっくりと寛げるいわば奥座敷と言った雰囲気であった。そこが6m四方ないし10m四方にわたって草が踏み倒され、しかも食べるでもないのに、フキを咬じったり、エゾニュウの根元を咬じり散らしたりして、2頭の羆の戯れて居た跡が歴然としていた。また、すぐ側の草の叢生地には羆が寝そべって休んでいたと見られる場所があって、そこには複数回の糞もあった。全体の状況から見て、母子や兄弟ではない2頭の羆が逗留していたことは間違いなかった。同様の知見は、**ブロムレイ（前出）**も、6月26日～8月10日にかけて、ロシア極東地域のシホタ山地の多くの川の谷間でそのような痕が見られたと述べている（p.77）。2016年6月22日朝4時20分頃から30分間程ルシャ地区のポンベツ沢西側の斜度約40度の草地の急斜面の少しばかり平坦化したところで交尾している番を、その奥にある19号漁場の住人が目撃し写真に撮影したと言い、7月に現地を訪れた私にそれを見せて呉れた。近くまで行って見たが、その場所もほっとし得る様な場所であった。

＜交尾＞

交尾の様子を飼育下で観察すると、**体位はほとんどの場合雄が雌の後方から乗駕する姿勢である。雌に乗駕した雄は前肢で雌の後肢の前、すなわち骨盤を抱き込むようにして雌のからだを引き寄せつつ、臀部を動かして交尾する**。雄の中には雌の頸背部を咬みくわえて交尾を持続するものがある。**交尾の時間は不定で、数分間から一時間に及ぶ**場合すらある。

＜妊娠期間＞

北海道の羆の交尾期は通例、5月下旬から7月上旬で、出産期が1月から2月中旬であるから（羆の年齢は誕生日を2月1日として計算する）、妊娠期間は約8カ月間である。だが、クマ類 Ursus は交尾によって受精した卵が、着床遅延と言って子宮に着床するのが遅れる。

＜受胎と胎子の成長＞

交尾によって膣に射精された精子は、膣から子宮口を経て子宮内に侵入し、子宮内膜伝いに卵管に進入し、その上部の卵管膨大部で卵と出会い受精する。受精卵は卵割しつつ、卵管を子宮に向かって下降し、器官原基（身体の原型や臓器器官の基となる細胞群）が形成される前の状態、これを胚胞期と言うが、この状態で、発生を一時的に休止した状態で子宮内壁に留まる（但し、子宮に着床した際には、器官を発生する力を有している）。この状態で経過する事を「着床遅延」と言う。

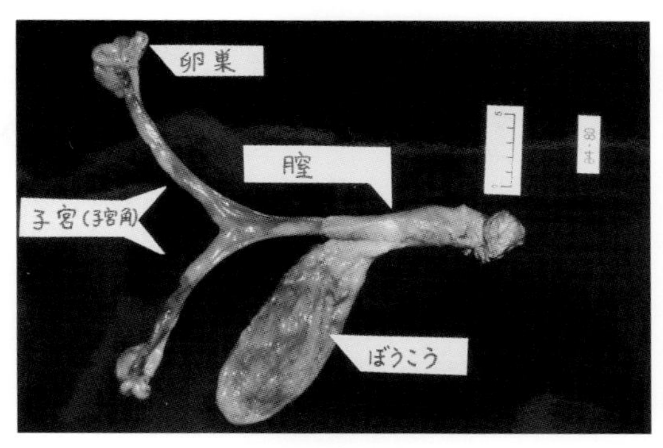

雌羆の生殖器

そして、多分9月以降に子宮内壁に着床し、胎子としての発生を開始するものであろう。着床とは、胚胞期の受精卵が子宮内膜内に埋没し、一定の位置に定着する事を言い、それによって、その後胎盤が形成され、出産まで胎盤を介し母体から養分を受け、胎児形成が促進される。

＜妊娠黄体＞

受精卵は多分9月以降に子宮内膜内に着床し、胎子を形成するから、この時季には卵巣に形成されている妊娠黄体を数えることによって胎子数の推定が可能である。

羆の卵巣は外形がソラマメ状を呈し、大きなもので長経30㎜ほどで左右に1個つず合計一対ある。9月頃になると妊娠した雌の卵巣には受精卵に等しい数の妊娠黄体が肉眼で明確に観察されるから、これを数えることによって受精卵の数が推定できる。方法は摘出した一対の卵巣を、水で10％に希釈したホルマリン液で固定した後、カミソリの刃で厚さ2㎜程に輪切りにして、その切面を調べて黄体数を数えるのである。妊娠黄体は妊娠を持続させる黄体ホルモンを分泌する器官で妊娠した雌にだけ見られる。妊娠黄体は排卵跡に形成されるから、妊娠黄体の数は原

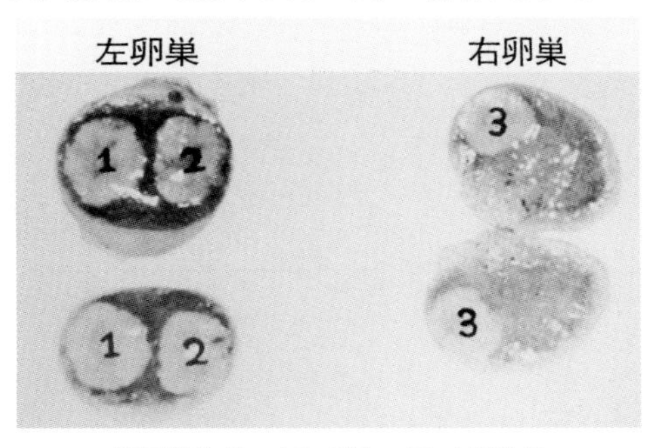

妊娠黄体が、左に2個、右に1個ある

則として排卵数に等しい。したがって、この黄体数を数えて、排卵数（受胎数）が推定し得る。ただし、排卵された卵がすべて受精し、胎子となるとは限らないから、黄体数からの胎子数の推定はあくまで目安である。

＜胎子の確認＞

胎子の存在が確認され得る時期は、動物学者のブロムレイ（前出）によると、ロシア沿海州で、10月に捕殺した雌羆の子宮の子宮角（羆の子宮の外形はＹ字形なので、その角先の部分を「子宮角」と言う）に、直径6～8㎜の膨れが形成し、その中に未発育の胎児が見られたと記しており（p.78）、それから推察すると、受精卵は9月には子宮内膜内に着床していなければならない。

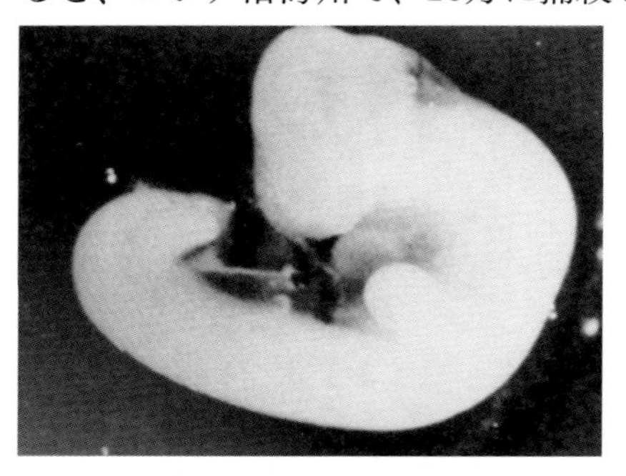

全長19.5㎜の羆の胎子

＜胎子の成長＞

私がこれまでに調査した野生の羆の胎子で最小のものは、12月17日に捕獲した羆の子宮から摘出したもので、全長が19.5㎜、体重が0.5gr で、体背に分節構造の体節が28個あった。前肢と後肢は1㎜程の小突起として見られるだけで、羆の子の形にはほど遠いものであった。

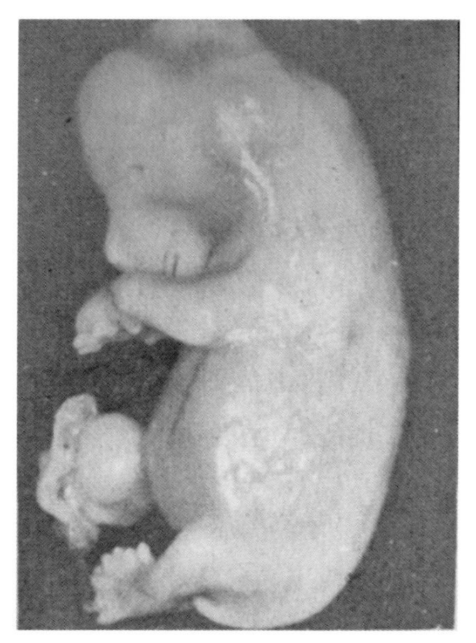

全長4㎝の羆の胎子

＜胎子の発育＞

胎子の発育状態を見ると、

①全長が4㎝から5㎝になると、体重も3gr から5gr になっていて、この頃には手と足の指も形成しているが、爪はまだ未形成であることが多い。眼球もこの時期には形成

されているが、眼瞼がいまだ未形成であることから、眼球が裸出して見える。毛が生えて来る基である毛芽が全身に生じており、また乳頭の基となる乳点が雌雄とも胸部に2対4個と鼠蹊部に1対2個の計6個が出現している。耳孔や鼻孔や口唇も形成しているが、生殖器は陰門裂・肛門裂・陰茎突起が形成しつつあって未完成である。耳介の長さはまだ1㎜程にすぎないが、耳孔を覆うように吻方向に倒れている。

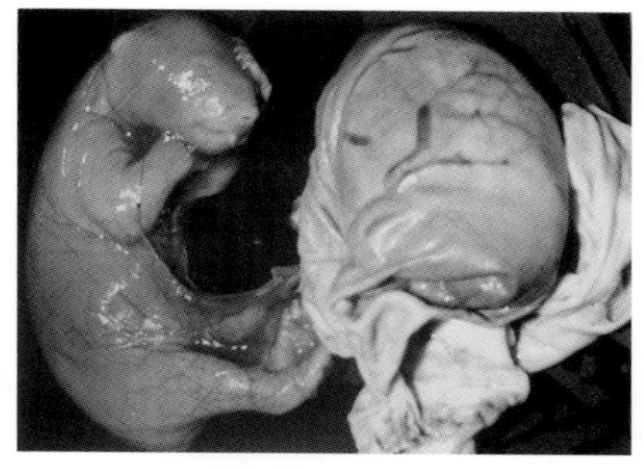

羆の出産間近い胎子

②胎子の全長が17㎝、体重115gr 前後になると、羆に酷似した体型となる。羆にとって終生の最大の武器であり、道具である手足の爪もこの頃には立派に形成している。そして、これまで耳孔を覆うように吻方向に倒れていた耳介も後頭方向に反転する。眼球は上下の眼瞼が癒着して完全に見えなくなるが、全身に密発している毛芽からは発毛も見られ、胎子は出産にそなえいよいよ発育の最終段階に入る。

＜出産時季＞

母羆が子を出産する時季は1月～2月中の間である。従って、羆の年齢は2月1日を誕生日として計算する。

＜産子数と子を母羆が自立させる年数＞

母羆は一度に子を1頭から3頭出産するが、**子を2頭（双子）、3頭（三つ子）産むには、交尾（5月下旬～7月上旬）後から冬籠りに入るまでの間に、母羆が充分な栄養を摂取する事が、条件である**事を、知床での6年間（2013～2018年）の継続調査で確認した。また、**子を2頭（双子）、3頭（三つ子）産んだ場合、その子達を、満1歳過ぎで自立させる場合と満2歳過ぎで自立させる場合の2通りがある**が、**子を満1歳過ぎで自立させる場合は、子が産まれた年に、母子とも充分な食物（栄養）の得られる事が条件である事も確認した**。従って、複数の子を2カ年間連れ歩いて居る母子は、出産した年に母子とも充分な栄養を摂取し得なかった母子と言える。

＜産個数の割合＞

一回の妊娠で産む子の数を産子数と言うが、羆は冬籠り穴で子を産むが死産もあるし、生後の死亡もあって、これらは母獣が食べてしまうから、穴から出て連れている子の数が必ずしも産子数とは限らず、これを調べるのはなかなか難しい。そこで、**母が連れている子の数を伴子数と言うが、その数を私が本道で調べた結果、1978年から1983年までの6年間に232組の母子を捕獲したが、その内、3子は4組（1.7%）、双子が109組（47%）、単子が119組（51.3%）であった**（北海道開拓記念館研究年報 Nos.11, 13)。したがって産子数も1頭～2頭の場合（98.3%）が圧倒的に多いと言えよう。羆には乳頭が6個あるから、最多で6頭の子を産んでもよさそうだが、まだ6頭の子を産んだと言う記録はない。4頭の例は本道でも1977年12月19日に津別町管内の道有林で冬籠り中に捕獲した羆の子宮に四胎子孕んでいるのが見つかっている（体長約7㎝、体重約20gr)。ロシアのコーカサスでの母子99組の調査では、子2頭が60%、1頭が36%、3頭が2%、4頭が1%であったと言う。（ブロムレイ、前出 p.85）

＜産子の性比＞

生まて来る子の性別の割合も、母獣が伴っている子の性別を調べて推定する以外に方法がない。**1978年から1983年までの6年間に本道で232組の母子を捕獲しているが、捕獲した子羆の性別を見ると雄が194頭であるのに対し、雌が144頭である。雌1頭に対する雄の性比は1.3である**。これから見ても産まれる子の性比は雄のほうが雌より高いと言える。

＜新生子＞

羆の子は1月から2月中旬にかけて生まれる（羆の年齢は誕生日を2月1日として計算する)。身体を伸ばした状態で、鼻先と尾の付け根（肛門）間の直線距離を「体長＝頭胴長」と言うが、**生まれた時の子の体長は25㎝から35㎝、体重は300gr から600gr、手足底の最大幅は17㎜から24㎜で**、身体の大きさは母獣に比べて非常に小さく、大きなトブネズミぐらいである。だが、生まれてまもなく自分の筋力で母獣の肌に爪を引っ掛けてよじ登り、乳頭をさぐり当てて吸乳し成長する意欲を持っているから、身体が小さいからと言って、決して未熟子ではない。**歯はもちろん生えていない**が、これから少なくと3カ月間は母乳だけで育てられるから歯は必要ない。目も犬や猫の子と同じく、上瞼と下瞼が眼球を覆い癒着しているからもちろん見えない。また、**耳孔も癒着しているから音も聴えないらしい。しかし、鼻孔は開いており、口唇や舌はよく動くから、臭覚や味覚・触覚は感じるようである。体毛は全身に長さ7～8㎜の産毛が疎生しているだけ**で、一見したところ体温保持に不充分の感じがする。しかし、子の身体の大きさや外界と断熱した雪下の土穴で母の身体に寄り添っての生活だからこれで充分なのである。

＜養育＞

羆の**乳頭は胸に2対4個と鼠蹊部に1対2個の計6つある。授乳中の羆の乳頭は直径・高さとも1.5㎝程あって、乳房も発達しており、乳頭乳房とも形は婦人に似ている**。だから、乳飲み子が居るアイヌの婦人が羆の子に自分の乳頭を含ませて育てた言う話も昔はあった。

さて、母グマは子グマに乳を一心に含ませ、産湯につけるように子の全身を舐めてやり、さらには子の糞尿さえも舐めとってやる。このようにして母羆は子の全身の新陳代謝を高めて成長を促してやる。登別クマ牧場職員で長年羆を研究していた前田菜穂子さんの飼育下の観察では、**目が完全に開くのは生後35日から40日目で、光に反応するのは50日目頃から**だと言う。また**耳孔が形成し始めるのは生後20日目頃からで、音に実際に反応し始めるのは45日目頃から**だと言う。授乳によって、母羆の乳頭周辺の体毛は毛擦れし、授乳期以外は平板状の乳頭周辺も、膨らみ乳房状になり、野生の羆の場合でも、授乳中の母羆は歩行中でも見る角度によっては、膨らんだ乳房が見える事がある。

＜4月下旬（3カ月令）の子羆＞

新生子と母羆が越冬穴から出て来るのは、通常4月であるが、**4月末になると、子も生後3カ月令前後になる（誕生日を2月1日とする）。体長（頭胴長）は生時の倍の50㎝から60㎝、体重も生時の約10倍の3kgから6kgになり、手足底の最大幅も5.5㎝から7㎝にもなっている。この頃には目も**

見えるし、音も聞こえる。乳歯ももちろん生えて来ている。体毛も全身に長さ4cm～5cmの刺毛と綿毛が隙間なく生えて来ていて、春と言ってもまだ肌寒い日もあるであろう外界での生活への準備が出来ている。3月にもなると、子は穴のなかで盛んに動きまわり、土壁を爪で引っ掻いたり、穴の中に露出している木の張根などを咬じったりする（痕跡から判断して）。しかし、この動作も生れて始めて穴の外で暮らすために必要な筋力を増強するための訓練でもある。そして、**母羆は子が自分に充分ついて歩けるように成長してから穴を出る**のである。それは子が3カ月令を過ぎた頃で、時季は普通、四月下旬から五月上旬である。**子羆は4カ月令を過ぎると（6月上旬頃）、母乳の他に、山野で母獣と同じ食物を採食する**ようになる。新生子は7月上旬頃迄は、身体が小さく、見るからに「小羆」と言う感じである。

＜8月初旬～9月下旬（6～8カ月令）の子羆＞

5カ月令の子と母

年齢で言えば、**6～8カ月令である。体長は80～95cm、体重は20～33kg程である。手足底の最大横幅は7、8cm以下である。この頃の子羆は顔つきも6、7月に比べ大人びてきて、小羆とは言えない感じ**である。

＜満1歳の子羆＞

7カ月令の子と母

満1歳の子羆とは、生後1年を経た2月頃の子羆を言う。**体長は90～110cm、体重30～50kg程**である。**手足底の最大幅は7～9cmである。体毛も刺毛は8～9cmにも**なり、容貌も羆らしくなっている。歯もほとんどが乳歯から永久歯に生え変わっていて、**乳歯で残っているのは普通乳歯の犬歯だけ**である。歯の成長の早い個体では、乳歯の犬歯も抜け落ち、**永久歯の犬歯の先端が10㎜以下ではあるが歯肉から生え出ているのも**ある（歯については、飼育個体でのデータである）。羆の**子は1歳前後までは雌雄間の差は小さいが、これを過ぎると雄は雌に較べて身体が大きくなり始める**。

8カ月令の子と母

<養育期間>

本章前半の<産子数と子を母羆が自立させる年数>を参照されたい。

1歳5カ月令の若羆

<成獣>

性成熟に達したものを成獣と言い、羆では満3歳ないし4歳以上を言う。身体の大きさは満1歳を過ぎると雄が雌よりも大きくなる。身体を伸ばした状態で、鼻先から尾の付け根（肛門）までの直線距離を体長（頭胴長とも言う）と言うが、この頭胴長と体重は雄では9歳ないし11歳まで大きく増加する。これに対し、雌は4歳まで比較的大きく増加するが、その割合は雄より小さい。また雌も9歳ないし10歳近くまで身体がさらに大きくなるが、その増加率は4歳未満の時に比べさらに小さい。**北海道に生息する羆の頭骨と身体の大きさを、道内の地域で比較すると、道北と道東の個体が道南部の個体よりも大きい傾向がある。道内の羆の体形を総括的に見れば、雄の成獣の頭胴長は通常1.9mから2.3mで、体重は120kgから250kgである。最大級の雄でも頭胴長は2.5m、体重は300kgな**

羆の成獣

いし400kgである。これに対し、雌の成獣は通常、頭胴長が1.6mから1.8m、体重は80kgから150kgである。最大級の雌でも頭胴長が1.8mないし1.9、体重は150kgから160kgである。

これまでに道内で捕獲し、実測した羆で最大重量の雄は1974年8月23日に静内町の行方正雄さんが静内町笹山で獲った12～13歳（歯の年輪数による）の404kg、雌はやはり行方さんが1985年10月25日に静内町字農家で獲った8～9歳（歯の年輪数による）の160kgである。頭胴長の最大は雄では1980年5月9日に羽幌管内で辻優一さんらが獲った243cm（年齢不明）、雌は行方さんが前記1985年10月25日に獲った体重160kgの羆で186cmである。その後、2007年11月9日に、えりも町目黒の猿留川さけますふ化場の檻罠で、頭胴長195cm、猟師による推定年齢17歳、そして実測体重が520kgの雄羆が捕獲されている。

＜寿命＞

本道で捕獲された野生羆の最高令は1980年9月11日に幌延町管内で捕獲した雌で歯のセメント質に見られる年輪の本数から34歳と推定される個体である。子を連れていた母獣の最高令は、私の親友の小田島護さん（1939年生）が、大雪山の高根ヶ原から高原沼一帯で、1980年から1993年までの14年間継続調査していた雌のｋ子である。ｋ子は14年間に5産し、第5産は1992年に30歳で最後の子を産み、翌年（1993年）その子を自立させた後、三笠新道下のガレ場で死亡しているのを、小田島さんが発見し、私も現地に行き、現地で埋葬し、歯を持ち帰り、年輪数を調べた結果、31歳であり、子を連れていた母獣の北海道での最高令はｋ子であること

最後の確認になったＫ子親子
（1992年９月21日門崎撮影）

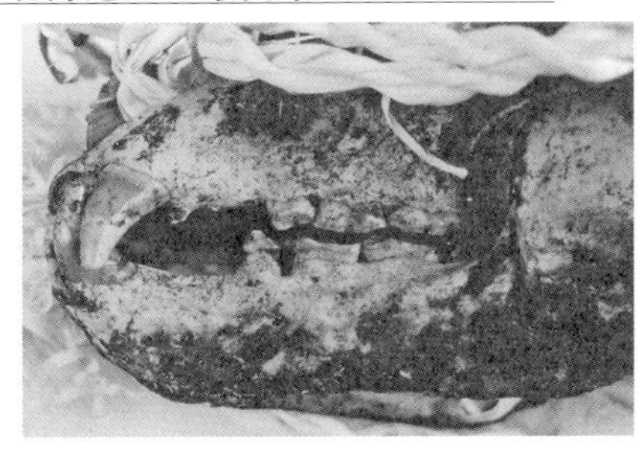

Ｋ子の歯の摩耗状態

K子の育子歴

子の年齢

1980─┐0歳─┐　子２頭を育子。
1981　│1歳　│
1982─┘2歳─┴--子２頭を自立させたが、
　　　　　　　　2頭とも殺される（太郎・次郎）。
1983─┐0歳─┐　子１頭を育子。
1984─┘1歳─┴--子を自立させる（三郎）。
1985─┐0歳─┐　子２頭を育子。
1986　│1歳--├--１頭死亡（四郎）。
1987─┘2歳─┴--子１頭を自立させる（五郎）。
1988─┐子
1989─┘なし
1990─┐0歳─┐　子１頭を育子。
1991─┘1歳─┴--子を自立させる（六郎）。

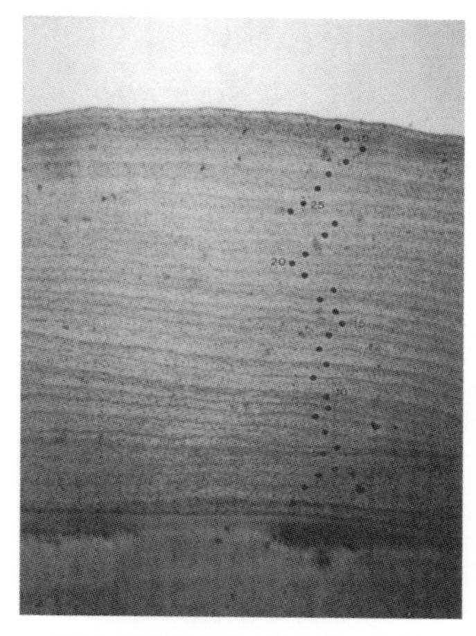

K子の下顎の第1後臼歯の年輪

が分かった。**雄の最高令は北檜山の佐藤保雄さん（1927～2011年）がかって森町管内で捕獲したやはり歯の年輪数から26歳ないし28歳と推定される個体**である。

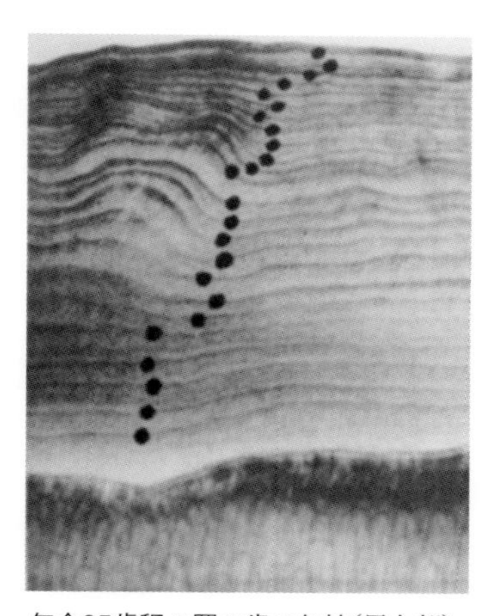

年令25歳程の羆の歯の年輪(黒丸部)

＜熊類の年齢は歯の年輪で分かる＞

熊類（獣類一般）の顎骨は前後に長いので、口腔（口の中）も前後に長い構造になっていて、顎骨が前後に短い人間に比べ、歯の数が多く永久歯で42本もある（人は32本しかない）。一年を一区とした生活型の獣の場合（熊を含む多くの獣類も）、**歯の歯肉部部分の外層に終生形成され続けるセメント細胞層に年輪が形成され、その数を数えることで、年齢がわかる**。実際は、歯を抜いて、歯根部を取り、それを酸に浸けてカルシュームを除去する（歯や骨が硬いのは、カルシュームが骨や歯に含まれているからで、これを酸で除去すると柔らかくなる）。カルシュームを除去する事を脱灰と言う。脱灰した歯をカンナの様な装置で、薄く削り、これを顕微鏡で見ると年輪が見え、それを算えて年齢を決める。人の場合は一年一区の生活ではないので、歯に年輪は出来ない。（年輪の出来る理由）**年輪の形成原理を言えば、セメント細胞の形成速度は夏は速いが、冬は遅い。それに対し、カルシュウムの形成速度は夏冬通じて変わらないため、夏に形成されたセメント細胞のカルシュウム量が少ないのに対し、逆に冬に形成されたセメント細胞のカルシュウム量が多い。このカルシューム量の違いが年輪となって見えるのである**。しかし、実際はヘマトキシリンなど特殊な色素を用いて石灰化の強かった部分を年輪線として染め出し、顕微鏡で見て数えるのである。**年輪は飼育・野生の別なく形成されるが、年輪の明確度は同一の歯でも部位によって異なるなど、年輪の数を正確に数えることはなかなか難しい**。

＜人との年齢比較＞

人と羆の年齢の換算だが、全身の生理状態を普遍的に統括した絶対的換算法はない。しかし、生物の要は種の維持にあるから、繁殖年齢の一つである出産年齢を基準に人と羆の年齢を比較してみよう。

換算法は野生羆の出産年齢の範囲が4歳から27歳である事（北海道開拓記念館研究年報；1984、門崎允昭）、婦人の出産年齢は15歳から53歳（札幌医科大学田中昭一助教授、1995年教示）ぐらいであることを基準とした算出法である。式は次のように表される。

（羆の年齢−4）×1.652＋15＝人の年齢

なお、羆の出産期は1月から2月中旬であるから、羆の年齢推定に当たっては、出生日を便宜的に2月1日に統一して計算する。

羆の年齢4歳は、人に換算すれば15歳であり、羆の27歳は人では53歳である。同様に羆の47歳は人では86歳である。

＜羆の体重と胸囲＞

羆の若獣についてはデータが無いので分からないが、成獣（4歳以上）の胸囲と体重の間には相関性がある。この表は雄27例、雌48例の実測値を統計処理して、胸囲と体重の数値を数表としたもので、登別クマ牧場の獣医師合田克己さんと門崎との合作である。胸囲が同じでも体重は雌雄で異なる。胸囲を測る位置は脇の下の胸部で、体毛を押さえるように皮膚周りを測る。数表の推定体重と実測値との差はプラスマイナス10kg内外と推定される事から、体重の目安として使える。
ところで、北極熊の研究者は、北極熊の体重の推定に、デンマーク製の「牛の胸囲を実測して体重を推定するメジャーを（雌雄とも同じ単位のメジャー）」使用しているが、羆では誤差が大き過ぎて実用出来ない。

ヒグマの胸囲による体重の推定表

胸囲（cm）		108	110	112	114	116	118	120	122	124	126	128	130	132	134	136	138	140	142	144	146	148	149
体重（kg）	♂											205	217	226	232	236	240	243	247	257	268	272	273
	♀	135	137	143	147	152	152	153	153	156	160	165	170	180	190	197	205	211	220				

第９章　羆の食性

＜食性＞（植物の学名は「羆の採食植物一覧」を参照されたい）

羆は他の熊類と共に動物分類学上は食肉類であるが、食性は完全な雑食性である。羆の食物の種類やその食べ方など、その食生態は野生下で採食中の羆を実際に観察したり、食痕や糞やそれに殺獲した羆の胃や腸の内容物を調べたり、飼育している羆に給餌しての観察などによって調査する。羆は植物性の食物を食べても、牛・馬などの草食獣のように**胃や腸に植物繊維を高率で消化する特殊な微生物を共棲させていないから、植物繊維は殆ど未消化で排泄される。そこで羆は、スゲ類など繊維分の多い固い草は実を除いては便秘の防止や他の食物の消化を促進するなどの消化生理上から食べるが、養分の摂取のために多食するのはフキやセリ科などの多汁質の草や色々な養分を高度に貯蔵している草・樹の実などである。羆は動物性の食物も色々食べるが、昆虫やザリガニや海辺にいるヨコエビ類 Gammarus などの外骨格や、鳥の羽毛や獣の毛は消化出来ずこれも殆ど原型状態で排泄する。**同じ雑食である人と羆の食物の種類を比較すると、**羆は人が食べる物なら何でも食べる潜在能力を持っている**が、人は生理的限界があって羆が食べる食物の内、極一部しか食べることが出来ない。したがって、羆の食性の幅は潜在的なものではあるが人よりもはるかに広い。**本道の羆が食べている天然の食物の種類は草類が約70種類と木の実が約40種類で、他に色々な動物類である。食性の地域的な差は、例えば山岳部には羆が食べるハイマツや高山性のナナカマドがあるが、下の地域にはそれがなく代わりに山岳部にはないヤマブドウやコクワがあるとか。道南地域にはブナがあるが他地域にはそれがないとか。あるいは鮭鱒を食**

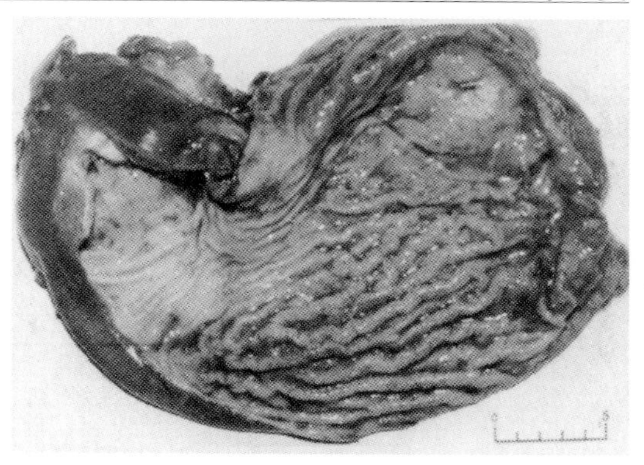

グマの胃の内部＝右上が噴門部，左上が幽門部

し得る河川の有無など、地域的な動・植物相の違いを原因とした食性差が地域によって多少見られる程度である。羆が里に出没したり、作物や家畜を食害すると、直ぐにその原因を、自然界での食物不足を理由に上げる者が居るが、これは全くの見当違いである。原因は羆のその時の嗜好が原因である。年間の食生態を言えば、冬籠もり中は絶食であるが、雪や敷き藁や土や体毛や手足の皮膚を舐めり呑む事がある。但し新生子を養育中の母羆は、子の糞尿を舐めり呑み、越冬穴の端に排泄している事がある。

＜食生態＞

羆は冬籠もり時季を除く活動期には全期間通じて草本性の食物と動物性の食物を食べる。木本性の食物は被食部が主に実で、葉は実を採食する際偶発的に混食する程度で、葉だけを食べることは極めて稀で、知床のルシャ川河口部でエゾイタヤの葉を食べているのを実見した程度である。したがって、木本類を食べるのは、主に実が結実する初夏から晩秋にかけての時季である。しかし、ドングリ類やオニグルミの実の結実がよかった翌春は落下した実が腐ったり虫に食べられずに残っていることもあって、羆はわざわざ雪を掘ってこれを食べたり、雪融け後に拾い喰いすることがある。オニグルミであるが、知床のルシャ川河口部の西方のポンベツ川の西方で、10月にオニグルミの樹の傍で、落ちた実を拾い食いしている単独の雌成獣（排尿で確認）を見たが、実の外皮を剥ぎ、堅果だけを食べていた。外皮には毒があることから、この毒をアイヌは矢毒に使うのだが、羆は本能的に毒を含むことを識っていて外皮は食べないのである。

羆が食べる草類は種類によって被食部が決まっているものがある。例えばフキノトウ（オオブキ）は4月から6月上旬の間、葉や茎は頻く食べるが花は殆ど食べない。オオブフキは茎を6月下旬から8月下旬の間頻く食べるが葉はめったに食べない。ウドやエゾニュウなどは実がなる前は茎や葉を食べるが、実がなると今度はもっぱら実だけ食べるといった具合である。

羆が食べる動物性の食物は主に鳥獣類と昆虫類で、他に鮭鱒・ザリガニ・ヨコエビ類 Gammarus などである。食物とする鳥獣類は斃死したものが主体だが、鹿を襲い食べることもあり、羆同士共食することもある。羆が食べている昆虫類は蟻類と蜂類が主体で、他に数種類の昆虫の幼虫だ

ヒグマの採食食痕、①大雪山高原沼付近で草類を採食、②５月下旬斜里知床で草類を採食する母子、子は約４カ月齢。③オオイタドリの芽を食べた食痕、④ザゼンソウの食痕、⑤ミズバショウの食痕、⑥エゾノリュウキンカの食痕、⑦７月上旬のオオブキの食痕

ヒグマの食痕、①オニシモツケの食痕、②ウドの食痕、③と④エゾニュウの食痕

占冠村トマムの草地で、ヒグマがスジコガネA .testaceipes の幼虫を掘り食べた痕、2002年７月上旬

ヒグマのオオハナウドの食痕

けであり、羆が食べる昆虫の種類数は以外と少ない。羆が一時に食べる食物の量は羆のその時々の生理的状態によって異なるが、胃腔の容積から見て、最多の場合雄で8～10ℓ、雌で6～7ℓである。**羆は採食の際ただ1種類のものを選び食いする場合と、幾種類かのものを混食する場合とがあり、また、これらのものを漁り食う場合と徘徊しつつ極めて散発的に食べる場合とがある**。

羆は昼夜を問わず採食する。通常は辺りから己の身体が見通せるような日中は警戒を怠らない。

＜羆が人・家畜・熊同士・鹿を食べる場合の通則＞

先ず、体幹部の筋肉部を食べる。**それから内蔵部や四肢上部の筋肉部を食べる**。そして**肋骨などの細い骨を喰う**。それから**骨盤や四肢骨を食べる**。**頭骨（上部頭蓋）を食べないで残すことが多い**。

＜骨や鹿角を食べる＞

①**羆は骨や鹿角を食べる**。②食べる**理由は骨や角に含まれているカルシウム・リンなどの成分を摂取するためである**。③動物の体内のカルシウムの約99％、リンの約80％は骨と歯に含まれる。④カルシウムの摂取は骨の形成だけでなく、身体の酸塩基平衡の維持や血液凝固にも必要である。乾燥した骨は硬いが、野ざらしのものは眼で見ただけでは分からないが、多少とも水分を含み膨潤していて、歯で囓り食いできる。**骨を消化した糞は、脱糞直後は褐色だが、日が経つと白化する**。

＜羆も確保した食物を貯食する＞

羆は獲物を己が安心できる場所に運び込み、土や落ち葉を被せたり、わざわざ丈の長い笹などを噛み取り持ってきて獲物を被い隠すことがある。⑤羆は**穴を掘って食物を埋めたりはしない**。

＜所有物の移動＞

羆は襲って斃した人や家畜だけでなく、捕獲したり斃死していた鹿やリュックなど、己の所有物とみなした物は何でも自分が安心できる場所に口や手を使って引きずり込んで食ったり、余った物に土や落ち葉を掻き寄せ

てかぶせたり、わざわざかみ切ってきた草をかぶせて覆い隠すが、犬のように穴を掘って埋めることはしない。

①**1990年（平成2年）9月21日に渡島管内森町で発生した人身事故の加害羆は**2歳8カ月齢の雄だが、被害者の安谷内正義さん（75歳）を襲い斃した場所から**約90mも移動**していた。

②**1990年10月15日に国道36号線の石北峠の1.5㎞上川町寄りの地点で鹿を襲った母子羆**は斃した鹿をやはり**約90m移動**していた。

③**1992年(平成4年)4月20日に朝日町在住の猟師下間山敏幸(1950年生)さんから、「町の斃死獣埋葬地に、猟師が殺獲解体して埋めた鹿の残骸を、**羆が掘り出し食っている」との知らせを受けた。そこで調査に行った結果、羆は鹿の残骸を**埋葬地から300mも離れた己が安心して潜み食べ得る林地内まで移動**し、その上に落ち葉や土のほか、周辺の笹までかみ切って被せ、鹿の残骸を隠していた。**この300mと言う移動距離は羆がその所有物とした物を移動した最遠距離である。通常の移動距離は90m以内である。**

＜羆が食べる草本類＞

「**ミズバショウ・ザゼンソウ**」

穴出後の羆が水芭蕉を特に好んで食べるように言われているがこれは全く誤りである。羆が好んで食べるのは同じサトイモ科でしかも水芭蕉と混生していることも多い座禅草の方である。水芭蕉は稀にしか羆は食べない。従来羆が水芭蕉を好んで食べるように言われていたのは幼若期の両草の葉の形態が似ているのと両草が混生していることも多いなどによって誤認されたものである。

明治44年（1911）に八田三郎博士が著した「熊」と言う著書に「ある豪傑人が水芭蕉の根は熊には珍味だが人には劇毒と言うが熊に毒せずして人にのみ毒する道理あるや、我々も動物なり熊も動物なり、とて、味噌汁の野菜とかにして食うた。所が口中忽ち糜爛して言語さえ出でざるに至った。詮方なく床上に仰臥して天井の一方を睨みつつ粥を流し込み命だけはとりとめた」と言う話が出ているが、刺激性は座禅草の方が水芭蕉よりもはるかに強烈である。私が試した結果、特に座禅草の茎と根の白色部は強烈である。故に、八田さんが前記書に、水芭蕉と書いているが、それは座禅草の間違いでないかと私は思っている。羆はこの座禅草を好み年中採食するので、座禅草のある所は羆の着き場（好んで食べに来る場）となっていることが多い。穴出した羆は座禅草の筒状の幼若な葉や、触れると痛痒い**エゾイラクサ（刺に蟻酸を含み、刺さると痛痒いので、痒草（カイグサ）とも言う。羆は蟻酸を好むようである。蟻を好食するのも、その為だと私は考えている）**の幼若なものや、オオブキのフキノトウの葉や茎を好んで採食する。もちろんこの間他の色々な食物も量は少ないが食べる。イラクサは草丈が大きくなると羆はあまり食べないが、**オオブキの茎は6月から8月末にかけて羆が多食し、この間の羆の主要な食物の1つである。羆は繊維分を高率に消化し得ないので、養分摂取のために食べる草類は多汁質のものが多い**。主な種類はキク科のオオブキ・ヨブスマソウ・アザミ類、セリ科のオオバセンキュウ・シャク・ミヤマセンキュウ・エゾニュウ・アマニュウ・ウド・ミツバ・オオハナウド・オオカサモチ・ハクサンボウフウ・チシマニンジン（シラネニンジン）、ユリ科のオオアマドコロ・オオバタケシマラシ・ウバユリ、ツリフネソウ科のキツリフネ・ツリフネソウ、バラ科のオニシモツケ・ヘビイチゴ、ユキノシタ科のネコノメソウ・クロクモソウ・ダイモンジソウなどである。**羆が食べる草類は約70数種に及ぶ**。中にはオオブキやヨブスマソウのように成長して茎葉が固くなると羆が食べなくなる種類もある。

「ハクサンボウフウ・チシマニンジン（シラネニンジン）」

セリ科の高山性の草類である**ハクサンボウフウとチシマニンジンは羆が特に好んでこれを食べる**。したがって、これが多く自生している所は、とりわけ羆の着き場となっていることが多い。羆は両草とも茎葉から根に至るまで全草食べるが、時には地上部の茎葉だけを食べたり、あるいは地下の根だけを掘って食べる。このような羆の着き場に幕営して見ていると、羆が牧場の牛のようにゆっくり曲線を描いて根気よくこれらの草を食べるのが見られる。しかし、根を好んで食べたような場合その跡は一面鍬で耕したようになっていることがある。

＜羆が食べる木本類＞

「ヤマブドウ・コクワ」

羆が食べる樹の実で結実時季が最も早いのはヤマグワである。ヤマグワ

ヒグマの採食植物一覧

種類（木本類）		被食部（頻度）
【イチイ科 Taxaceae】		
イチイ	Taxus cuspidata	実（極稀）
【マツ科 Pinaceae】		
トドマツ	Abies sachalinensis	樹皮の甘皮（時々）、葉（稀）
エゾマツ	Picea jezoensis	葉（稀）
カラマツ	Larix kaempferi	葉（稀）
ハイマツ	Pinus pumila	実（頻）、葉（稀）
【ヤナギ科 Salicaceae】		
ネコヤナギ	Salix gracilistyla	花穂（稀）
【クルミ科 Juglandaceae】		
オニグルミ	Juglans ailanthifolia	実（頻）
【ブナ科 Fagaceae】		
ブナ	Fagus crenata	実（頻）、花芽、葉芽、殻斗（稀）
クリ	Castanea crenata	実（稀）
ミズナラ	Quercus crispula	実（頻）、殻斗（稀）
コナラ	Quercus serrata	実（頻）、殻斗（稀）
カシワ	Quercus dentata	実（頻）、殻斗（稀）
【クワ科 Moraceae】		
ヤマグワ	Morus bombycis	実（稀）
【モクレン科 Magnoliaceae】		
チョウセンゴミシ	Schisandra chinensis	実、果柄（稀）
【クスノキ科 Lauraceae】		
オオバクロモジ	Lindera umbellata	実、果柄
【バラ科 Rosaceae】		
アズキナシ	Sorbus alnifolia	実（稀）
ウラジロナナカマド	Sorbus matsumurana	実（頻）、果柄、葉（稀）
タカネナナカマド	Sorbus sambucifolia	実（頻）、果柄、葉（稀）
ナナカマド	Sorbus commixta	実（極稀）、花柄（極稀）
クマイチゴ	Rubus crataegifolius	実（稀）
クロイチゴ	Rubus mesogaeus	実（稀）
エビガライチゴ	Rubus phoenicolasius	実（稀）
エゾイチゴ	Rubus idaeus	実（稀）
ノイバラ	Rosa multiflora	実、果柄（稀）
エゾヤマザクラ	Prunus sargentii	実、果柄（稀）
ミヤマザクラ	Prunus maximowiczii	実、果柄（稀）
シウリザクラ	Prunus ssiori	実、果柄（稀）
ウワミズザクラ	Prunus grayana	実、果柄（稀）
【ミカン科 Rutaceae】		
キハダ	Phellodendron amurense	樹皮の甘皮（稀）、実（稀）
【ガンコウラン科 Empetraceae】		
ガンコウラン	Empetrum nigrum	実、葉（極稀）
【モチノキ科 Aquifoliaceae】		
アオハダ	Ilex macropoda	実（稀）

【カエデ科　Aceraceae】		
エゾイタヤ	Acer mono	葉（稀）
【ブドウ科　Vitidaceae】		
ヤマブドウ	Vitis coignetiae	実（頻）、果柄
ノブドウ	Ampelopsis brevipedunculata	実（稀）
【マタタビ科　Actinidiaceae】		
コクワ	Actinidia arguta	実（頻）、果柄
マタタビ	Actinidia polygama	実（頻）、果柄
ミヤママタタビ	Actinidia kolomikta	実（頻）、果柄
【ミズキ科　Cornaceae】		
ミズキ	Cornus controversa	実（頻）、果柄
【ツツジ科　Ericaceae】		
コケモモ	Vaccinium vitis-idaea	実、葉（稀）
イワツツジ	Vaccinium praestans	実、葉（稀）
クロウスゴ	Vaccinium ovalifolium	実、葉（稀）
クロマメノキ	Vaccinium uliginosum	実、葉（稀）
エゾノツガザクラ	Phyllodoce caerulea	実、葉（稀）
アオノツガザクラ	Phyllodoce aleutica	実、葉（稀）
【スイカズラ科　Caprifoliaceae】		
チシマヒョウタンボク	Lonicera chamissoi	実（稀）

種類（草本類）		被食部（頻度）
【イネ科　Gramineae】		
クマイザサ	Sasa senanensis	葉、茎（稀）、実（稀）、根（極稀）
チシマザサ	Sasa kurilensis	葉、茎（稀）、実（稀）、根（極稀）
スズタケ	Sasamorpha borealis	葉、茎（稀）、実（稀）、根（極稀）
ミヤマアワガエリ	Phleum alpinum	地上部（稀）
【カヤツリグサ科　Cyperaceae】		
イワスゲ	Carex stenantha	地上部（極稀）
ヒカゲスゲ	Carex floribunda	地上部（極稀）
キンスゲ	Carex pyrenaica	地上部（極稀）
オクノカンスゲ	Carex foliosissima	地上部（極稀）
ヒラギシスゲ	Carex augustinowiczii	地上部（極稀）
オオカワズスゲ	Carex stipata	地上部（極稀）
ミネハリイ	Scirpus caespitosus	地上部（極稀）
タカネクロスゲ	Scirpus maximowiczii	地上部（極稀）
【サトイモ科　Araceae】		
ザゼンソウ	Symplocarpus renifolius	葉と葉柄(頻)、地下茎(稀)、花(極稀)
ヒメザゼンソウ	Symplocarpus nipponicus	葉と葉柄(頻)、地下茎(稀)、花(極稀)
ミズバショウ	Lysichiton camtschatcense	葉・葉柄・地下茎（稀)、花（極稀)
【イグサ科　Juncaceae】		
ミヤマイ	Juncus beringensis	地上部（稀）
【ユリ科　Liliaceae】		
ゼンテイカ	Hemerocallis esculenta	地上部（極稀）

アイヌネギ	Allium victorialis	地上部（極稀）
オオウバユリ	Lilium cordatum	葉と地下茎（稀）
オオアマドコロ	Polygonatum odoratum	地上部（稀）
ヒメタケシマラン	Streptopus streptopoides	地上部（稀）
オオバタケシマラン	Streptopus amplexifolius	地上部（稀）
ユキザサ	Smilacina japonica	地上部（極稀）
ホウチャクソウ	Disporum sessile	地上部（極稀）
エンレイソウ	Trillium smallii	葉（極稀）
【イラクサ科 Urticaceae】		
エゾイラクサ	Urtica platyphylla	幼若な茎葉（頻）
アオミズ	Pilea mongolica	幼若な茎葉（極稀）
【タデ科 Polygonaceae】		
オオイタドリ	Polygonum sachalinense	幼若な茎葉（稀）
【キンポウゲ科 Ranunculaceae】		
サラシナショウマ	Cimicifuga simplex	幼若な茎葉（極稀）
ヤチブキ	Caltha palustris	茎葉、花（極稀）
ニリンソウ	Anemone flaccida	地上部（極稀）
【メギ科 Berberidaceae】		
サンカヨウ	Diphylleia grayi	実、果柄と葉（稀）
【ケシ科 Papaveraceae】		
エゾキケマン	Corydalis speciosa	実（極稀）
【アブラナ科 Cruciferae】		
コンロンソウ	Cardamine leucantha	地上部（稀）
【ユキノシタ科 Saxifragaceae】		
エゾクロクモソウ	Saxifraga fusca	茎葉（頻）
ダイモンジソウ	Saxifraga fortunei	茎葉（稀）
ネコノメソウ	Chrysosplenium grayanum	地上部（稀）
【バラ科 Rosaceae】		
エゾヘビイチゴ	Fragaria vesca	実、茎葉（稀）
オニシモツケ	Filipendula kamtschatica	幼若な茎葉
エゾノシモツケソウ	Filipendula multijuga	幼若な茎葉
タカネトウウチソウ	Sanguisorba stipulata	茎葉（極稀）
【ツリフネソウ科 Balsaminaceae】		
キツリフネ	Impatiens noli-tangere	地上部（極稀）
ツリフネソウ	Impatiens textori	地上部（極稀）
【ウコギ科 Araliaceae】		
ウド	Aralia cordata	茎葉、実、果柄
トチバニンジン	Panax japonicus	地上部（極稀）
【セリ科 Umbelliferae】		
ミツバ	Cryptotaenia japonica	地上部（稀）
ウマノミツバ	Sanicula chinensis	地上部（稀）
シャク	Anthriscus sylvestris	地上部（頻）
ヤブニンジン	Osmorhiza aristata	地上部（極稀）
オオカサモチ	Pleurospermum camtschaticum	茎葉、実（希）
イブキゼリ	Tilingia holopetala	地上部（極稀）

シラネニンジン	Tilingia ajanensis	全草（頻）
ミヤマトウキ	Angelica acutiloba	茎葉、実（極稀）
オオバセンキュウ	Angelica genuflexa	地上部（頻）
エゾニュウ	Angelica ursina	茎葉、実（希）
アマニュウ	Angelica edulis	茎葉、実（希）
エゾノヨロイグサ	Angelica anomala	茎葉、実（希）
ミヤマセンキュウ	Conioselinum filicinum	地上部（稀）
ヤブジラミ	Torilis japonica	地上部（極稀）
オオハナウド	Heracleum dulce	茎葉、実（頻）
マルバトウキ	Ligusticum hultenii	茎葉、実（頻）
ハマボウフウ	Glehnia littoralis	茎葉、実（極稀）
ハクサンボウフウ	Peucedanum multivittatum	全草（頻）
【シソ科　Labiatae】		
ミヤマトウバナ	Clinopodium gracile	地上部（極稀）
【オミナエシ科 Valerianaceae】		
マルバキンレイカ	Patrinia gibbosa	地上部（稀）
【キク科 Compositae】		
オオブキ	Petasites japonicus	葉柄（頻）、花茎［フキノトウ］の鱗片と茎（頻）
オオブキ	Petasites japonicus	花（極稀）、葉（極稀）
ヨブスマソウ	Cacalia hastata	茎葉（稀）
エゾアザミ（チシマアザミ）	Cirsium kamtschaticum	地上部（極稀）
エゾノサワアザミ	Cirsium pectinellum	地上部（極稀）
エゾノキツネアザミ	Breea setosa	地上部（極稀）
コウゾリナ	Picris hieracioides	葉（極稀）
ノブキ	Adenocaulon himalaicum	茎葉（極稀）
エゾオグルマ	S. psudo-arnica	茎葉（極稀）
【トクサ科 Equisetaceae】		
トクサ	Equisetum hyemale	地上部（極稀）

は道内各地にあって6月中旬には実が熟し始めるので、羆はこれを稀に食べる。7月になるとバラ科の俗に木イチゴと呼んでいるクマイチゴ・クロイチゴの他同じバラ科のヤマザクラの実が生ずるので羆はこれを食べる。**9月になるとさらに色々な樹に実が生るが、羆はとりわけブドウ科のヤマブドウ、マタタビ科のコクワ・マタタビ、ブナ科のミズナラ・コナラ・カシワ・ブナ、バラ科のヤマザクラ・シウリザクラ・ウワミズザクラ・タカネナナカマド・ウラジロナナカマドの実を好んで食べる。低平地にあるナナカマドの実の時に食べる**。また、**マツ科のハイマツ、ツツジ科のクロウスゴ、ミズキ科のミズキ、モクレン科のチョウセンゴミシ、クルミ科のオニグルミなどの実を晩秋まで食べ続ける**。実際**羆が採食する樹の実の種類**

＜北海道産ヒグマの年間の主な食物＞

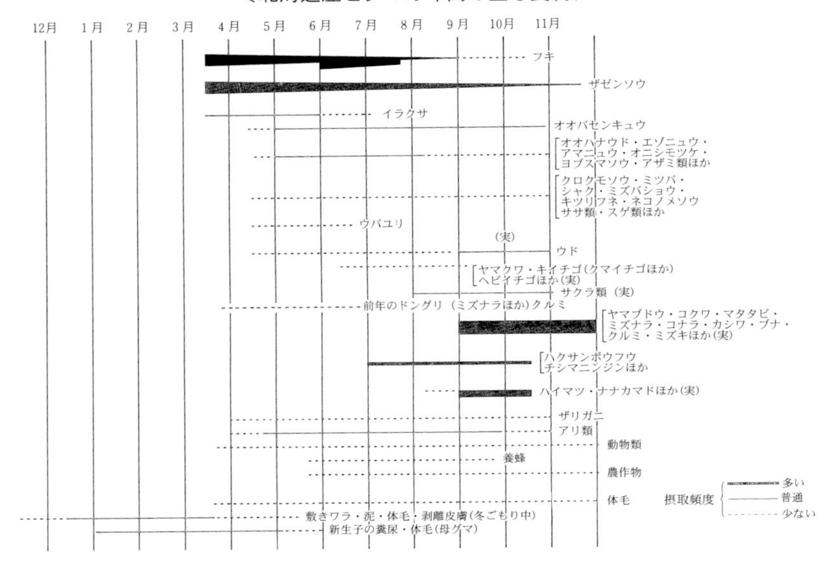

＜北海道産ヒグマの月別摂取食物の割合＞

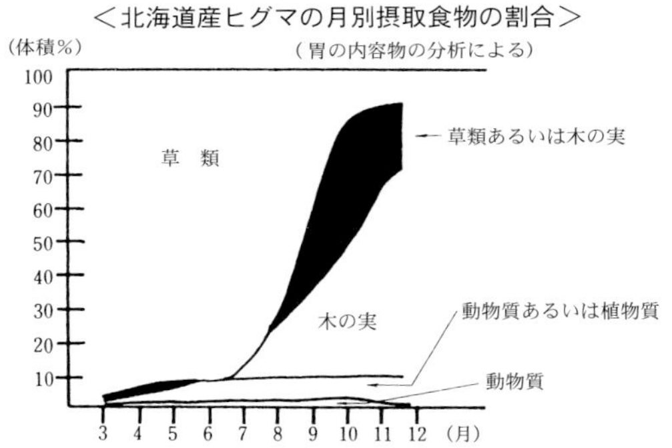

は約40数種に及ぶ。羆はこれらの実を拾食するだけでなく、実の生っている蔓を樹上から引きづり下ろして食べたり、わざわざ樹によじ登って採食することもあって、これが原因で俗に言う「羆棚」が出来ることがある。

さて昔から農作物が不作の年は羆が食べる樹の実の結実も悪いと言われているが必ずしもそうではない。人為的に作出した作物と天然の樹とでは気候に対する耐性が異なり、作物と同一視しては誤りである。もちろん個々の樹により、場所により成り年と不作の年があるのは当然である。だが、羆が採食の対象としている40数種に及ぶ樹の実が総て冷害で羆が飢える程実が生らないことは絶対にない。

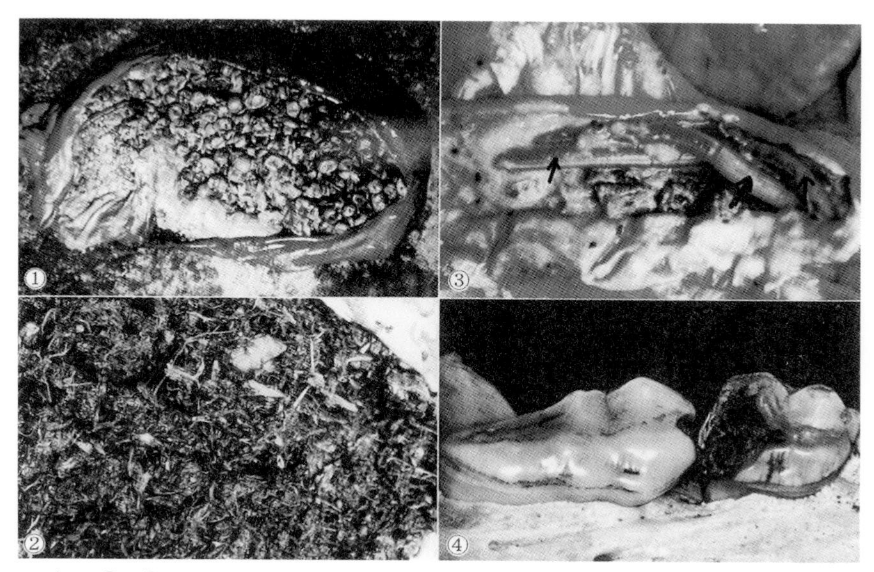

ヒグマ、①〜③胃の内容物、①コクワである、②ザゼンソウに蟻が混じって見える、③→熊回虫が見える、④虫歯、5.7％の個体に虫歯が見られた（門崎・犬飼著、「ヒグマ」参照）

ヒグマがハクサンボウフウとチシマニンジンの根を食べるために掘り返した痕、大雪山高根ヶ原東斜面、９月撮、２枚の写真を一枚に組合わせた写真

ヒグマの熊棚、①コクワの実を食べるためにその蔓を引きずり下ろしたためにできた熊棚。②ミズナラの実を食べるために樹に登り実がなっている枝を噛み折って、実を食べた後不要になって落とした枝が他の枝に引っかかりできた熊棚。③チョウセンゴミシの実を食べるためにその蔓を引っぱったために蔓が絡んでいた樹が折れてできた熊棚。④と⑤シウリザクラの熊棚、⑥ヒグマが齧り折った木片、⑦樹に登った若熊

＜ハイマツ・ナナカマド＞

森林限界より上部の山岳部に逗留している羆は好んでハイマツ・タカネナナカマド・ウラジロナナカマド・クロウスゴなどの樹の実を9月から10月にかけて多食する。**低平地から山地にかけての森林に別種のナナカマドS.commixtaが自生しているが、羆はこの実を食べることは稀である。**

＜ネコヤナギ＞

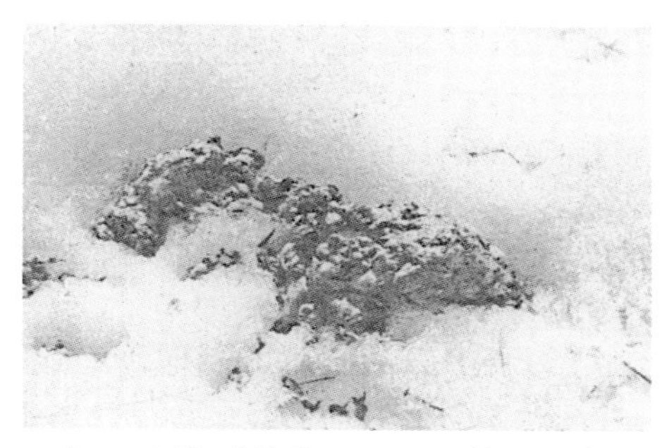

ネコヤナギの花穂だらけのフン（大雪山で）

羆はまれにネコヤナギSalix gracilistylaの花穂を食べる。1987年（昭和62）4月29日から5月7日に、大雪山の石狩川上流で、大雪山羆調査会の小田島さんと助手の八木洋子さんと門崎は羆の生態調査をした。その折、石狩川の支流の三角点沢の約2.5㎞上流の西側の台地で、足幅約15㎝の雄羆が積雪約1.5mの雪原に疎生した樹高が約2～3mのネコヤナギの花穂のついている枝を手繰り寄せて折るなどして食べた後の齧り落ちた花穂や大小の枝のほか、折られた枝が離断せずに木から垂れ下がっているなどの痕跡が点々とあった。雪上には、ほとんどネコヤナギの花穂だけからなる野糞も2カ所にあった。

＜熊棚＞

羆によって引きずり下ろされた蔓(ツル)や齧(カジ)り折られた枝が樹の上にからまり引っかかった状態のものを俗に熊棚と言う。人によっては**円座(エンザ)・桟敷(サジキ)・床(トコ)など**とも言う。

＜蔓木での熊棚＞

ヤマブドウ・コクワ・マタタビ・ミヤママタタビ・チョウセンゴミシ（朝鮮五味子）などに見られる。

①熊棚は羆の採餌習性が原因で出来るもので、蚊などを避けての休憩場や害敵を監視するための場として故意につくるものでは決してない。

②ただし子熊や若熊は、よく樹に上がって遊んだり休憩したりするので、

クマ棚がそれに利用されることもあるが、これも偶然的なものである。
③羆はいろいろな木の実を好んで食べるが、その場合地面に落下している実を拾い食いするだけでなく、わざわざ樹によじ登っての採食もする。
④ヤマブドウ・コクワ・マタタビ・チョウセンゴミシ（朝鮮五味子）などの結実した蔓を発見すると、羆は下から強引に口や手で蔓を引き下ろしたり、あるいは蔓がからんでいる樹によじ登って、太い枝を足場にして蔓を引き寄せて実を食べたりする。
⑤その結果、食べ終えた蔓が自然に下方にたまって、蔓がからんでいた樹上に蔓がたまった形の棚ができる。
⑥またときには蔓を勢いよく強引に引っ張るために、蔓がからんでいた樹の上部が折れて、からまった蔓とともに、傘を広げたような棚ができることがある。

＜非蔓木での熊棚＞

ブナ F.crenata・ミズナラ Q.crispula・コナラ Q.serrata・カシワ Q.dentata・ミズキ C.controversa・シウリザクラ P.ssiori などに見られる。
①熊棚が出来るのは蔓性の木ばかりでなく、ブナ・ミズナラ・コナラ・カシワ・ミズキ・シウリザクラなど非蔓性の樹にもできる。
②羆はこれらの木の実を食べるために樹上によじ登って実のなっている直径7〜8㎝もある枝をたぐり寄せて引き折ったり、かじり折ったりしてこれを食べるが、食べ終えた枝が折れた状態で離断せずに残ったり、あるいは落下する途中で他の枝に引っかかって、これまた棚ができる。
③また、羆は木の実が熟するのが待ちきれず、未熟な実さえも樹上に上がって枝を折り採食する。その結果、棚となった枝の葉は未熟な状態で乾燥するために、親樹の葉が落葉した後も落葉せずに残っていることがあって目立ち、熊棚であることが分かることがある。
④しかし、**風害で折れた枝も同じ状態になるので、熊棚と断定するには噛み跡・爪痕の有無を確認する必要がある**。

＜鱒・鮭＞

羆は昔から色々な動物を餌として食べており、現在もそれは同じである。

ヒグマの漁法、1993年８月カムチャツカのクリル湖で撮、①と②岸辺から水中の魚を探し飛び込んで両手で掴む、③川中に立ち泳ぎ来るのを掴む、④水中に目まで顔を入れ魚を見つけ掴む、⑤と⑥浅瀬を走り回り魚を浅瀬に追い上げて掴む、⑦岸辺の水中の窪みを手でかき回し魚を追い出し掴む

羆は異臭プンプンたる腐肉も食べる。したがって羆は自然の清掃者とも言える。海岸に打ち寄せられた魚や海獣をあさり食うこともある。北海道でも昭和20年代の前半迄は鱒や鮭が上流まで遡上する河川が数多くあって、羆も鮭・鱒を獲って食べていた。しかし、今日ではそのような河川は少なくなっている。私のカムチャッカのクリル湖（1993年8月）での紅鮭、と知床のルシャ川河口部地域（2013～2018年）での、羆の鮭鱒の補食生態を調査から、次のような知見を得た。羆は闇夜でも川中の魚を岸辺から、狙い飛び込み掴む視力がある。子羆も8ヶ月令（10月）になると、母羆の真似をして、捕食し始める。母羆が魚採りが上手だと、子羆も早く上手になる。

＜1＞羆の鮭鱒の漁法は8大別される

①岸辺で静止構えていて魚を見つけ飛び込み狙い捕る。
②岸辺を四肢で歩きながら魚を見つけ飛び込み狙い捕る。
③川中を四肢で歩きながら魚を見つけ狙い捕る。
④川中に後足で立ち上がって魚を見つけ狙い捕る。
⑤川中を四肢で歩きながら水中に目まで顔を入れて魚を見つけ狙い捕る。
⑥泳ぎながら魚を見つけ狙い捕る。
⑦川の浅瀬をバシャバシャ走り回り魚を浅瀬に追い立てて捕る。
⑧岸辺の水中を手でかき回し魚を追い出して捕る。

①雌雄とも身体の大きさと顔相から見て、力のある個体ほど良い漁場を占有していた。
②羆は魚を手と口を使って掴む。
③羆は闇夜でも魚を捕獲できる視力がある。
④羆は魚の頭部と幽門垂を食べ残すことが多い。

＜2＞（摂食場は3大別される）

①捕獲したその場で食べる。
②岸辺に上がって岸辺で食べる。
③薮（安心できる場所）に持ち込んで食べる。

＜鹿＞

鹿は明治10年頃まで北海道に相当多くいたので、羆も日常的に斃死し

た鹿や弱った鹿を獲って食べていた。そのことは次の資料からも明らかである。寛政12年（西暦1800年）に吉田真八と言う人が書いた「東蝦夷日記」のなかに、「羆は好んで陰森たる木立に住み、鹿は好んで明き所に住む。これ羆を恐るるなるべし」とある。安政3年（1856）に出版された窪田子蔵の「協和私役」という書物にも、「行路中、道に鮮血りんりんと滴るを見、案内のアイヌは昨夜羆が鹿を取ったところだと説明した」と出ている。ところで、明治2年に、設置された開拓使は拓殖事業として天産物の利用を決めた。そしてその一つとして明治6年から10年までの5年間に25万頭もの鹿を殺獲した。それによって鹿が急減した。ところが**明治12年の2月から3月にかけて全道的な異常気象があり、多数の鹿が死んだ**。気象異常による鹿の大量死は過去にもあり、**明治12年（1879）の95年前（天明4年、1784）に、平秩東作（ヘヅットウサク）が書いた「東遊記（トウユウキ）」の附録の項に、年月の記述はないが、「近頃雪深き年有て、鹿の喰ものなし。蝦夷人三・四百人（300～400人）餓死のもの有と聞く。憐むべき事也」**とある。

＜明治12年の鹿大量死の原因＞

「**詳細は門崎允昭著、野生動物調査痕跡学図鑑にある**」

明治12年（1879）の鹿大量死の原因は、当時の史料を吟味すると、明治12年2月22日から24日にかけての全道的な降雪と、それに続く3月4日から6日にかけての全道的な降雨と寒波によるもので、全道で少なくとも20万頭～30万頭の鹿が斃死（凍死）し、放畜中の家畜も多数死亡（凍死）した。

(気象現象と鹿の斃死) この気象現象について、極地気象学が専門の門崎学（博士）に尋ねた結果、「大気下層が0℃以下なのに対して上層が暖かいいわゆる【逆転層】の状態にあると、雨滴は0度以下に過冷却された状態で液体として降ってくることがあり、その雨滴が地面や家屋などに衝突するとまもなく透明に結氷する場合があると言う。このような着氷性の雨によって物質に間もなく凍り付くことを【雨氷】現象と言い、全道的な3月の雨水凍結はこのような現象であったことが強く推測されると言う。

このことから、少なくとも、**鹿が大量に斃死したのは、鹿は2、3日食物を取らずとも死ぬことは先ずあり得ないし、凍結した雪下の笹などの草類が喰えないことで食物に困窮すれば樹皮喰いも可能であることから、主**

たる死因は餓死ではなく、過冷却の雨や霙(ミゾレ)に長時間曝(サラ)されて、皮膚までもが濡れ、体熱が気化熱として奪われての体温低下（風が吹けば更に体温は低下する）による凍死であると言う。よって、1879年以後北海道の山野から鹿は姿を消し、少数個体が、奥山（知床・日高・大雪などの山地）で細々と生息する状態と化した。その後少しずつ個体数が回復し、**100年経た1990年代になって、羆が鹿を襲い喰う事象が見られるように成り、2000年頃から羆が鹿を比較的頻繁に食べるようになり、近年（2010年以降）は羆が健常な鹿を襲い喰う事も常態化した**。

1990年代は、羆が鹿を襲い喰う事は、まだ稀な事であったが、その稀な事例を記す。

①1990年（平成2）10月15日午後3時頃、国道36号線を走行中のバスの運転手が石北峠から1.5㎞上川町よりのチェーン装着場の北側(標高923m）で母子羆が鹿を襲うのを発見、乗客がビデオに録画した。そのビデオと5日後の私の現場調査の結果、まず、年齢8カ月齢の子羆が鹿を捕まえようとしたが、果たさず鹿から離れ姿を消し、鹿が作業道を登り斜面の中ほどまで行ったところ、斜面の上方にいた母羆が鹿に襲いかかり、鹿の頸部をくわえ斜面の上へ運び去ろうとしたが果たせず、その場に鹿をおいて、鹿が動くと再び鹿を襲い、両手で鹿を押さえ込んで頸部を咥え瞬間的に数回振り回す攻撃行為を、4回繰り返し、鹿を完全に斃した後、鹿をその場に残し母子羆は斜面上方の林内に姿を消した。

羆は斃した鹿を最終的に約90m移動し、己の好む環境地に引きずり込んで上部頭蓋と環椎を除き総て食いつくしていた。母羆の鹿への執拗な攻撃と､鹿を斜面上部の己の好む環境地に移動させようとした様子からみて、母羆は鹿を攻撃し始めた時点で、鹿を己の食料と見なしたことは明らかである。私は現場調査を為、残骸の頭部を持ち帰った。

羆は家畜や人、共食いで羆を食べる場合、体幹部や四肢の近位部（心臓に近い部位）を先に食べ､頭部や四肢の遠位部を最後に食べるのが通性で、今回もその特性を示していた。襲われた鹿は歯の年輪から19歳の雌で、4肢の運動機能も含めて健常体であった。

②1992年（平成4）4月17日、朝日町在住の猟師下間山一美さん（1948年～）ほか2名は、羆の動きを調べに朝日町於鬼頭川に入り、上流約5㎞地

点の右岸に流下する小沢を約200m入った南斜面の雪上に、羆と鹿の入り乱れたおびただしい足跡を見つけた。付近を探した結果、雪上に鹿を30mほど引きずった跡とともに、その下方の倒木下に体が2つ折りの状態で、土や落葉や雪で覆われた角が3分岐した雄鹿の死体を発見した。雪上に残る足跡から、羆が鹿を襲い斃したことは確実であった。10日後の27日にこの現場から約4㎞離れた地点で、21歳（歯の年輪による）頭胴長202㎝の雄羆を射止めたが、足跡の大きさなどからこの羆が襲ったものだという。私が現場を調査したのは6月であったが、やはり現場には鹿の頭部だけが残っていた。

＜蟻＞

蟻は羆が最も好み頻食する昆虫である。**現在北海道で確認されている蟻の種類は20種程であるが、私の調査でも羆はこの内の8種類ムネアカオオアリ *Camponotus obscuripes*・アカヤマアリ *Formica sanguinea*・エゾアカヤマアリ *F.yessensis*・クロヤマアリ *F.fusca*・トビイロケアリ *Lasius niger*・キイロケアリ *L.flavus*・アメイロケアリ *L.umbratus*・クロクサアリ *L.fuliginosus* を確実に食べている。羆は蟻の身体にある蟻酸の酢味を好むようである。ところで他の熊類も蟻を食べる。**

蟻は低平地から高山の山岳地まで森林・草地・砂礫地など色々な環境に棲んでいるので羆も採食しやすい。蟻は朽木や土中や草地や林地の石の下などに集団営巣していて、羆が巣を暴くと蟻は蛹や幼虫とともに湧き出て来る。羆はこれを吸い舐り食う。知床のルシャ川とテッパンベツ川河口部一帯でも、雪が無い6月から10月迄の間、平坦地の草地に点在する石を、羆が捲り、石下の蟻（蛹や幼虫も）を採食している。6月から4カ月令の子羆も母を見習い、小形の石を捲り蟻を食べる。朽木の巣を暴いて蟻を食べた場合は朽木の屑を、土中の巣を暴いた場合は土や巣材の針葉樹の落葉などが羆の胃に蟻と共に入っていることが多い。羆の胃に蟻の蛹や土がなく成虫だけが入っているような場合は羆が己の手足に登ってきた蟻や行進中の蟻だけを吸い食ったものである。蟻の外骨格は俗に言うキチン質で羆はこれを消化できず糞として排泄するので、蟻を食べた糞には蟻の殻が入っているのですぐに解る。

1960年（昭和35）8月中旬、私は新冠川から日高山脈のイドンナップ岳

に登り、どこが本峰か分からぬ広い稜線を這松漕ぎしていて、**足下に蟻が沢山混じった羆の豪快な糞を発見した。2等三角点のある頂上にやっと辿り着くと、至る所に蟻が徘徊していた。イドンナップの語義がアイヌ語で「蟻」を意味し、しかもこの山は下から眺めると丁度蟻塚のように見えることを思い出し、羆がここで蟻を食べていることと合わせ、自然の神秘さ**を感じた。

＜養蜂＞

羆はまた蜂を好む。羆は蜂蜜が大好物である。養蜂家の蜂箱が羆の行動圏に設置されることもあって、蜂箱の被害は、太陽光電源による電気柵が普及する数年前（2010年頃まで）まで多発していた。**蜂の毒針は人にとっては極めて強烈で、刺されたりすると熱感を伴った疼痛で時に死亡することさえある**が、羆にとってはどうであろうか。十勝管内上士幌町の亀の子温泉の主人、菅野利光さんの話では、檻罠に蜂箱を入れて、羆を誘き寄せたところ、掛かった羆が蜂の襲撃に合い、両手で顔を引っ掻きながら騒いでいたと言う。やはり**羆も毒針の猛攻には耐え難いらしい。羆が蜂箱を暴くのは大抵気温が低下して蜂の活動が鈍る夜であるが、それは羆が蜂箱を暴こうとして日夜幾度となく蜂箱に近づき、気温が低下した夜にたまたま蜂の猛攻がないために暴くだけの話である。**羆が食べるのは養蜂の蜜蜂だけではなく、野生のクロスズメバチ（ジバチ）類などの土中の巣を掘り出したり、草や小枝についたトガリフタモンアシナガバチなどの巣を探して食べることもある。しかし、蟻に比べると野生の蜂を食べる頻度は少ない。

＜甲虫類の幼虫＞

羆は甲虫類の幼虫も稀に食べる。本種は**コガネムシ類 Scarabaeidae の幼虫が好きで、腐枯木ばかりではなく、採草地の土中に発生した幼虫を採食するために、草を根ごと掘ったり、ロール状に大規模に巻き起こすことがある。**2002年7月上旬に占冠村の数haある草地で私は確認した。爪痕を探し出し羆がした事を確認した。

＜トビケラ、ザリガニ、ヨコエビ＞

大雪山の高原沼では羆がトビケラ Asynarchu samurensis の幼虫を漁

り食うことも私の友人の小田島護さんが、大雪山の高原沼での調査で解っている。また、羆はザリガニを好んで食べるが、**最近はザリガニが全道的に少なくなったために獲殺した羆の胃や山野の糞を調べてもザリガニが入っていることは極めて稀となった**。少なくとも昭和40年代（1970年代）まではザリガニが全道的にまだ多く居たので、羆もこれを頻く食べていた。**羆は沢に続く湿った雨裂を暴いたり、沢の中の石をひっくり返してザリガニを探し出して食べる**のである。

また、**知床ルシャ地域での羆の共同研究者の稗田俊一さん（1948～）から教えられたのだが、海岸の潮際の石下に棲んでいる、身体を横にして泳ぐヨコエビ類 Gammarus を、羆は石をずらして、これをも捕食していた**。さらに、海岸には海藻や海棲動物の死体が時に打ち上げられ、これも羆の食料資源となっており、羆が当該地で海藻 algae やアザラシ P.largha の死体を食しているのも実見した。

＜共喰＞

羆は共喰をする。次にその例を上げる。

①原因は不明であるが、闘争し殺した相手を喰った例である。

昭和53年（1978）11月17日に瀬棚郡北檜山町在住の佐藤保雄さん（1927～2011年）と新家子幸夫さん（1947年～）から羆が共喰しているので見に来ないかとの電話があった。それによると14日に羆猟に出掛けた**佐藤さんらは北檜山町管内国有林の金ケ沢の9.2㎞程上流の川原で身体の大半を流木や土砂で覆われ腹部を食われた羆の死体を発見した**と言う。出血状況から羆同志の闘争共喰であることを確信し、再び羆が食いに現れる可能性があるのでその日から張り込んだ結果、同日の**晩の10時頃から夜中の2時過ぎまで、1頭の羆（成獣）が出現し、羆の残骸を時々唸りながら食っていた**と言う。15日の夜にも食いに現れ、夜明け前には姿を消し、**16日夜には死体の残骸を傾斜約30度ある雨裂の中を高みに30m程引きずり上げ、熊笹の薮の中でなおも食っていた**が、夜間発砲禁止のため加害羆は捕り得ないのだと言う。私（門崎）が現場に行った時には、**共喰された羆の身体は骨盤前端の椎骨部で2つに分断され、全く食われていない部分は、頭顔部と四肢の肘・膝部から先端の部分で、他に残っていたのは骨盤・椎骨・両上腕骨・両大腿骨と肋骨脊椎部の一部であった**。これらの残骸を持ち帰り調べた結果、**食われたのは年齢が年輪から14～17歳と推定される雌であった。右前頭骨に手の爪による脳に達する傷があり、これが致命傷と推定されたが左頚部と左鼻背部にも咬傷による皮下出血があった。襲ったのは足跡から成獣と推定され現場にブナの実の未消化物と多量の羆の毛が混ざった下痢便のような軟便が4カ所にもわたって多量に排泄してあった**。この時期の羆は、未だ冬籠もり前の多食期である故、積極的に食ったものである。

②これは原因は不明であるが、闘争し共喰された例である。

食われたのは9カ月齢の子2頭を伴った母羆の方である。この母子羆は**昭和58年（1983）10月1日頃から朝日町字茂志利オキトの武田一さんの1町歩あるトウモロコシ畑に決まって夕方と明け方に食害に現れていたもので、10月22日の朝、武田さんがこの母獣に発砲し、左手に傷を負わせて獲り逃がしたもの**で、同日、朝日町在住の下間山敏幸さん（1950年～）と浜田義幸さんが追跡して、700m程離れた町有林内で、直径45㎝程のトドマツに10m程登り逃げた子羆1頭を発見、下間山さんがこれを射止めたが、母子2頭は逃げてしまい、以来下間山さんが追跡していたものであった。10月25日朝6時半頃、下間山さんは単独で、於鬼頭川河口の北0.5㎞地点で、岩尾内湖に注ぐ小沢の入口で、15㎝程積もった雪上に子羆の足跡を発見、これを0.8㎞程辿った地点で、水枯れた沢中の雪上に斃れて左腹部が咬み破かれ、横隔膜を含む腹部筋を食われた母羆を発見した。母羆の直ぐ側には大羆が臥した跡があって、臥しながら食っていたものである。**私（門崎）が調べた結果母羆の前頭骨には脳には達していないが8カ所手の爪と牙による骨を貫通する創があり、骨盤の左腸骨翼も食われていた**。闘争跡は積雪のため不明であったが血痕から生存中に襲われ斃されたことは確実であった。腹腔に泥と落葉が少量入っていたが、これは加害羆が斃した羆に土砂を寄せて覆い隠そうとした時に入ったものである。母羆が斃れていた場所は、武田さんのトウモロコシ畑から直線で1㎞程離れた地点であった。食われた母羆の年齢は年輪から5歳9ケ月齢であった。なお、加害羆と子羆1頭は下間山さんらが追跡したがついに獲り得なかったと言う。

③これは中標津町管内の養老牛温泉付近の国有林で共喰されたもので、この情報は酪農学園大学から北海道開拓記念館の私の研究室に来て、キツネの食性について研究していた飯塚淳市さん（1955年生）からのもので、

後日私は現地に行き調査した。その結果、**原因は餌としての鹿の取り合いから闘争し殺されたものである。昭和60年（1985）4月15日に羆が出没しているとの知らせを受けた岡部一男・岡部誠一・渡辺登さんらは養老牛温泉手前約1.5㎞地点で1頭の羆を発見し追跡**したが、悪天候のために見失い、以後4月25日まで3度捜索に出動したが、やはり悪天候のためにこれを発見しえなかった。しかし、**25日午後零時半頃、温泉からホロベル川上流に約1㎞の地点で1頭の羆がうずくまっているのを発見し、これを射止めた。手足の大きさから4月15日に発見し見失った羆と同一と判断した**。ところで、**この羆の居た場所を調べた結果、4m四方にわたって、雪や笹が踏みつけられ、血痕があった。そして、その端に雄鹿1頭の頭と右足が放置され、そのすぐ側の笹藪の中に1頭の羆の死骸が発見された。死骸は胸腹部が殆ど欠損しており状況から羆に食われたことは明白であった。また、羆の死骸には咬み切った笹が被せてあり、これによって加害羆が殺した羆の死体を餌と見なしていたことは明確であった**。付近には鹿の毛や骨の混じった糞があちこちに排泄され加害羆がその場に長期間逗留し鹿や斃した羆を漁食していたことを示していた。私が歯の年輪を調べた結果、**加害羆は6歳2カ月齢の雄で、殺された方は2歳2カ月齢の雄であった**。

＜作物家畜の食害＞

羆は雑食性でしかもその食域が極めて広く、天然の物で植物性の食物は草類から樹の実、動物性の食物は昆虫類から獣類に至るまで及んでいる。したがって人が導入した牛・馬・羊・山羊・豚・鶏から蜜蜂に至る家畜や開拓期には栽培したソバ・エンバク・イナキビ、開拓が軌道に乗ってからは、米からトウモロコシ・ビート・スイカ・アジウリ・さらにはニンジン・バレイショ・トマト・カボチャや豆類に至る農作物やブドウ・ナシ・リンゴ・スモモ等の果樹の他、牛乳や人が加工したスルメや魚粕や漬物、さらに明治時代には墓地を暴いて死体までも食害したことがある。しかし羆をこのような行為にまで追込んだ根本原因は「北海道の開発」と言う至上の目的があったにせよ、自然との調和を無視して、羆の棲場を奪いそこを農牧地等人の生活圏に改変した我々人間であることを忘れてはならない。

<墓を暴く>

羆が鹿や牛馬などを食う場合腐敗して異臭ぷんぷんたる肉でも平気で平らげることは多くの事例からはっきりしているが、人を食う場合も同じである。これらはいづれも明治時代の例であるが、土葬した死体を堀出して食害した例を、「帝国大学（現東大）卒業後、1904年（明治37）札幌農学校（現北大）の動物学助教授となり、1904〜1928年迄教授を勤めた」八田三郎（1865〜1935）さんが、収集した資料から述べる。

現在は死体を火葬にしてしまうが、昔は死体を土葬するのが習慣であった。明治37年（1904）7月には砂川市1号線東4線の共同墓地に羆が現れ、土葬した墓を8個も発掘し、その1つからは死体を引き出し放置してあった。同じ年の9月には滝川市東4丁目の兵村共同墓地と屯田兵第3中隊、第4中隊などの墓地に出た羆は、墳墓を暴くことを実に30ケ所におよび、そのなかで屍を引き出して食ったものが5個もあった。明治38年（1905）の5月から7月にかけて杵臼村幌別の共同墓地に親子3頭の羆が出没、土葬した遺体5人分を発掘して食いつくし、他に2名の屍をほり出した。同じ年の11月には瀬棚町島歌の墓地で新しく埋葬した死体を羆が発掘し腹部を食った。しかしこれらはいづれも羆の行動圏内に墓地を造り、埋葬したために羆は当然それを己の行動圏内にある食物を見て、食したものである。

<馬・牛>

ヒグマに襲われた牛＝昭和44年８月北檜山町字小倉山（北檜山町役場・中川庄司氏撮影）

1781年（天明元）に著された松前広長の「松前志」という北海道風土記には、「羆は猛悍多力にして好んで馬を食い人を咬む」とあり、同じころの「箱館雑誌」には、「函館近在の山野に羆が多く、時々村里までも出て来て、放牧中の馬など奪い去り、農民の害少なからず」とある。明治以来今日まで羆が家畜を襲ったり農作物を食害した例は枚挙にいとまがないが、羆による被害の最も古い全道的な統計は「第2回北海道庁勧業年報」に記載されている明治20年（1887）の統計である。これによると**明治20年には、羆による斃死馬231頭・負傷馬55頭・斃死牛3頭・負傷牛8頭の他死者（人）1名・負傷者2名とある。当時、全道の人口は32万人・馬4万5千頭・牛4百頭であった。以来昭和46年まで、牛馬の被害総数は毎年多い年で530頭（明治43年、1910年）から少ない年で67頭（昭和30年、1955年）の間を推移してきた**が、羆を農牧地を含む人の生活圏から殆ど完全に駆逐した近年は、被害が非常に少なくなった。**明治20年から数えて98年後の昭和59年度（1984年度）の羆による牛馬の被害数は斃死馬2頭と斃死牛1頭だけであるが**、全道の人口は566万人、牛は101万7千頭と飛躍的に増加したし、馬も戦前・戦中と比較すれば大幅に減少したが、それでも2000年時点で6万6百頭飼育されている。牛馬を羆が襲う原因は大半が食う目的であるが、他に不意の遭遇で牛馬とともに羆も驚き羆が先制攻撃することもあり、また戯れで襲うこともある。放牧中の牛馬の首に鈴を付けたのは羆との不意の遭遇で牛馬が襲われるのを予防するためでもあった。

昭和30年代前半（1960年頃迄）までの話だが、馬車や馬に乗っての道中で羆に出会ったりすると普段従順な馬も鼻息荒く目をむき出して興奮し馬方の意志を無視して暴走したり動かなくなったり、また、勝手に己の馬屋に帰ったりもした。また、**自由に放牧中の牛馬は羆の襲撃に対して、馬は羆に対して尻を向け、牛は頭を向けて円陣を作って対抗することもあるが、多くは個々の牛馬がそれぞれ勝手に長円を描くように暴走する。手慣れた羆は牛馬のこの習性を知っていて、止足と言って、追い掛ける振りをして途中で反転し、物陰に潜んだり地面に腹這いになって牛馬の目をくらまし、牛馬が戻って来た所を不意打ちして斃すこともした**。羆が通常使う武器は手であって、この一撃で牛馬の首の骨や骨盤さえも砕けるし、皮さえも大きく引き剥がれるほどである。羆は賢くて半殺しにした牛馬の前足を肩にかけて、後足で歩かせて己の好む場所に運ぶと言われているが、これは瀕死の牛馬が羆に口や手で引っ張られる際に出来る牛馬の足跡から想像された話である。羆は斃した牛馬を己の安心できる場所に引きづり込んで食い、余った死骸に土や落ち葉を掻き寄せたりわざわざ咬み切って来た草をかぶせて覆い隠すが、犬のように穴を掘って埋けると言うことはしない。

羆が襲うのは放牧中の牛馬だけではなく、畜舎に侵入して牛馬を斃すこともあった。北海道開拓記念館に頭胴長2.1mで年齢が9〜10歳と推定される雄羆の剥製があるが、この羆は昭和44年（1969年）9月7日に胆振管内大滝村字清陵の竹原芳久さんの住宅と棟続きの牛舎に戸が開いていた入口から夜侵入し、乳牛1頭を斃し、4頭を傷つけた兵である。昭和57年（1982）10月27日から11月3日にかけて根室管内標津町古多糠の佐藤正一さん宅では、子牛を1時的に収容するナマコ鉄板張りの牛舎が羆に破られ子牛4頭が食害された。

羆の中には面白い習性のものがあって例えば牛を襲ってそれが成功すれば、同じ場所に馬や面羊がいてもそれには全く手を出さず、もっぱら牛ばかりを同じ手口で次々と襲うことがある。そこでこのような羆の特性を昔は「羆が（牛）に憑く」と言う表現をした。

羆は動物性食物を渇望している時であれば､鳥獣類ならば何でも食べる。

鹿や牛馬などを土中に埋める際は穴を深く掘り、**埋葬物の上に石灰をかけ土砂を1.5mはかけないと、羆はこれを感知し掘り出して食べる。埋葬物の上に土砂を1mくらいかけただけでは、土砂が降雨や日時の経過で締まり窪んで臭気が外界にもれて羆に発見される**ことが多い。常設の斃死獣埋葬地の周りは電気棚か有刺鉄線で囲むことである。それでほぼ100％羆の食害は防止し得よう。

＜三峰山のお札＞

家畜の被害は農家や畜産家にとって頭痛の種であった。そこで少しでも被害を予防するために牛馬の首に鈴を付けたり、屋外では羆に牛馬が襲われても自由に逃げられるように繋留せずに自由放牧したり、牧場や畜舎の回りにバラ線（有刺鉄線）を密に張ったりした。

標津町では昭和48年（1973）に肉牛（黒毛和種）の羆による被害を防ぐ

標津町が1973年に設けた牛の避難場所

ために高さ3mのブロック壁で囲んだ、牛300頭を収容し得る面積1952㎡の望楼付きの避難所を設け昭和53年(1978)頃まで使用していた。

胆振管内厚真町字幌内の宮崎正さんと斎藤勝吉さんによると、戦前それぞれ馬を20～30頭飼っていたが、羆に毎年のように2～3頭斃されるので、昭和15年頃先々代の宮崎徳蔵さんと斎藤銀作さんは羆の被害に会っている他の部落民と共に埼玉県の三峯神社から盗難除けに効があると言うお札を拝領、放牧場が1望し得る丘に高さ1m程の社を造り奉っていたと言う。不思議にもそれ以来馬が羆に襲われることは全くなくなったと言う。

＜人家を窓越しに覗いたりする事がある＞

1985年（昭和60）4月26日に大成町宮野230の川本留吉さん（73歳）宅のベランダのガラス戸の地上約1.2mの所に若羆の泥のついた手形がついていた。これは夜にガラス越しに明かりで見える室内に好奇心から、羆が立ち上がって、ガラス越しに家の中を覗き込んだものである。手痕が地面から1.2m程と言うから、母羆から少し前に自立した若羆であろう。人家のあるところが、己の生活地として使える地所か否か検分に出て来て、人家に立ち寄ったものであろう。その三峯神社のお札は、同町幌内の猟師の島宮芳男さんが同僚の牛崎要一さんと保管していたが、1975年7月に、当時厚真の道有林に羆の痕跡等の調査に現地を頻繁に訪れていた私、門崎個人に寄贈すると言われ、受け取り今に至っている。両氏には複数の羆の冬籠もり穴を案内して戴く等、随分お世話になった思い出が、今も脳裏に鮮明に浮かぶ。

＜1969年以降の羆の人家侵入事件＞

無人の番屋や農家の作業小屋などに羆が侵入し、食物を漁るなどの事はいまだに生じている。私が現場を調査した古いものでは、昭和44年（1969年）9月7日に大滝村字清隆の開拓農家竹原芳久宅の住宅と棟続きの牛舎に羆が侵入し、牛を死傷させた事件以来久しく絶えていた。だが、昭和61年（1986）年に羅臼町と南茅部町で羆による人家侵入事件が発生した。

㊤ヒグマが侵入した鹿又政義さんの住宅
㊦クマ除けに設けた張り網と鳴子

＜羅臼の侵入事件＞

裏山が羆の生息地で、9月8日に裏口に置いていた生ゴミの入った4斗（72ℓ）のプラスチック樽が羆に暴かれて以来、再三羆の出没があるので、鳴子や外灯まで設置して羆を警戒していた鹿又政義宅に、たまたま外灯をつけるための電燈コードを戸の隙間から出すために錠をかけないでいた台所の引戸を羆が爪を使って引き開けて侵入、ゴミ箱を外に引き出して暴いたり、魚の臭気のするレンジを倒したり、冷蔵庫のドアを爪で引き開けて中のものをその場で食ったり、外へ咥え出したり、酒が3合程残っていた1升瓶を倒して飲んだりしたが、鹿又氏の「喉が痛むほどの大声」に侵入から約40分後に羆が退散したと言うものだ。加害羆は、7カ月令の子を2頭連れた母獣で、9月22日に殺獲された。この羆は9月8日から殺獲される9月22日までの間に、10数軒のゴミ箱を暴き、鹿又宅を含めて3軒の窓ガラスを割っており、その出没時間も午後11時頃から午前1時半頃までと決まっていた。

＜南茅部の事件＞

町の企画係長小林元昭氏によると、やはり付近が羆の生息地となっている佐藤貞男宅に10月11日午後11時半頃、玄関前に羆が立ちはだかり、ドアと柱の隙間に爪を差し込んで、ドアを手前に引き倒し、戸口に置いていた犬の餌の入った鍋を外に引き出し食い始めたので、佐藤さんは羆を音響で威して追い払うべく、ステレオを大音量にした結果、侵入を図ってから約10分後に羆が退散したと言う事件だ。

この羆は小林さんによると足跡の最大幅が18.5㎝と言うから雄の成獣だが、殺獲されていない。この羆も11月7日頃から佐藤宅から直線距離で約50ｍしか離れていない斉藤清治宅の畑でカボチャや豆を食害していたと言う。

このように、人家に侵入を謀る羆は、必ずその前に人家付近に出没するなどの前兆行動がある。だから、これを早く察知して、家の周囲を一時的に電気柵を張ることが肝要だ。

さて、このように羆が食物を求めて人家にまで侵入を企てる原因だが、これは山野での食物不足と言うよりもむしろ羆本来の食生態が原因である。羆は通常自然物を餌としているが、雑食で極めて食域が広いがために、時に人の食物に強く執着することがある。この所作は羆の特性で、自然界にいくら食物が豊富でも時に羆はこのような行動に出るものだ。そして、化け物にでも憑かれたように臭覚を主体とした全身の機能を最大限に働かせて目的物の獲得を図る。羆が人目当てではなく、人の食物を狙って家屋に侵入を企てる時、入る前に人の有無を非常に警戒する。今回も両家で台所のガラスが割られたが、これは羆が人を警戒してガラス越しに中を物色した際に体重がかかったためだ。そして、人がいないことを確認すると、ガラスが割れようと、物が倒れようと、俄然辺りかまわず大胆に全身で目的を遂行する。そんな最中に人が来て、脅しても羆は退散しない。

ヒグマが侵入しようとした佐藤貞男さんの家（南茅部町役場・小林元昭さん撮影）

佐藤宅付近に残っていた侵入グマの右足跡

＜病気・事故死＞

これは食性とは直接関係ないが、羆の死亡原因は人為的な狩猟や駆除による殺獲だけではなく前項に述べ**た羆同士の闘争による死亡**の他、**病死や事故死もある**のでその例を述べよう。これは**病死の例だが昭和59年(1984) 9月11日に熊石町役場の藤谷清記さんから電話があって、前日の10日に熊石町見日の沿岸でコンブを拾っていた平沢善代晴さん（80歳）が沿岸に打ち上げられている羆の死体を発見したので、研究資料としていらないかとの連絡を受けた**。さっそく現地におもむき受領して来て**解剖して調べた結果、この羆は年齢2歳7カ月の雄で、気管分岐部に径10㎝に5㎝の紡錘状の巨大腫瘍があって、肺全体にも腫瘍が密発していた。そして頭骨と多数の肋骨に骨折があった。これは見市川の岸辺で病死したものが、増水で海岸まで流下し海岸に打ち上げられたもので、骨折は流下中に岩にぶっかって生じたもの**と推定された。

自動車や汽車に羆が衝突死した例は多数あるが、例を一つ上げる。昭和60年6月28日の朝、遠軽営林署の土木係、野平賢治さんがダンプカー(7人乗、3.7トン）に同僚一人を乗せて運転し、遠軽の伊奈牛林道285林班を経由して、121林班の岩の下林道に向かう途中の午前8時10分頃。122林班の金白林道の頂上から社名渕寄り、約300m地点の林道上で、左側から1頭の羆が急に飛び出して来たので避ける間もなく、この羆をバンパーの左側部で撥ね、さらに左後輪で轢いてしまった。この羆は2歳5カ月齢の雌グマで胸腹部の臓器破裂により即死であった。車や汽車に跳ねられる羆は若羆か母羆であることが多いが、時には成羆の場合もある。若羆は動く物に突然飛びかかったり、あるいは道路や鉄道線路で遊んでいて急に進行して来る車に驚き、鉄路や道路伝いに逃げたり、急に立ち止まったりする事があるので跳ねられるのである。**鉄道線路の高さは地面から15㎝ほどあり、四つん這いで移動する羆の目線で見ると、身体の両側を柵で挟まれそこから出られない感じがするようで、ただただ前方に向かって走るので、これが汽車に跳ねられる要因であるらしい**。これに対し、子を連れた母羆は子を保護するために動く車に対し先制攻撃的に車の前に立ちはだかり、攻撃する事があるので跳ねられるのである。

次に自然下での事故死の例を述べよう。**犬飼哲夫先生の話だが、昭和6年（1931）8月大雪山に調査に行った際、御鉢平の旧噴火口の有毒温泉の**

付近に5歳くらいの羆が一頭斃れているのを見たと言う。これは多分採食か移動のために旧噴に下り、風上の有毒温泉から流れ出る硫化水素などの有毒ガスを吸い中毒死したものであろう。

また落石に当たり死ぬこともある。その例を上げると、大雪山で羆の調査をしていた小田島護さんが、昭和55年（1980）以来その生態を観察しているＫ子と言う羆の1歳6カ月齢の2頭の子グマの内の1頭が、高根ケ原の東斜面の岩場の下で死亡しているのを昭和61年（1986）8月17日に小田島さんとその助手の八木洋子さんが発見した。小田島さんによると死因は身体に落石が当たったためだと言う。**私は9月23日、小田島さんに誘われて子グマが死亡していると言う現場に行ってみた。ところが、子グマの死体は母グマのＫ子ともう一頭の子グマとで食べてしまい、骨の断片が六個残っていただけであった**。このような共喰は残酷な感じもするが、**土に返すよりは野生に生きる羆達にとっては合理的な処置と言うべきであろう**。

第10章　羆の足跡・爪痕・糞

＜手足跡と歩調＞

人以外の動物の場合は、「手と足（テアシ）」を含めて広義に「足（アシ）」と称し、「手跡（テアト）と足跡（アシアト）」を含めて「足跡」と言う。

①**羆の指趾数は5指5趾**である。**手足とも第1指趾（オヤユビ）が最短**である。

②5指5趾とも「熊手（クマデ）」の原型となった鉤爪があり、その爪を使って子熊や若熊は木登りが得意であり、**手の爪は熊の最強の武器である。通常手の爪は足の爪の約1.5〜2倍の長さがある**。

③**手足とその跡の外形は人の手足に似ている**。ただし、**手足とも第1指趾（オヤユビ）が最短**である。

④足跡は人が足の全面を着地した時の、手跡は人がつま先で着地した時の足形に似ている。

⑤**指趾5本とも爪とも基本的に着地するが、第1指趾が着地しないこともある**。また、指趾先を浮かせて歩行することがあり、その場合は爪痕が付かない。

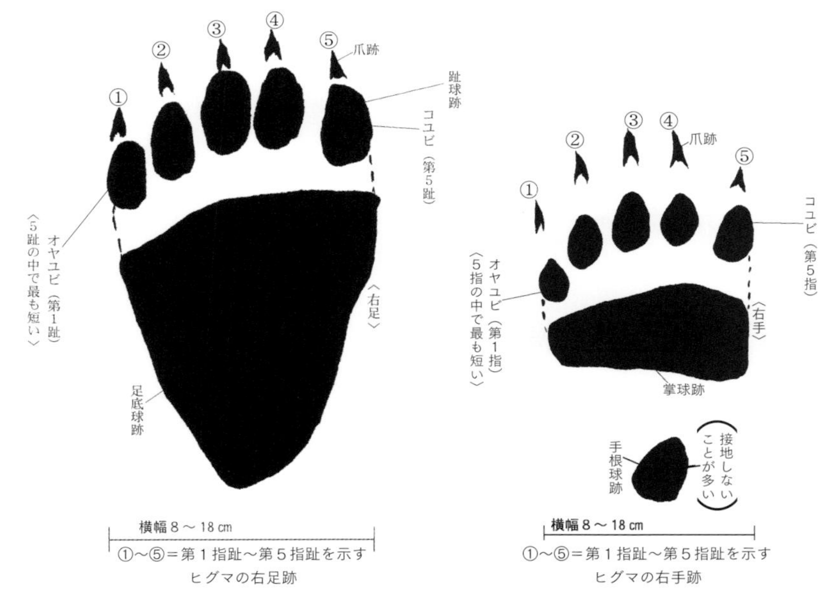

ヒグマの右足跡　　ヒグマの右手跡

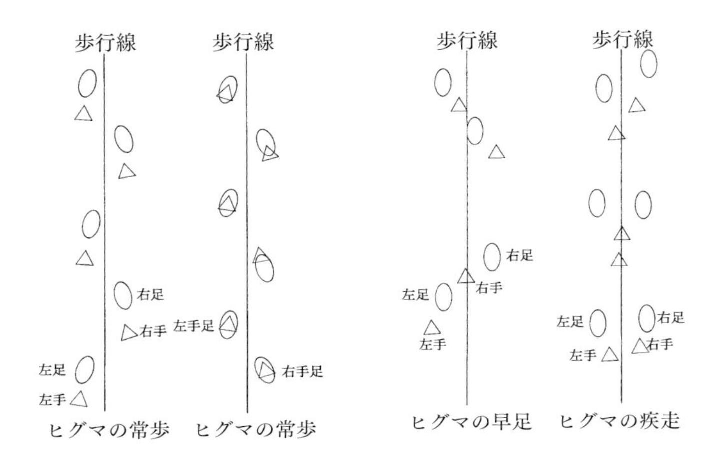

ヒグマの常歩　ヒグマの常歩　ヒグマの早足　ヒグマの疾走

⑥足は通常踵まで着地する蹠(セキ)行型だが、手は前半部だけが着地する半蹠行型と手根部まで着地する蹠(セキ)行型の2型がある。
⑦**歩調は基本的に常歩と跳躍歩調である**。並足(ナミアシ)だけが常歩(ジョウホ)で、早足と疾走は跳躍歩調である。

＜羆の歩行速度＞

北海道東北部の知床半島部北側のルシャ川河口部西側の海岸平坦部で、実視調査の知見であるが。**羆の成獣（3、4歳以上の常歩（早くも遅くもない歩き）は約5.5㎞ /hr 程である**。

＜手足跡の左右の決め方＞

①**最短指趾である第1指趾(オヤユビ)から決める方法**
<1> 指趾各5本を確認する。
<2>**5本で最短なのは第1指趾(オヤユビ)である**。
<3> それが確認し得れば手足の左右は分かる。
②**歩行線から決める方法**
<1> 一連の手足跡の間を連ねて歩行線を引く。
<2> 歩行線によって手足跡は左右に分けられる。
<3> 歩行線の右側にあるのが右の手足跡、左側にあるのが左の手足跡である。

③第2指趾（ヒトサシユビ）から決める方法

<1> 第1指趾と第5指趾を除く中3本の「ゆび」の内、最短が第2指趾である。
<2> そこで、この第2指趾が特定できれば、その外側の短小な指趾が第1指趾であるから、それで左右を決めることができる。
<3> この方法は第1指趾や第5指趾が判別できない時に、手足の左右を決めるのに非常に有効である。

＜常歩（ジョウホ）＞

①**羆の常歩は歩度的に並足で、斜対運歩での歩行である**。
②**内側気味（内股）に四肢が逐次離地し、その離れた順序に従って着地する**歩調で、常に2肢か3肢が着地しており、最も安定した疲労が少ない歩調である。
③例えば、右（左）前肢・左（右）後肢・左（右）前肢・右（左）後肢の順に運歩する。
④したがって、1完歩は8歩期から成り、3肢負重期と2肢負重期が交互に4回反復する「計8歩期」。1完歩の移動距離「歩幅」は2歩である。
⑤この歩調は同側の手足が重なるのが普通であるが、短縮前進では足は手に達せず、伸長前進では足が手跡を越えて着地する。そして、前進する速度によって、手跡と足跡の間隔が異なる。速度が速いほど、同側の手と足の着地間隔が離れる。
⑥左右の手足跡は歩行線を挟んで左右に分かれて付く。
⑦常歩での手足の**開脚外側間幅**を例示すると、手足底の**最大横幅が15～16㎝の雄で、僅かに抜かる堅雪の状態で、35～50㎝**であった。

＜軽く跳ねての跳躍歩調＞

①体を少し斜めにしながら軽く跳ねての跳躍歩調で、一回の跳躍による4個の手足跡が歩行線に対し斜めにほぼ一線に足・手・足・手と並んで付く。
②同側の手足の着地位置は手の前に足が着地する。
③手足の着地順位はまず手が着地し、次に足が着地する。片手が両足の間にはいり、他方の手がその後方の足の外側後方に着地する歩調である。

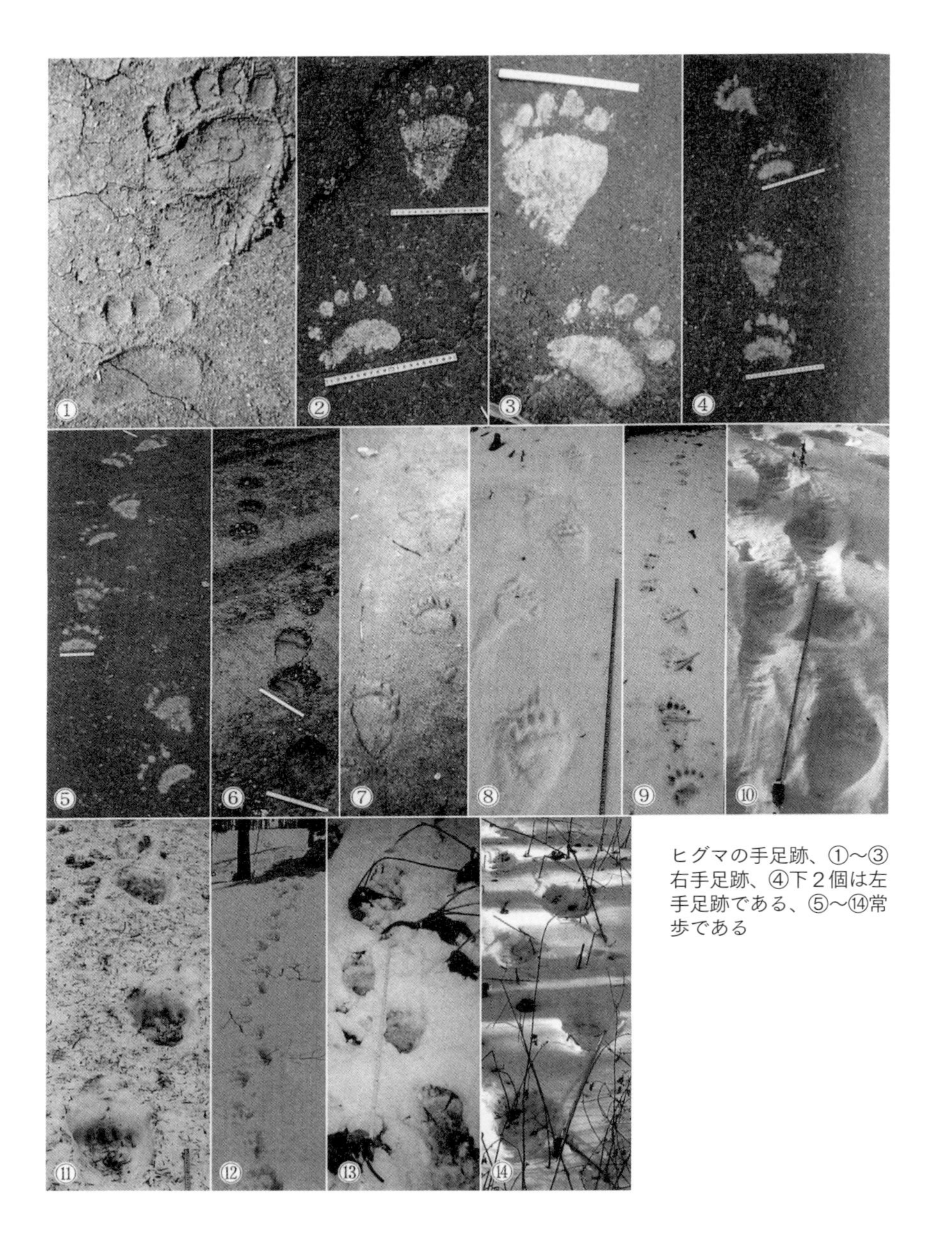

ヒグマの手足跡、①〜③右手足跡、④下２個は左手足跡である、⑤〜⑭常歩である

トドマツ樹面のヒグマの爪痕、①〜⑤新しい爪痕（多分３ヵ月以内）、⑥多分１年前の爪痕、⑦と⑧多分２年前の爪痕

ヒグマがキハダの樹皮の甘皮を食べた痕跡

＜疾走の跳躍歩調＞

①跳躍歩調での疾走の手足跡の付きかたは基本的にウサギの早足や疾走時の跳躍歩調の手足跡に似る。
②同側の足跡は同側の手跡の前方に付く。
③足は歩行線を挟んで左右に開きしかも前後にずれて着地し、手はその後方の歩行線にのるか沿う状態で跡が付く。足が左右で前後にずれる原因は、熊が身体を歩行線に対し、少し斜めにして前進するためである。
④前進速度が速くなると、手も左右に分かれて着地する。
⑤手足の着地順序はまず手が着地し、それから足が手の着地した位置よりも前方部に着地する。
⑥前進する速度が速いほど、手跡と足跡の間隔が離れる。
⑦この歩調は手足の着地位置が異なるから、手足の区別はもとより、手足跡の中間に歩行線を引くことで、左右いずれの手足跡かも同定できる。

＜指趾を除いた手足底部の最大横幅と年齢・性別＞

①手足やその跡の手足底部の最大横幅が9㎝以下は、1歳未満の新生子である。
②手足やその跡の手足底部の最大横幅が9.5㎝以上は、満1歳以上である。

＜雌雄の手足の大きさの違い＞

①北海道産羆の満1歳以上の、<1> 雄の手足やその跡の手足底部の最大横幅は、9.5～18㎝である。<2> そして雌は9.5～14.5㎝である。<3> したがって、**手足やその跡の手足底部の最大横幅が15㎝以上は雄と断定**して間違いない。
②体の大きさ「頭胴長」と手足の手足底部の大きさは必ずしも比例しない。

＜樹木に見られる羆の痕跡＞

爪痕・囓り痕・囓り折った痕・引っ張って幹や枝を寄せた痕や折った痕、等がある。

＜爪痕＞

羆は樹（木）登りが好きで得意である。年齢が3カ月令頃になると、倒木や樹に爪を掛けて伸びついたり、登り上がったりし、その後成長につれて、遊び・休息・採食・逃避などで樹に登る様になる。樹木に登り降りする場合、常に頭を上方向に向け、尻を地面方向に向けて登り降りする。高齢個体も樹の実等の採食のために樹に登る。樹木の直径が細い樹でも手足の5本ある爪のうち少なくとも3本の爪が同時に引っ掛かる直径の樹であれば枝がなくてもよじ登る。樹から降りる時は尻を下にずり降りてきて、途中から地面に飛び降りることをよくする。山野を歩いているとトドマツに羆の爪跡が特に目立つが、これはトドマツの樹皮についた傷は長く残存するというトドマツ樹皮の特異性によるものだが、羆はトドマツの脂（ヤニ）が好きである。

①羆は5指5趾で、樹に背伸びしたり、登ったりするので、樹皮に爪痕が付く。
②爪痕は錐（キリ）で樹皮の表面を突いたり、上から下方に引っ掻いたような痕になる。
③短い爪痕は背伸びをして樹に爪を立てたり、樹に登り降りする際に力点として踏ん張った爪痕である。
④そして、長い爪痕は、樹に登っている時に手足をすべらした時や樹から降りるときにできた痕である。
⑤羆の手と足の爪痕は、平行痕として、樹皮や冬ごもり穴の土面に、3～5本平行して付くことが多い。とりわけ、第2～第4指趾の3本の爪痕が付くことが多い。これはこの3本の指趾が第1と第5指趾よりも長いためである。
⑥爪痕の間隔は、子熊の1.5㎝程のものから、成獣の5～6㎝のものまでいろいろである。
⑦樹皮の熊の爪痕は、鹿の角先を研いだ痕との鑑別が必要である

＜羆の爪痕と鹿の角痕の区別＞

①羆の爪痕は熊が樹に登った時の手足の力点痕、または樹から降りる時に手足を上方から下方に向かって移動させた時につくので、ささくれは爪痕の下端にできる。
②これに対し、鹿の角痕は主に角を下方から上方に動かした時に傷がつく

ので、ささくれが上端にできることが多く、この違いで熊の爪痕か鹿の角痕かが鑑別できる。

＜クマゲラ D.martius 嘴痕と爪痕角痕の鑑別＞

①クマゲラが嘴で樹皮を突(ツツ)き、樹皮に幅4～6㎜の筋状の傷を幾筋も平行につけたり樹皮を剥いだりすることがあり、これがあたかも、熊の爪痕や鹿の角痕と見られることがある。
②クマゲラの嘴痕は幅4～6㎜の平ノミで削ったような鈍痕だが、熊の爪痕と鹿の角痕は錐(キリ)で引っ掻いたような鋭利痕であり、この違いで鑑別できる。

＜糞＞

①糞の存在は野生動物の実態を調査する情報の一つとして重要である。それは主として糞の形状から排泄した種が特定できる場合が相当あり、また糞の内容物から採食物が分かり、それによって排泄種の食生態と共に、その多様な生態が推察できるからである。

＜羆の糞＞

①本種の糞は生態的に <1> 非越冬期に排泄される「通常の糞」と <2> 越冬中に直腸下部に形成される、いわゆる「留糞(トメフン)」の2種類に分けられる。
②そして、「通常の糞」は生理形態的に、形を成さない「下痢状糞」と形のある「定型糞」に2大別され、さらに「定型糞」はその形状により幾つかに分けられる。

＜留糞(トメフン)＞

①冬籠(フユゴ)もり中の羆の直腸には、俗に留糞（止糞）と言って、穴に入る前に食べた食物や、穴の中で食べた敷藁や土などが貯まっていることがある。
②これは石のように固いものではなく、指で圧すると容易に圧痕がつく硬さである。
③この留糞というのは食べた物が長時間腸に滞留している間に水分の吸収が進み、比較的硬い糞となって肛門近くに貯留したものである。
④しかし、新生子を育てている母熊は子の糞尿を飲み込むから、他の羆の

ヒグマの排糞と糞、①大雪山で、②留糞、③ヤナギの花穂を食べた糞、④ザゼンソウが混じった糞、⑤下痢便、⑥鮭を食べた糞（斜里知床）、⑦休息場での糞

ような硬い留糞はできない。
⑤この留糞は冬ごもり穴の中に排泄されたり、春の穴出後に穴の近くで排泄されたり、徘徊中に排泄される。

＜通常の糞＞

①「通常の糞」は生理形態的に、形を成さない「下痢状糞」と形のある「定型糞」に2大別され、さらに「定型糞」はその形状により幾つかに分けられる。
②下痢状糞は水分を多く含んだ便で、地面に平板状に排泄される。
③定型糞とは一定の形を成した糞を言い、<1> 糞全体が一塊（ヒトカタマリ）になったもの。これには一塊の盛り上がった糞、盛り上がることなく一塊に排泄された糞とがある。
④この他定型糞には、<2> 細長いソーセージ形のものから、<3> 太くて短い馬糞状のものまである。
⑤一度に排泄された糞でも部位で太さ・長さが異なり、捻れた形の糞もある。
⑥糞の直径も、冬籠り穴を出て日があさい新生子の、直径1㎝程のものから、成獣の直径が6〜7㎝程もあるものまでいろいろある。
⑦一度に排泄される糞の量も、排泄者の消化生理状態によって多様である。
⑧最多の場合でも重さは2Kg 程である。
⑨糞の色と臭気は食物の種類と密接な関係があって、多くの場合糞はその食物に固有な色と臭気がある。
⑩植物食時の糞は色調も上品で臭いも香気がある。しかし、肉食時の糞は異臭ふんぷんで不快そのものの臭いがする。
⑪糞に <1> アリ類 Formicidae、<2> ドングリ類 Quercus の砕けた果皮、<3> クルミ J.ailanthifolia の砕けた殻が入っていれば、まず羆の糞である。
⑫骨を多食し消化した糞は、排泄後日時があまり経過していない糞は黄褐色泥状で、日時が経過すると白泥化する。

＜糞の排泄場所＞

①いろいろな所で排糞する。
②石や岩の上・丸太や木の上、雪「残雪」の上、道の路面など目立つ所に

もする。
③冬籠(フユゴ)もり穴の中に糞尿が排泄されていることも珍しくない。
④だが、糞尿の排泄は入口などの隅にされていて、寝所は常に清潔に保たれている。
⑤羆も稀に溜糞といって、前にした糞の上や直ぐ側に幾度も排糞することがある。
⑥また、気に入った場所に逗留しているような場合には、糞尿する場所「糞場」を決めていて、そこでもっぱら排糞したり、辺りかまわずそこら中に排泄することもある。

＜糞尿する時の姿勢＞

①歩行しつつ糞尿を排泄することも珍しくない。
②糞が点々と落ちている場合には歩きながら排泄した糞である。
③立ちどまって排泄する場合でも股を少しひろげたり、頭を少し下げて踏ん張ったりするが、全体の姿勢は歩行時そのままの姿勢である。

＜特殊な糞＞

①ザゼンソウ類 Symplocarpus を食べた糞
<1> 羆はザゼンソウ類（ザゼンソウ S.renifolius とヒメザゼンソウ S.nipponicus）を年中好食する。
<2> その糞の臭いはピリッとした独特の辛(カラ)みがある香りがする。
②オオブキ P.japonicus を食べた糞
<1> 羆は6月から8月にかけて、オオブキの葉柄を好食する。
<2> その新鮮な糞は色が濃い緑色を呈し、臭いは甘酸っぱい蕗(フキ)固有の香りがする。
③ヤナギ類 Salix の花を食べた糞
<1> 熊は稀に4月5月に、柳類の樹の枝を折ってその花を多食し、その不消化物を含んだ糞をする。
④クルミ J.ailanthifolia・ドングリ類 Quercus・ブナ F.crenata・ハイマツ P.pumila の実を食べた糞
<1> 砕けた果皮や砕けた殻が糞に混じって排泄される。
<2> 羆はドングリ類が豊作の年は翌年春にも好食し、その糞の色は紫色

を呈する。
<3> 熊に似た糞をする獣で、クルミの実を食べる獣はいない。
<4> ドングリ類とブナの実を食べる獣に鹿が、ハイマツの実を食べる獣に狐 V.vulpes とシマリスがいるが、糞の形状が全く異なるので間違うことはない。
⑤ヤマブドウ V.coignetiae・コクワ A.arguta・マタタビ類 Actinidia・サクラ類 Prunus・タカネナナカマド S.sambucifolia・ウラジロナナカマド S.matsumurana の実を食べた糞
<1> 羆は時季に応じて好食し、不消化の種や外皮や未消化の潰れた実を含んだ糞をする。
<2> 他の多くの獣「イヌ科、イタチ科、アライグマ」も好食し、未消化物を糞として排泄するが、糞の形状と臭いの違いで羆であるか否かはほぼ鑑別できる。
<3> 特にキツネ、タヌキ、アライグマは溜糞し、量が多い場合は羆の糞と見間違うが、個々の形状と臭いの違いで羆であるか否かはほぼ鑑別できる。

ヒグマの糞、①ヤマブドウとマタタビ主体の糞、②春に主にドングリを食べた糞、③主に高山性草類を食べた糞、④主に骨を食べた古い糞

ヒグマが歩きながら排泄した糞、①大雪山　ルベシナイ林道、②日高山系トッタベツ岳Bカール

第11章　羆の冬籠もりとその生態

＜冬籠もりとは＞

羆が食い貯めして冬季間ほとんど絶食状態で穴に籠もって過ごすことを「羆の冬籠り」と言う。これは羆が長い進化の過程で獲得した特性で、本能的行動にまでなっている。**羆が冬籠りに入るのは積雪を伴った寒冷な気候と山野での餌不足が主な原因で、この時期までに食いだめをし、身体の皮下や臓器間や臓器に脂肪として蓄えており、冬籠り中は食べ物を取らずとも飢えることはないし、困窮の生活でもなく、悠々自適の休養期と言えよう。**現棲羆で冬籠りするのは羆・月輪羆・アメリカ黒羆と妊娠した北極羆だけで、いづれも雪積もる寒冷地に棲む羆である。北極羆が妊娠した雌しか冬籠りしないのは、この種が新生子の育子行為を除いては、極寒下の外界での生活に適応した種として、そもそも進化して来たからである。個々の羆の冬籠もり期間はその羆の棲む土地の気象状態とその羆の生理的状況によって異なり、一般的に、積雪を伴った寒冷期の長い土地ほど、また新生子を育てている羆ほどその期間は長い。**「冬眠」と言う語が流通しているが、羆は体温の低下が少なく、少しの刺激で覚醒する睡眠状態で穴に居るから「冬籠り」と言うのが正しい**（岩波生物学辞典第3版）。

＜冬籠りに入る時季＞

さて、本道の羆が冬籠りに入る時季は、気象状態が平年ならば、**早い個体で、11月20日頃である。その前に入ることはまずない。多くは12月初旬から12月20日前後（冬至頃）の間に冬籠りに入り、遅い場合でも年末には冬籠りに入る**。

＜穴持たず羆＞

冬至以降から翌春の2月末の間に、山野を彷徨いている羆を、昔から俗に「穴持たず」と言って、軒下にさげてあるトウモロコシや稀に人を襲うことがあると言って僻地の住民から怖がられていた。〈穴持たず羆〉の事件として、この時期の羆が恐れられる原因ともなった有名な**道北の苫前の「三毛別の事件は、大正4年（1915）の12月9日から10日に発生した、」**

この羆が人を襲い、被害者の身体の相当な部位を食べたことについて、食い貯めがし得なかった飢えた羆であると書かれているが(犬飼、木村記述)、射止めた羆が痩せていたとの記述がない事から、私(門崎允昭)はこの羆は病的な「食欲亢進症」であったのではないかと見る。また、冬籠もりしている時季なのに、穴に籠もらず出歩いて居た異常な羆との記述があるが(犬飼、木村)、**北海道の羆が冬籠もり穴に入るのは、早いもので11月20日過ぎ、遅い羆は、冬至頃に入るのが通例であるから、この羆を「穴持たずの羆」と規定するのは誤りだと思う**。

＜三毛別の羆事件の顛末＞

苫前管内は1920年頃まで、市街地とその他宅地とその付近の農地以外は、そのほぼ全域が、羆の生息地(羆が続けて長期に利用している場所をいう)であった。大正4年(1915年)に当管内で発生した、「三毛別の羆事件」は、そのような状況の基で発生したものであった。この事件は**一頭の同一羆により6名が殺され(胎児を含めれば7名)、3名が重軽傷を負わされた事件で**、道内で発生した羆による人身事件として、**被害者数が多いと言う点で、いまだ未曾有の事件である。**ここに、その概要を記す。

＜大正4年の三毛別の羆事件＞

事件発生時の記録は、当時の小樽新聞(9月)と北海タイムス(9月)の紙面にある(北海道立図書館に当時の新聞を記録したマイクロフイルムがある)。その35年後に、犬飼哲夫先生により「羆に斃れた人々、1947年」に事件の経過が書かれて居る。但し同書では事件の発生年を大正4年とすべきところを14年と誤記している。その後、木村盛武さんにより、当時の事件の生存者など事件を識る人からの聴取を混じえた詳細な記述がある(苫前羆事件、1980、ヒグマ10号別冊)。これらの記述を比較吟味すると、被害者の姓名や年齢、そして被害の発生経過などに違いが見られるが、今となっては当事者はなく検証し得ない。そこで既存の前記資料を基に事件の核心を、羆の生態学的な面から端的に記す(敬称は略す)。

①本件は、**一頭の雄成獣羆により、2軒の開拓農家が襲われ、合計6名が殺され(胎児を含めれば7名)、3名が重軽傷を負わされた人身事件である。**

②第一の人身事件は、大正4年（1915）12月9日（木曜日）の推定午前10～11時の間に「犬飼、木村の記述」、新聞は「午後7時頃と記している」、三毛別山（446m）の西約2.5km地点のルペシュペナイ川（六線沢、御料川等の異称がある）の右岸の「太田三郎42歳」の家に、一頭の雄成獣羆が侵入し、家に居た妻、阿部マユ35歳「新聞は、マヨ、まよ、35歳と記述。犬飼と木村はマユ34歳と記している）と養子、幹男9歳「9歳は新聞と犬飼の記述。木村は6歳と記している）を襲い殺し、妻女の遺体を拉致した。

③翌10日「マユ」の居場所を雪上に残る羆の足跡と血痕を伝い探したところ、太田家から東方向の三毛別山方面に、新聞によると70間「(136m)」程の地点に、羆が「マユ」の遺体を監視しているのを発見した。羆は遺体をこの地点まで引き摺り運び（この136mと言う距離は、羆が人の遺体を引き摺り移動させた距離として最遠である。これまでの記録は、2001年5月6日に、札幌市管内定山渓の国有林で、工藤健三氏が、羆に殺され、90m程引き摺られたのが最遠である（森林野生動物研究会誌No.28に門崎允昭が記載）、頭部と両下腿足部以外の部分を食べつくし（頭と四肢下部を食い残すのは、羆が人や牛馬や鹿を食べる場合の通性である。先ず胸部臀部上腕部大腿部等の筋肉部を食べる。内臓から食べると言うのは間違いである）、遺骸にクマイザサなどを咬み切り、咥え持って来て被せてあった（羆が己の食物と見なした時にする特性である）。羆は一時捜索隊目掛けて寄って来たが、銃器等で反撃されると身をひるがえし、立ち去った。そこで、遺体を収容し、太田家に安置した。当時の三渓の雪深は書かれて居ないが、事件地の三渓に10数年住み同所の四季を識る北海道史研究者の関秀志さん（1936年生）によると、12月初めの雪深は、年により異なるが平年で20～30㎝だと言うから、当時もその程度の積雪が三渓地区にはあったものであろう。

④10日（金曜日）の通夜の午後8時半頃、再びこの羆が太田宅に侵入し（新聞と木村の記述）、棺桶をひっくり返したりしたが（木村の記述）、空砲を撃つなどしたら羆は室内から外に逃げ出たとある（新聞の記述）。犬飼は11日の通夜の晩、羆が太田宅の板壁を破ろうとしたと書いて居るが、この犬飼の11日と言う日付は誤りで、新聞と木村の記述の10日が正しい。

⑤10日の晩、太田家を襲った羆は、その後、太田家のほぼ真北500m程の地点にある明景宅を襲い死傷者が出た（姓を新聞はアキカゲ、木村はミヨケ、とルビを付しているが、苫前町教育委員会の門崎允昭への書簡では、

明景力蔵さんの親戚の方は、書簡に「ミヨケ」とルビを付け、さらに本州の出身地では「メイケ」と発音すると言ったとある。なお、「三渓に住む、林健志氏によると、地元三渓では「ミヨケイ」と発音していたと言う。

⑥明景宅には明景の妻子6人の他、羆を恐れて同宅に避難していた他家の者4人を加えて、計10人が居た。そこに、午後8時50分頃からこの羆が侵入し、約50分間にわたり人を襲い（木村の記述）死者は、齊藤タケ34歳（1胎児を含む）、齊藤巌6歳、齊藤春義3歳、明景金蔵3歳の4名、負傷者（重傷）は明景ヤヨ34歳、明景梅吉1歳、長松要吉59歳の3名がでた（年齢は数え年である）。胎児も露出していたが、胎児は無傷で、それ以外の死者はいずれも身体のいずれかの部位が羆に喰われていたと言う（木村の記述）。

⑦加害羆は14日（火曜日）の10数名の猟師による羆狩りで、太田宅から北北西に約2㎞地点で射止められた。止(トドメ)を射(サ)したのは、小平の鬼鹿(オニシカ)に住む猟師の山本兵吉(ヘイキチ)58歳（1858～1950）であったと言う（木村記述）

⑧本件の羆は成人女性を好んで襲い、女性の衣類などに異常な関心を示したとの記述があるが（木村）、それは羆が侵入して、人を襲った現場（家屋）に居た成人男性は、明影家の事件現場に一人「長松要吉59歳」居たにすぎず、他は総て成人女性と子供のみで、成人女性が子供を守るべく、羆に積極的に立ち向かった結果、成人女性に被害が出たと見るべきであろう（門崎允昭の見解）。

＜冬籠りの期間＞

冬籠りする期間はその年の気象状態や個々の羆の生理的状態によって異なり、**最も期間の短い羆で12月中頃から翌年の3月中旬迄の約3カ月間、最も長い羆で12月中頃から翌年の5月上旬迄の約5カ月間である。期間が比較的長いのは新生子のいる母羆と単独の体力のある成獣である**ことが多く、逆に**期間が短いのは2～4歳ぐらいの単独個体や1～2歳の子を連れた母羆**である場合が多い。

＜食い貯め＞

このように羆は3カ月間から5カ月間ほとんど何も食べないで、穴の中で過ごすから、その間に必要とする養分を活動期間中に貯えておかなくてはならない。そのために羆は夏から晩秋にかけて多食になり、特に9月に

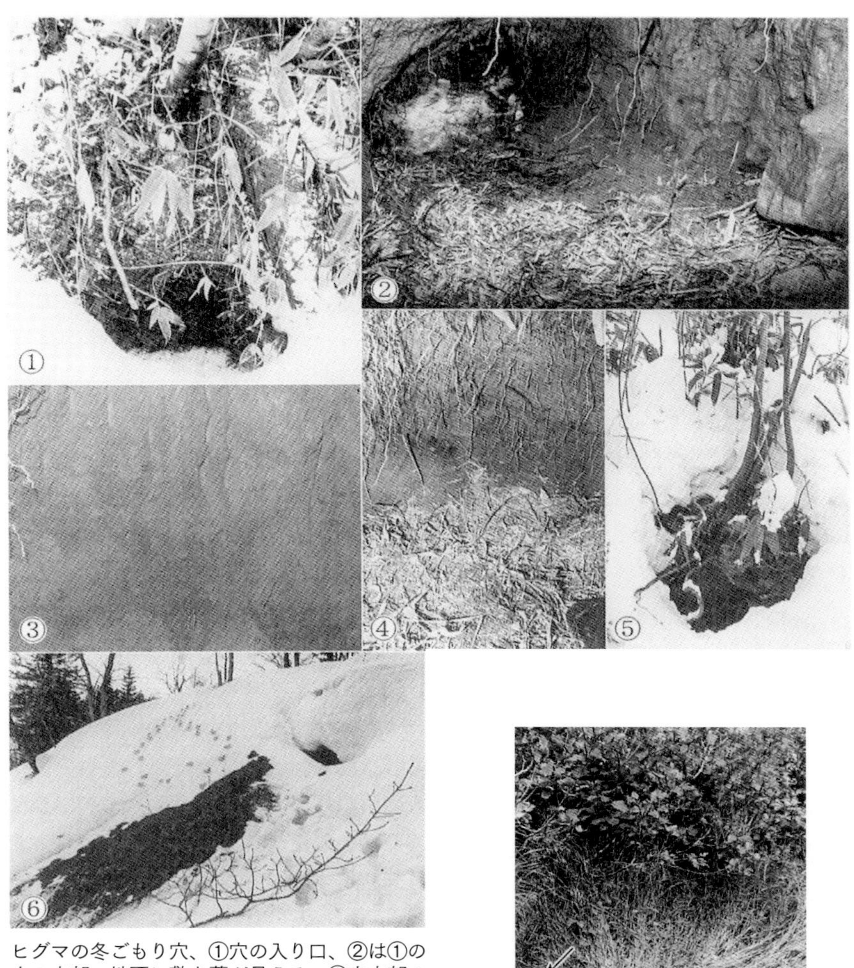

ヒグマの冬ごもり穴、①穴の入り口、②は①の穴の内部、地面に敷き藁が見える。③穴内部の土壁に熊の爪痕が見える、④穴の内部、天井からは草木の根が垂れ下がり、地面には敷き藁がある。⑤冬ごもり穴の入り口、⑥冬ごもり途中の２月に穴の内部を改善するために、熊が掘り出した土砂が雪上に撥ね出された痕と熊が徘徊した足跡

ヒグマの休息痕、左端中程に糞（矢印）が見える

入ってからはそれがより顕著になる。したがって、明治時代から昭和30年代にかけての、まだ人と羆の生活圏が競合していた時代、放牧中の牛馬や羊が1晩に数頭以上も羆に食い殺されたり、トウモロコシ・エンバク・ソバ畑などはもちろんのことカボチャやスイカ畑まで1晩で1haも荒らされるなどの被害が多発したのもこの時季であった。充分に多食して、冬籠りに必要な養分を充分体内に蓄積し終えると羆は自然に食物をとるのをやめる。この時の羆の体重は雌雄や年齢によっても異なるが、新生子以外の羆では春に比べ20％から40％も増えている。少なくともその増量分の半分は冬籠もり中に消費する脂肪を主体とした養分である。皮下脂肪が付き始めるのは10月に入ってからであるが、脂肪は皮下ばかりでなく、筋肉間や臓器の表面などにも蓄積され、最も厚い部位ではその厚さが8㎝にもなる。実際養分を充分に貯えた羆のからだは長い豊富な冬毛で被われていることもあって丸々と太って見える。

＜冬籠り穴＞

北海道の**羆が冬籠りに使う穴は、羆が自ら掘って造った土穴か、あるいは他の羆が造って使った後の放棄された土穴である場合が多い**。岩や木の洞など自然にある洞も一時的に使われても、一冬続けて使う事は無いらしい。

＜アイヌが言う羆の冬籠りの生態＞

これについてBatchelorがアイヌの考えを書いて居る（The Ainu and Their Folk-Lore、1901、p.472）。アイヌが言うには、春に冬籠り穴から羆が出て来た時、太った状態で出て来るから、羆は穴の中で何かを食べているに違いない。そこである者が言うには、①穴に籠る前の秋の内に、穴の中に魚と食草を貯め、これを羆は冬籠り中食べているのだと。②ある者は土を食べて居るんだと言う。③またある者が言うのは、穴に入る前の秋に、羆は蟻の巣を暴いて、巣から湧き出てくる蟻とその蛹などを手足で踏みつけて、それらの厚い塊を造り、それを手の掌部に付着させ、冬籠もり中に目覚めた際に、それを舌でなめり、それで太るのだと言う。この③の考えは、千島アイヌについて鳥居龍蔵が、また本州の月輪羆について、天保6年（1835）に越後の鈴木牧之が書いた名著「北越雪譜」にも出ている。この考えは羆類が蟻類を好んで頻繁に食べるのと冬籠り中の羆を射って胃の中を見ると、手足の脱落した皮膚が入っていることがあるので、これが原因で作られた想像の話である。羆が採食せずに冬籠りする生態は狩猟民族にとって不思議であり、羨望でもあったので、上記以外にも色々な事が想像で言い伝えられている（Hallowell、1926、p.27～30）。

＜穴のある環境＞

羆の冬籠り穴がどこにでも造られるかと言えば決してそうではない。羆が冬籠りするに当たっては、羆が好む環境と言うものがあって、穴はそのような場所に造られることが多い。したがって、山ごとに**昔から羆穴のある場所は大体決まっていて、その穴で羆を獲っても、また他の羆が後から来て、穴を近くに造ったり、放棄されている古穴をそのまま使用したり、改善して使用**する。アイヌは昔からそのことを知っていて、祖父代々そのような羆穴のある場所を財産として受け継ぎ、春の融雪期前にこれを見回って羆を獲っていた。現代でも猟師の中には同じ猟法で羆を獲っている者も少なくない。

＜人里と羆穴＞

羆穴が以外に人家近く発見されて、羆の大胆さに驚くことがある。例えば、**明治11年1月の丘珠での人食い羆は札幌の円山付近で冬籠りしていた羆である**。そして、札幌の手稲山には昭和20年代までやはり羆穴があった。現在でも穂別町のニサナイ地区の人家から、さほど離れていない丘陵地に羆穴がある。また、羅臼町の春日地区でも人家のすぐ裏山に今でも羆穴があって、そこからは国道を頻繁に走る車すら見える。しかし、このような場所をよく調べてみると、そこには古穴がいくつもあって、昔からの冬籠り地であることが解る。羆は決して人を好まず避けてすらいるのに、あえてこのような場所で冬籠もりするのは、羆が環境に対して、強い執着をもつ獣であるからだ。

＜穴と地形・植生＞

冬籠り穴は多くの場合、起伏に富んだ地形の斜面の途中に造られていて、斜面の頂部や全く平坦地に造られることはない（私は見たことが無い）。**斜**

面に穴が造られるのは掻き出した土が入口に堆積せず、穴堀りが容易に進行することから本能的に選ばれるのである。植生的にはまず林床植物が繁茂していることで、林相は無関係である。人工林でも4～5年間施業しないと穴が造られることがある。穴の造られる斜面の方位（向き）も東西南北色々である。穴の造られる標高も色々である。だが、通常は、標高が高い場合でも森林限界付近までであり、それより上に穴が造られることは無い（私は知らない）。これまでに知られている穴で、**標高が最も低い穴は羅臼町管内のポンシュンカリ川の中流の標高約105m地点の天然の針広混交の疎林**にある穴で、**標高が高い所の穴は大雪山の1.500m付近で発見された穴**である。

＜ポンシュンカリ川の羆穴＞

この**穴は昭和50年（1975）4月24日に、羅臼町ポンシュカリ川の民有林で、同町の猟師高嶋喜作さんが羆狩りの際に発見したもの**である。高嶋さんは4月22日の夕方2頭の子をつれた雌羆が、山地の雪の斜面を登り下りしているのを発見した。高嶋さんはこの有様は俗にいう羆の足慣らしの動作で、このような状態の羆は遠くには移動しないものであると知り、夕闇が迫っていたからそのまま放任して帰宅した。翌23日は悪天候ゆえ出猟を中止し、24日天候が回復したので息子と2人で現場にいき、親子羆が依然として現場を離れずに彷徨しているのを発見した。そこでまず親羆を射殺し、3カ月の子羆2頭を生捕りにした。その際この現場にこの親子羆が冬籠りしたこの羆穴があったのである。

高嶋喜作さんが発見したクマ穴の入口と掻き出された土

調査の結果、穴はポンシュンカリ川の中流で標高約105mの地点にあり、周囲の植生は天然の針広混交の疎林で、下草は羆笹が繁茂している。穴は傾斜約25度の南東向き斜面にあり、尾根筋までは約30m、下の沢までは約200mの距離がある。穴は人家から直線距離で1.7㎞ほどしか離れておらず、穴の位置から人家が望まれる。穴は下草の羆笹の中に造られた横穴である。まず、横幅70㎝、縦幅90㎝、深さ40㎝ほどの穴が掘られ、その中の山側に幅70㎝、高さ40㎝の不定四角形の入口があり、その直ぐ奥に寝場所がある。寝場所の底面は直径約1.2mの不定円形状で、面積は約1.1平方mある。底面は平坦で、敷藁は全くない。底面から天井までの最高部は寝場所の中央部付近で約65㎝あるが、周辺部の天井はいずれも低い。天井からは羆笹の細根が多数垂れ下っている。穴の中には糞や被毛などの残留物はない。穴の外には新しい土があり、しかもその上に落ち葉が堆積しておらず、また穴の中に敷藁がないことなどから、この穴は前年の秋遅く落葉後になってから掘られたものと思われた。

＜大雪山の羆穴＞

大雪山や日高山脈や知床山系など北海道でも高山に属する山岳地での羆の冬籠もり穴は標高の高い場合でも、森林限界よりも相当低い位置に造られることが多く、その高さは通常1.200mないし1.300m付近である。私がこれまでに知っている**羆穴で標高が最も高い位置の穴は大雪山の愛別岳白川尾根の標高約1.500m地点で、昭和33年（1958）5月上旬に愛山渓クラブの管理人をしていた中條良作さんが発見した穴である**。中條さんによると同年5月に愛別岳を登って愛山渓クラブに下山して来た登山者が白川の沢で3カ月令程の子羆1頭を伴った母羆を見たと言うので、翌日中條さんは監視人の島田忠光さんと2人でこの羆を射止めるべく銃を持って白川の沢伝いに羆の足跡を追跡し、白川尾根の西斜面の標高約1.500メートル地点の小尾根のナナカマドの小薮の中にこの穴を発見したと言う。小尾根の左右の斜面は非常な急斜面で降雪時には常時雪崩る所だったと言う。穴は天然の岩間を利用したもので、内部の状況から、母子が長期間利用していた本格的な冬籠もり穴であったと言う。その母子羆を双眼鏡で足跡伝いにさらに探したところ愛別岳右沢の上部を移動しているのを発見し、追跡したが吹雪のため獲り得な

愛別岳白川尾根の標高1500メートル地点にあったクマ穴（中條良作氏撮影）

かったと言う。

また**昭和30年（1955）3月21日**、中條良作さんは北海道新聞の間野啓男記者他3名と、昭和28年3月21日に八島尾根で雪崩のために死亡した旭鉄局勤務の八島定則さんや道新カメラマンの山本正八さんの追悼登山中に、同尾根付近の標高1.250m付近で、ダケカンバの根元から突然1頭の羆が飛び出て来て、間野さんの手を1、2度咬じりそのまま斜面を下り姿を消した。そこでダケカンバの根元を調べると羆穴があって、その中に2カ月令程の2頭の子羆がいたので、生捕りにして引き上げたと言うものである。

この他、花の台西尾根で昭和30年3月29日に中條良作さん他4名が、スキーで下降中、その内の1人谷津妙子さん（23歳）が標高約1.300mの位置で直径75㎝程のエゾマツの側で立ち止まった瞬間、根元から1頭の羆が飛び出て来て、驚き倒れた谷津さんの身体を飛び越え斜面を横断し姿を消したハプニングがあり、羆が飛び出した場所を調べたら、やはりそこは羆の冬籠り穴であったと言う。身体や足跡の大きさから羆は4、5歳だったが、獲り得なかったと言う。

＜穴の堀り方＞

羆が自ら掘って造る冬籠り穴は横穴であるが、その堀り方は穴を掘る場所の傾斜の度合いによって3通りある。急斜面では最初からまっすぐ横穴状に堀り進めるが、**緩斜面では少し斜め下方気味の横穴として堀り進める場合と、初めに浅い窪地を堀り、その窪地を起点に横穴を堀り進める方法**である。いづれにしても羆は地形を良く見て合理的な堀り方をする。**穴は立木や伐採した未抜根木の張根下に造られる他、林床の下草の下にも造られる。しかし、全くの裸地に穴が造られることはない**（私は知らない）。

＜穴の構造＞

穴の基本的な構造は1つの入口とその奥にある身体を収容する一つの寝場所とから成っている。入口のすぐ奥が寝場所になっている穴も多いが、入口と寝場所との間が50㎝から1m程トンネル状になっている穴もある。トンネルの口径は入口とほとんど同じであることが多いが、**入口から右方または左方にこのトンネルが鍵の手に曲がって寝所に続く穴もある**。

＜入口の大きさ＞

羆穴の入口の形と大きさは木の張根の間を入口に利用して造られた穴では、その張根の開き具合によって決まるから大きさも色々であるが、張根を直接入口に利用していない場合の入口は普通狭く、縦・横とも30㎝程で、羆が這いつくばらないと出入し得ない大きさである。しかし稀に、羆が容易に出入りできる程の非常に大きな入口の穴もあって、このような穴に人が、気付かずに近づいたりすると、羆が瞬時に飛び出て人が襲われたりすることがある。

＜寝場所の大きさ＞

寝場所の大きさや形も色々である。今まで見た穴で最大のものは底面が4㎡、最小のものは70㎝四方の大きさであった。底面の形も長方形・正方形・円形・偏円形など色々である。また底も平らなものから窪んでいるものまでこれまた色々である。羆が寝場所を掘り進んでいる過程で太い張根や石や岩に突き当たると、それをさけてその上を掘り進むことがあるので、そのような穴は完成すると寝場所が段状になることがある。また、地面から天井までの高さも色々で、高い場合で1m、低いものは65㎝程である。

＜天井＞

どの穴も寝所の天井には穴の上にある木の張根や林床の細根が多数垂れ下がっていて、これが結果的に天井の土砂の崩壊を防ぐ役目をしている。要するに、羆は穴を掘る際に土砂が落下しなくなるまで土を掻き出すので、その結果として張根や細根が必然的に天井に出てくるのである。

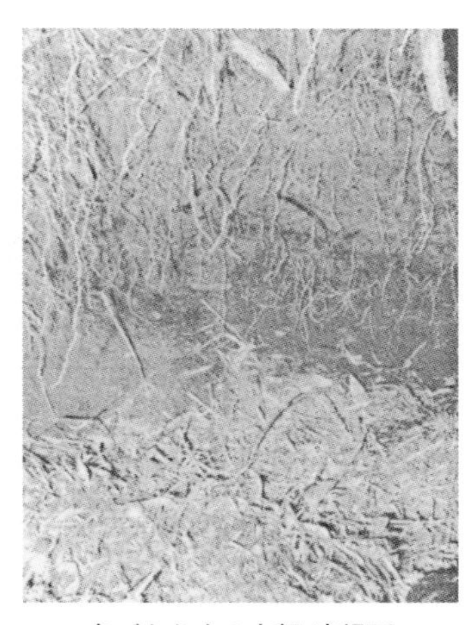

冬ごもり穴の内部・寝場所

＜敷藁＞

寝場所に敷藁が敷かれている場合もあれば、全く敷かれていないこともある。敷かれている場合でもその量はまちまちである。多い場合は寝所の全域に敷藁が厚さ

20～30㎝も敷かれていることがある。**敷藁の材料は穴の近くにある落ち葉を集めて使う他、付近に生えている笹などをわざわざ咬み切って運び込んで使うことも**多い。

<穴造り>

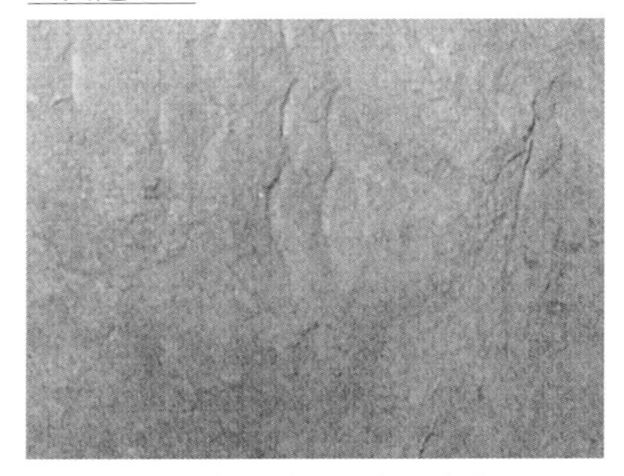

穴の壁のに残るヒグマの痕跡

羆が穴を掘る時季は、主に穴羆猟をしていた穂別町の石崎廣二さん、厚真町の牛崎要一さん、千歳市の小田明道さん、羅臼町の高嶋喜作さんらの話では、10月以降であることが多く、1日で堀り上げることもあれば、数日もかけて掘ることもあると言う。掻き出した土砂は入口の前に散乱堆積させている。固い土質の穴の壁には、穴堀りの際の羆の爪跡が縦横に残っていることがある。「老練な羆程大きな良い穴を造る」とする説もあるが、実際に多数の穴を調査した結果では、そのような相関は全く見られない。若羆でも広い快適な穴を造るものもあれば、粗末な穴しか造らないものもある。同じことは老若・雌雄・懐妊の有無・子の有無に関係なく共通して見られる。ところで、稀ではあるが冬籠もり中に穴を改良するために穴を堀り広げる羆もいる
（本章に記述してある：<安平志内川の羆穴>。）

<穴の中>

実際に**穴の中に潜ってみると、中は土や敷藁のにおいがする以外、外界の風の音も聞こえず極めて静穏である**。しかし**人が穴の数㍍近くを歩いたり付近の木を叩いたりすれば足音や打音は穴の中にもろに響いてくる**。だから、人が羆穴に近づいただけで、羆はその足音を穴の中で聞きつけ、穴から飛び出して来ることがある。

＜一頭の羆が所有する穴の数＞

大抵の**羆は冬籠もり穴を複数所有していて、その場所さえも記憶している**ものである。そして、同じ穴を続けて使うこともあるし、年を隔てて幾つかの穴を使い分けることもある。

次に羆が雪下の穴を記憶していてこれを捜し出し使った例をあげる。

①昭和55年（1980）2月25日留辺蘂町丸山の国有林49林班、池田ノ沢上流の標高403mの東斜面で冬籠もり中の1歳1カ月令の子2頭を伴った7〜8歳の母獣が冬籠もり穴から飛び出し除伐作業中の作業員を襲った。その後、羆は猟師の追跡を逃れて逃亡し、第1の穴から直線で北へ2㎞地点の45林班、ブトイ沢上流の標高406mの北東斜面にあるナラの生立木の張根下の第2の土穴に入っていたのを発見射止めた。この穴は雪下1mの所にあって、羆はこの穴を捜すのに付近を試し堀りしていた。

②昭和60年（1985）3月2日、網走管内丸瀬布町の国有林2百45林班で除伐作業中、突然1頭の羆が雪中から飛び出し、脱兎のように姿を消した。羆が飛び出した所を調べるとそこには冬籠り穴があった。その後猟師がこの羆の足跡を追跡した結果、第1の穴から直線距離で5㎞離れた別の冬籠り穴に入っていたこの羆を発見し射止めた。この羆は満2歳1カ月令の雌であったが、第2の穴に入るに当たってやはりその穴を捜すために付近を試し堀りしていた。子の個体は単独での初めての越冬であるが、穴の場所を2カ所は知って居たという事である。

＜穴での同居は母子＞

羆は孤独性の強い獣で、発情期に短期間雌雄が番いをつくって一緒に行動するのと、母子が子を独立させるまで一緒に生活する以外、複数の羆が一緒に親密に行動することはない。したがって、**冬籠り穴に入る場合も母子以外は必ず単独で入る**。時に、一つ穴で夫婦羆を獲ったとか、子づれの夫婦を獲ったとか言う話があるが、これは母子のまちがいである。2歳過ぎの子を2〜3頭伴っている母羆の場合、子のからだは相当大きくなっていて、しかも子の成長状態にも差があり、母羆が一般的に小形であることと相まって、これが夫婦あるいは夫婦子供などと見間違われるのである。

＜穴に入る日＞

猟師に聞くと、羆が冬籠り穴に入るのは普通、冬籠り地の積雪が20～30㎝以上になってからだと言う。積雪が全くない状態で穴に入ることはほとんどなく、しかも降雪中に入ることが多いと言う。雪上の足跡が残るような静穏な日に穴に入るようなことはほとどしないと言う。しかも、穴に入るに当たって、足跡をまぎらわすために2度3度と元の足跡を伝って逆もどりしたり、側方に飛んだりして、進行方向を不明確にするいわゆる「止足（留足）」を使うこともあると言う。穴に入った後積雪が多ければ、もはや春まで穴から出ることはないが雪が少なかったり、消えたりすると出歩くこともある。

＜穴での生活＞

穴での生活は半睡と覚醒の生活で、決して仮死状態でいるのではない。妊娠している雌はこの間に子を産み授乳して育てる。冬籠もり中の羆は新生子以外は、栄養となるような食物は一切食べない。食べると言えば、吹き込んだ雪を舐めるか、敷藁や土や自分や子の体毛や、手足の剥離した皮膚を呑み込む程度である。しかし新生子を養育中の母獣は子の成長を促すために子の糞尿をなめてやり、それをのみ込んでしまう。したがって、**穴の中に糞尿が排泄されていることも珍しくない。だが、糞尿の排泄は入口などの隅にされていて、寝所は常に清潔に保たれている**ものである。

羆の体温は直腸で36～37℃であるが、米国のホルクやホックの研究では羆の冬籠り中の体温の低下は最大でも5℃であるという。安静にしている時だから呼吸数や心拍数が減少することは当然である。**羆にとって冬籠りは決して窮乏の生活ではない。それよりも冬の食物が少ない寒い地上での生活をさけて、穴の中で、身体に貯め込んだ養分を徐々に消費しつつ、再び緑萌ゆる大地での生活に備えての休養期と見るべきである**。だから、**外部からの刺激に対して、速応的に反抗する体勢を常にからだに宿している。したがって、人が不用意に羆穴に近づいたりすると、瞬時に羆が穴から飛び出して来て、襲って来ることがあるのはこのためである。**

羆が穴の中で盛んにからだを動かしていることは、毛にすれ毛が生ずることでもわかる。冬籠り初期に獲った羆は、活動期に樹木や土や岩などに頻繁に身体をこするくせのある個体は別として通例すれ毛がないが、2月

頃の羆は背中の上半や下半の1部がすれ、穴から出た春先の羆は背中から臀部にかけてひどくすれ毛がある。これは狭い穴の中でからだの位置を変えたり、身体を動かすために、そのたびに毛が土面に触れすり折れたのである。しかし、穴の中でのこの寝返りや身体の動かしは、筋力の保持に必要な1種の運動と見るべきである。さて、羆が入っている冬籠もり穴の雪面には羆が呼吸するために土などで縁が汚れた気孔が出来るように言われているが、これは雪の少ない初冬や特に融雪が進んだ春に羆穴の入口に出来る自然の穴で、羆が故意に造るものでも羆の呼吸熱で出来るものでもない。したがって、穴全体が雪で覆われる積雪が多い時季にはそのようなものは全く見られない。ところで、冬籠もり中の羆のエネルギーの消費量であるが、昭和52年（1977）の冬、登別の羆牧場でサチコという11カ月令の雌羆で冬籠り実験した結果によると。サチコは自ら掘った穴に103日間絶食で冬籠りし、その間の体重の減少量は7kg（冬籠り前の体重の30%分）であった。この減少量を冬籠り中に消費した脂肪と仮定し計算すると、1日当たりの消費エネルギーは1,462kcal である。この量は大人の肉体労働者の半日分の消費エネルギーに相当する。

＜留糞＞

冬籠もり中の羆は、時に糞尿をすることがあって、穴の床の一定の端に、排泄している事も稀ではない。新生子を飼育中の母羆は、糞尿を舐めり食い、その糞尿を一カ所に排泄している事もある。冬籠り中の、**直腸には俗に留糞（止糞）と言って、穴に入る前に食べた食物や穴の中で食べた敷き藁や呑み込んだ体毛がたまっていることがある。**これは石のように固いものではなく、指で圧すると容易に圧痕がつく硬さである。この留糞と言うのは食べた物が腸に長時間滞留している間に水分の吸収が進み、比較的硬い糞となって肛門近くに貯留したものである。しかし、新生子を育てている母獣は子の糞尿を飲み込むことが多いから、他の羆のような固い留糞は普通できない。

＜穴出＞

早い個体は3月10日前後に冬籠り穴から出るが、多くは春の彼岸（3月20日頃）過ぎから、ぼつぼつ穴を去り始める。大多数の羆は穴を去る日が近づくにつれて、穴から出てその付近を徘徊しいわゆる**「足慣らし」をする。これは山野を歩くのに必要な筋力を主体とした全身の機能を高めるための訓練である**。そして、これを終えた羆は3々5々、残雪に足跡を残しつつ、**日だまりの沢地など、座禅草などが萌え出ている餌場や休憩場を知っていて、そこに向かう**のである。

猟師の中に、羆が冬籠り穴を立ち去る際に、穴をかわかすために敷藁を穴の外に引き出して行くと言う者がある。これまで3カ所そのような穴を実際に調べたが、羆が敷藁として使用した場合は必ずと言ってよいほど藁に体毛が混入しているのだが、引き出したと言う藁には羆の体毛が全く混じっておらず、穴の中でこの藁が使われたとする確証はなかった。それよりもこの藁は羆が穴に引き込む目的で、穴の回りにある落ち葉を掻き集めた後、穴の中に入れずに放置したもと言うのが真相である。

<仮穴>

春に穴を出た羆は、天候が非常に悪いとか、猟師に執ように追跡されたりすると自分が冬籠もりをしていた穴に再び戻ることがあるが、これは稀なことで普通は戻らない。しかし、**身に不安を感じるような緊急事態に遭遇すると、仮穴と言って雪中に穴を掘ってもぐり込んだり、岩陰や大木の陰に潜むことがある**。

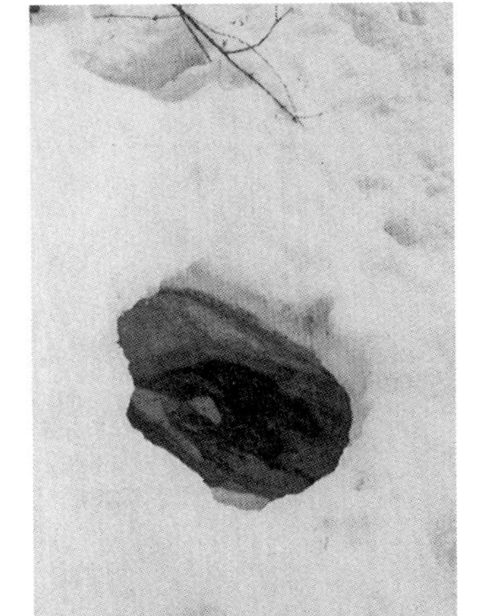

仮穴（嶋光雄氏撮影）

羆が雪の中で1時的に休憩する場合、雪上にじかにこごまって休むことも稀ではない。また、羆が雪上で休むために、木の枝を折ってこれを雪上に敷き、その上で休んだ跡だと言う現場を、猟師に教えられて見たが、その場合の枝はトドマツで、良く調べてみると、雪の重みで下枝が自然に折れたものを偶然羆が利用したものであった。

<仮穴の実例>

1975年（昭和50）4月10日に、渡島管内森町字濁川国有林の千五林班、狗神岳の真北約2㎞地点の南側斜面で、営林署の作業員が羆の仮穴と知らずに近づいたところ、一頭の羆が飛び出し逃走した。その跡を見たところ羆の体がすっぽりはいる大きさの雪穴があった。これは森営林署の嶋光雄さんが、撮影した写真を添えて知らせてくれたもである。

＜冬籠り穴に逃げ戻った例＞

1972年（昭和47）4月6日、美深町在住の猟師木田鉄男さん（41歳）は猟友竹田武さん（40歳）と歌登町、徳志別川の支流のクサランナイ川上流4㎞の右手の標高約800mの岩場で、推定年齢4～5歳の雄羆を本田さんが撃ち損じ逆襲され、体のあちこちを囓られたが、本田さんはもがいて斜面を下方にずり落ち、図らずも羆の攻撃から逃れた。この羆はこの場から尾根伝いに10㎞離れた文珠岳の、冬ごもり穴に戻り入っているのを4月9日に竹田さんらが足跡をたどって発見し射止めた。穴に戻ったことは、新旧の足跡から分かったという。この羆は木田さんを攻撃する際一度も立ち上がらず前肢の爪は全く使わず、もっぱら歯で噛み付きやすい部分を手当たり次第に攻撃したが、これは穴出後間もない羆の特性である。

＜羆穴の実例7カ所＞

前述の大雪山の羆穴以外は、門崎が猟師などの案内で実見したものである。

①**＜国縫川上流の羆穴＞**

この穴は偶発した羆の障害事件により発見されたものである。昭和50年（1975）4月8日午前10時頃、長万部町国縫川上流のメノウ沢国有林385林班で、約1.2mの積雪の上で立木の毎木調査をしていた成田長一さんが不意に雪の中に腰のあたりまで埋まった。しかしこれが雪下の羆穴に落ちたとは気づかず、直ちに這い上がって斜面を登り出したところ、その後から1頭の羆が飛び出してきて、背後から襲いかかり右下腿部に咬みついたので、手にした角形スコップで羆に対抗し、右手背部を咬まれたがこれを撃退した。羆は斜面を下方に転がりながら落ちて逃走した。推定3～4歳の若羆であったという。

調査の結果、穴はメノウ沢上流、稲穂嶺（440.3m）の東肩380mから南東に分派する尾根の標高約310mの北斜面、密生した羆笹の中に入口を北向きに掘られていた。穴の上部斜面は約10度の緩斜面をなし、約10mで尾根筋に至る。穴の下方約5mからは30度の急斜面となり約100m下に沢がある。すなわち、穴は緩斜面と急斜面の移行部付近に造られていた。周辺の植生は天然の針広混交の疎林で、下草に丈2.4mほどの羆笹が密生している。穴は横穴である。すなわち、入口手前に横幅70㎝、縦幅80㎝、深さ60㎝ほどの穴が掘ってあり、その中の山側奥に、幅90㎝、高さ40㎝ほどの不定4角形の入口がある。入口の左手奥がすぐ寝場所で、底面は最大幅1.2m、奥行2mの不定方形状をしており、面積は約2.5㎡である。寝場所の底部中央には直径約1m、深さ40㎝程の窪みがある。入口から奥の底面全体に羆笹の茎葉が敷藁として厚さ15㎝から20㎝敷いてあり、羆の体重で圧縮された状態になっている。敷藁の下層部の笹は長さ70㎝から1.4mの粗大な茎葉が多いが、上層部のササは長さ50㎝以下の短小なものが多い。穴の底面から天井までの最高部は寝場所の中央部付近で約80㎝あるが、周辺部の天井はいずれも低い。天井からは羆笹の細根が多数垂れ下がっている。穴の内部は清潔で敷藁の芳香に満ちていた。入口前の穴の中に羆笹の茎葉と少量の羆の被毛が混ざった直径が5㎝に長さが10㎝と15センチの2個の棒状の暗褐色の糞塊があった。穴を中心にしてその付近の約7.2㎡の羆笹が根元付近から咬み切られており、これが敷藁の材料として運び込まれたことは明白であった。穴の前面には掻き出された土があるが、その上に草やコケが生えていず、落ち葉も堆積しておらず、さらに敷藁のために咬み切った笹の切口が褪色していないなどから、この穴は前年の晩秋に造られたものと推定された。事件の翌日、現場を訪れた猟師が、事件後に羆が再び穴付近に戻ったと見られる足跡を見ており、また私らの調査の折りにも付近の沢に新しい羆の足跡を見たから、この付近の環境は羆に好適地と思われた。

②＜下川町ペンケの羆穴＞

この穴は山林で羆が突然人を襲撃した際に発見されたものである。昭和51年（1976）12月2日午前10時頃、下川町ペンケの国有林87林班で、4名の作業員が植栽11年生のトドマツ造林地で、積雪60㎝の中で雑木を除伐中、作業員の1人鷲見秀松さん（54歳）が羆穴のあることに気づかずに、穴の上の雑木を伐採したところ、突然羆が穴から雪を破って飛び出し襲いかかった。鷲見さんは刃渡28㎝、柄の長さ1.2mの鉈鎌で立ち向かったが、

鷲見秀松さんが襲われたヒグマの穴

足元が急斜で、しかも軟雪、足に輪カンジキを着けていたし、雑木が密生していたため、鉈鎌を振ることもままならず、羆の鼻上を2度鉈鎌で叩きつけただけで、羆に抱きつかれ、前肢でヘルメットの上から頭顔部を叩かれ、ヘルメットが欠損し頭部開放性複雑骨折により即死した。襲った羆は現場から直ちに逃走したが、穴の中には10カ月令の雄の子羆2頭が潜んでいるのが2時間後に、その穴に人が接近し、手を入口にかざしたところ突然子羆が飛び出て来たために分かり、すぐ射殺された。親羆が飛び出した後も子羆は音を立てず穴の中に潜んでいたものである。なお、親羆は翌日、現場から直線距離で約2.5㎞離れた地点で殺獲されたが、穴を見張って再び穴に戻るような経路を取りつつ猟師の追跡を避けていた。親羆の年齢は歯の年輪数から13歳10カ月令で、頭胴長は160㎝であった。

この穴は標高約420mの、北東向き斜面にあり、下の沢までは約100m、尾根筋までは約11mある。穴から下の沢にかけては急斜で30〜50度あり、尾根筋にかけては20度の緩斜面である。すなわち、穴は緩斜面から急斜面への移行部付近である。植生は植栽11年生のトドマツの他、雑木としてマカバ、ナナカマド、イタヤなどの小径木があり、林床は丈1.4m前後の羆笹である。

穴は横穴で、樹種は明確でないがエゾマツの幹が腐枯倒木して根株だけが残存したその張根の下に造られたものと推定された。穴の入口は不定四辺形で、下辺67㎝、上辺60㎝、高さ40㎝である。入口から直ちに寝場所に通じ、その底面は不定方形状で、最大幅1.1m、奥行2.4m、面積は約2.5㎡である。寝場所の奥の方に1m×80㎝、深さ25㎝の窪みがあるが、羆笹の茎葉の咬み切った敷藁が、厚さ10〜15㎝敷かれており、底面全体としての窪みは極めて浅くなっている。入口の右端に黒色小糞塊と淡黄色の尿が混じった氷塊があった。寝場所の底面から天井までの最高部は中央部付近で84㎝あるが、周辺部の天井はいずれも低い。天井と壁には径4〜

5㎝の張根が走り、細根が多数垂れ下がっている。天井の張根の1本に子羆の爪跡が付いていた。敷藁が新しいこと、掻き出した土、穴の中の壁の状態も新しいゆえ、穴はこの秋に造られたものと推定された。なお、試みに穴の上の木を叩いたり、歩いたりすると音が穴の中で明確に聞こえるし、天井の土が僅かながら崩落したから、穴の上の作業が冬籠り穴の子連れの親羆に脅威を与えたと思われる。

③<オセウシ川の羆穴>

この穴は野生羆による人の障害事件があって発見されたものである。昭和52年（1977）4月7日午後3時半頃、滝上町オセウシ川1の沢国有林71林班の西端で、7名の営林署の作業員が4m間隔で、昭和43年植栽の10年生トドマツ林の除伐中に突然1頭の羆が穴から飛び出した。そこで作業員は逃げ出したが、その中の1人大石晴三さん（39歳）が倒木につまずき、その下に頭を突っ込むようにして転んだとき、羆が追いつき左頸部から背頸にかけ咬みつき、さらに左肘に咬みついた。被害者がもがいていて偶然羆の口腔に右手を差入れたところ、羆は咬みついていたのを止めて離れ、下方の沢に向かって走り降り、反対側の斜面を唸りながら登っていった。なお、被害者の頸部および左肘の傷は浅く、骨に異常はなく、腹から臍にかけて爪と見られる擦過傷があったが、皮下出血程度であった。被害者は柄の長さ1.5mの鉈鎌を持っていたが、転倒したとき手離した。現場の積雪は当時50㎝ほどで、猟師が羆を追跡したが、雪の全くない地域に逃げ込んだため捕獲しえなかった。1時間後、猟師がこの羆穴を調べ、3カ月令の雄の子羆2頭を生捕りした。子羆は親羆が飛び出した後も音を立てず穴の中に潜んでいたものである。私は調査を4月3日に行ったが、冬期に積もった雪はほとんど融け、前夜来の新雪が10㎝ほどあるだけであっ

穴は左の未抜根木の下にある。入口前に放置された敷きワラ材に注意。右は畠山俊雄さん（1928～）

た。なお、途中の林道に真新しい羆の足跡が見られた。この周辺一帯は羆の好む環境と推定された。穴はオセウシ1の沢上流の標高540mの峰から東に分派する尾根の標高約490mの東南東面にある。穴は横穴で、直径70㎝のエゾマツの伐木後の根株の下に造られ、入口は張根の間にあって、幅52㎝、高さ53㎝の不定4辺形である。入口から斜下方がすぐ寝場所となっている。寝場所の底面は最大幅1.03m、奥行1.75mの不定楕円形状で、面積は約1.3㎡である。底面に径90㎝、深さ10㎝の窪みがある。敷藁は林床の羆笹の茎葉が長さ5〜15㎝に咬み切ったものが、中央部で厚さ約20㎝、隅で2〜3㎝敷かれ、その中に親羆の被毛が多数混入していた。底面から天井の最高部は寝場所の中央部付近で約77㎝あるが、周囲部の天井はいずれも低い。天井から細根が多数垂れ下がっている。寝場所の入口寄りの隅に20㎝四方にわたり2層の軟便があり、下層の糞はヤマブドウの種が多数入った黒色軟便、上層は親羆の被毛を混じた黄褐色粘液便であることから、これらはいずれも親羆の排便であるが、上層の便は親羆が子羆の便を食い改めて排便したものである。穴の前に約4㎡わたり土砂が堆積し、その上に落ち葉を混じた羆笹の咬み切った茎葉が厚さ10㎝ほど堆積しているが、土砂そのものは新しく、コケや草が生えていないことなどから、この穴は前年掘られたものと推定された。穴の付近の羆笹が約40㎡にわたり断続的に咬み切られており、これが敷藁に使われたことは明確であった。穴の中の敷藁は羆笹だけだが、穴の外には羆笹と落ち葉を混じたものが集められていたが、被毛も混入していないことから、この外の藁は羆が集めたものの使用しないで放置したものであった。

④＜安平志内川の羆穴＞

この穴は名寄管内の国有林安平志内川46林班にあり、昭和52年（1977）3月23日に営林署員が巡視中、雪上に羆の足跡と多量の土砂を発見し、猟師が現場を調べて羆穴の存在を確認した。猟師はその足跡により尾根筋に沿って移動している羆を追跡し、穴から約8㎞離れた地点で殺獲した。羆は2歳2カ月令の雄であったという。

穴は安平志内川のレイケナイ沢を約1.3㎞登り、その右股沢をさらに0.7㎞ほど登った胡桃山（クルミヤマ）の東尾根の標高約220mの傾斜23度の東斜面にあり、穴から尾根筋までは約8m、下の沢までは約40mある。穴は横穴で、

雪上に掻き出された土砂。雪上に残るヒグマの足跡に注意

直径75㎝のナラの伐木後の根株下に造られている。植生はナラ、イタヤ、トドマツの天然疎林で下草は羆笹が繁茂している。入口が張根の間にあって、下辺35㎝、高さ55㎝の不定3角形をなし、そのすぐ奥が寝場所である。寝場所の底面は不定楕円形状で、最大幅76㎝、奥行1.3mで、面積は約1.5㎡である。底面から天井までの最高部は寝場所の中央部付近で約80㎝あるが、周辺部の天井はいずれも低い。底面は全体が緩く窪んでいる。天井の土には爪跡があり、細根が多数垂れ下がっている。穴の中には敷藁も糞もない。しかし、入口手前の積雪の上に横2m、縦4mの範囲に敷藁が混った土が掻き出してあり、これを3月23日に発見したものである。なお、それより前の2月7日に同じ署員が現場近くを巡視したときは、この土砂はなかったと言うし、その間、多量の降雪もないことから、この間に羆が土砂を掻き出したものと推定される。入口付近に積っていた雪を1.6m排除したら、落ち葉に覆われた新しい土があることから、この穴は前年秋に掘られ、改めて再び2月7日から3月23日の間に土砂を掻き出したものである。この原因について、猟師は水が穴の中に流入したためと推定していたが、我々の調査の結果では、穴の中に水が流入した形跡が見られないし、環境的にも水が流入するような地形、地理でないことから、当初の穴が極めて狭小であったと推定されることから、穴を広げるために土砂を掻き出したものと推定された。4月9日の調査の折にも、穴から尾根筋にかけて、この羆の足跡が雪上にまだ明瞭に残っていた。掻き出した土砂に僅かだが、落ち葉や羆笹の茎の折れたものが混入していたから、当初は穴の中に敷藁が僅かながらあったものと推定される。尾根筋の雪上を歩くと、穴の中でその足音が聞こえる環境であった。

⑤<ルベシベ沢の羆穴>

この穴は昭和45年(1970)2月8日に穂別町在住の猟師石崎広二さん(1932年生）が、穂別町平丘の東部で1頭の羆の足跡を雪上に発見、これを約9㎞追跡して、2月10日に雪のない岩場を通って、いわゆる止足を使って穴に入っていたこの羆を発見殺獲した穴で、羆は推定7〜8歳の雄であった。

調査の結果、穴はルベシベ沢の標高約204m、傾斜約40度の西斜面にあり、尾根筋下50mの所にあって、下方の沢までは約50mある。植生はミズナラ、ダケカンバを主とした天然の2次疎林で、林床は1〜1.5mのスズタケが密生している。穴は径50mのミズナラ立木の根株下にほぼ水平に掘られていた。入口は下辺60㎝、高さ43㎝の不定半円形をなし、その左方奥が寝場所となっている。寝場所の底面は、最大幅が約1.5m、奥行が1.7m、面積約1.8㎡の不定方形状である。底面は平坦で、敷藁はない。底面から天井までの最高部は寝場所の中央部付近で約80㎝あるが、周辺部の天井はいずれも低い。天井からは細根が多数垂れ下がっていた。

⑥<メルクンナイ沢の羆穴>

この穴は勇払郡厚真町の厚真川上流のメルクンナイ沢の道有林内にあったものである。厚真川上流にはダムがあり、監視小屋には番人が常住している。ダムの上流に登ったメクンナイ沢の枝沢の側斜面にこの穴がある。

この穴は昭和49年（1974）10月に、マイタケ採りにいった者が偶然発見したものだが、当時は羆が入っていなかった。しかし掻き出された土が新しく、しかも前年の落ち葉も堆積していなかったことなどを、この辺を猟場としている厚真町在住猟師牛崎要一さんと嶋宮芳男さんが知り、再使用の可能性があることから、同年12月22日に現場にいき、現に冬籠もり中の5歳の雌とその子11カ月令の雌2頭をこの穴で獲った。

穴は東西に走る大きな尾根の傾斜30度の北斜面にあり、尾根筋から下方20mの標高約200mにあり、下の沢までは約150mの距離がある。周辺の植生は、アオダモ、シナノキ、ダケカンバ、ミズナラなどの天然林で、繁茂状態は中程度である。下草には60㎝から2mの羆笹が密生している。林内にはコクワ、ヤマブドウなどが豊富で、羆がブドウを喰うために木に登り、ブドウ蔓を引きおろし木の枝又に貯め重ねた、いわゆる羆棚がある。

調査の結果、穴は横穴で、胸高直径50㎝ほどのダケカンバの根元に掘られているが、この根元は大きな張根になり、その下に不正三角形の穴の入口がある。入口は高さが35㎝、幅は80㎝で横に広く、その真ぐ奥が寝場所である。寝場所の底面は不定楕円形状で、最大幅1.5m、奥行1.9mで、面積は約2.1㎡である。底面の中央には直径約70㎝、深さ24㎝の窪みがあるが、底の全面に落葉と咬み切った羆笹の茎葉が敷藁として底面が平坦になるまで敷かれている。底面から天井までの最高部は寝場所の中央部付近で約80㎝あるが、周辺部の天井はいずれも低く、左右側面は30㎝から35㎝の高さで緩く傾く壁となり、天井からは1面に木の根が垂れ下がり、長いものは40㎝もある。

⑦＜風不死岳の羆穴＞

この穴は昭和51年（1976）4月4日に、千歳市在住の猟師小田明道さん（1934年～1993年）ら4名が風不死岳に穴羆狩りに行き、この穴を発見、中で冬籠もりしていた7～8歳の雄羆1頭を仕留めた。穴は風不死岳の標高約860m、傾斜30度の東に面した尾根筋にあり、20mほど下方に沢がある。植生はダケカンバの天然疎林に羆笹が繁茂している。穴は丈2mの羆笹が密生した中に造られた横穴である。入口は幅77㎝、高さ55㎝の不定四辺形をなし、そのすぐ奥が寝場所になっている。寝場所の底面は最大幅1.62m、奥行2.5mの不定方形状で、面積は約3.6㎡である。入口から約1mのところから、奥にかけて底面は深さ36㎝の窪みとなっており、その中に直径5～10㎝の軽石が20個ほど、羆笹の根の咬み切ったものとともに、敷

㊤クマ穴の入口を示す小田明道さん
㊦クマの寝場所の内部

かれていた。この軽石は羆が穴を掘っている時に土の中からでてきたもので、これが敷藁の代用として使用されたものである。天井は全体的に高く、中央部付近で約1m、側壁部分で50㎝から70㎝ある。天井からは羆笹の細根は多数垂れ下がっている。側壁には穴を掘るときに付いた爪跡が上下方向に多数残っていた。寝場所は一見広く感じ、極めて清潔であるが、入口から寝場所に入って直ぐのところに、750ｇと600ｇの黒色の糞塊が2個あった。穴の手前には比較的新しい土があり、これが穴から掻き出されたことは明らかであるが、土の上にはコケが生えていたから、この穴は少なくとも前年掘られ、二冬続けて使われた可能性がある。

<人が羆穴に接近しても、羆が穴から出て来なかった例>

①<足寄町上足寄宇美利別の羆穴>

寡雪で冬中入り口が大きく開いた状態の穴で、育子し越冬した母獣の例を述べよう。

足寄町上足寄宇美利別の天野ノ沢を1.4㎞上った東斜面の、傾斜32度、標高330m地点の、1982年（昭和57）に伐採したウダイカンバの直径1m・高さ2mの未抜根下に造られた土穴で、1991年（平成3）2月19日14時頃、森伊三夫さんが一人で積雪40〜50㎝の中、その羆穴に気付かず、穴の2.5m南側にある直径40㎝のトドマツをチェンソーで伐倒し枝払い中にクマの幼獣のビービーという鳴き声に気付き、積雪不足で入口が大きく開いている羆穴を発見したものである。中を覗くと、子が2頭いて、奥で姿は見えないが母羆がウォーと唸ったという。そこで、近くの仲間に知らせ4人で再び穴を覗き込むと、子羆は穴の奥に潜み母獣の体の一部が見えたという。そこで作業を中止し皆で下山したと言う。

穴に潜む母熊（平尾充徳氏撮影）

翌20日に帯広市在住の猟師の吉田忠一さん（1933年生）と平尾充徳さんの2人が、翌21日には両氏と他に2人が加わり、計4人で穴を見に行った。20日には穴の側に30分間いて中を覗いたりしたが、母獣の体の一部が見え、幼獣が奥でビービー鳴いていたが、そのうち母獣が苛立って歯をカッカッ鳴らし始めたので、帰って来たと言う。21日には穴の側に15分間いて、穴の入口前にカメラをかざしてストロボで写真撮影したが、母子とも音を立てずに潜んでいたという。

翌22日に十勝毎日新聞社の夏川憲彦さんから門崎に電話で「この母子羆を殺さずに残す手段はないか」との相談があった。私は「子は幼獣だから、母獣は棒で突くなど余程の刺激をしない限り穴から出て来ることはないだろうが、事業の安全を充分確保するには、穴から半径50〜100mの範囲を除外して作業を行えばよい」と返答した。この間に事業主の山本利秋社長や猟師吉田さんらの「この母子を何とか残そう」との強い意志に、営林署・役場・警察が同意し、この母子は駆除を免れたのであった。蟄居中の羆がこのような経緯で保護された例はこれが初めてであろう。

私は2月1日に現場を初見したが、穴のある位置は人家から約2㎞も離れていて、付近一帯は起状に富んだ地形で小沢も多く、針広混交の天然林で山全体が明るくも暗くもなく、落ち着いた感じで、羆が越冬地として好む第一級の環境であることを知った。5月までの間私はここで、クマグラ・シカ・クロテン・エゾリス・シマリス・ウサギ・キツネを実見し、この地の自然度が高いことを実感した。私は吉田さんの案内で、穴のある斜面上方から無音で下り、穴に10mまで近づき母子の様子を30分間窺った。私が穴に近づく前から子は森に響くような大声でビャービャー泣き、私が立ち去る間もなぜか鳴き続けていた。鳴き声は一頭だけで、発見時2頭居たと言うので、もう一頭は母獣が食べた可能性もあり、安否が気になった。その後対斜面に行き、穴から直線距離で200mの地点から望遠鏡で穴の内部を覗いたが、母子とも穴の奥に潜んでいて姿は見えなかった。

北海道の羆の穴出の時季は通例春分以降であり、特に新生子を伴った母獣の穴出は四月以降であることから、次回は間をおいて2月25日に関係者8名で観察した。対斜面から観察したが、羆が出た形跡はなく、以前同様寡雪で入り回は大きく開いていた。そこで、私は吉田さんと穴を見ることにし、穴の斜面上部から放声しながら穴に近づき、私が穴の横位置から穴の中を覗いたら、目の前二尺（60㎝）に母羆の顔があり、目と目が合ったとたん、母羆は鼻をヒクッと動かし、ウォーと一声白い息を、私に吹き掛けた。私は「いたぞ—」と叫びながら予定の逃げ道を脱兎の如く這い駆け上がった。対斜面で見ていた者の話では、クマは3度体と手を大きく動かし、穴から出るような、またそれをためらう素振りをし、穴奥に引っ込んだという。私が見た羆の顔は全体が黒毛で、氷のように冷めたい顔相であった。これで羆がまだ蟄居中であることが分かった。

その後、4月1日・7日・14日・21日と訪れ、穴の内外を対斜面から望遠鏡で観察したが、羆が穴出した形跡は全くなく、依然入り口は大きく開いていた。しかし、この羆が穴出するのはもう時間の問題と思われたから、張り込んで調査したかったが、別用があり、5月1日に再び6名で訪れた。対斜面から穴を窺うと、穴の入口に長さ1mほどの針葉樹の枝が一本放置されていた。羆が既に穴出したことを直感し、放声しながら穴に近づき、中を覗くと母子の姿はなく、穴出した後であった。穴の中の寝所の端に子の黄褐色の盤状小型糞があり、穴の外2m地点に、直径5〜7㎝、長さ50㎝・重量650ｇあの黒褐色の母獣の豪快な留糞があった。付近にクマの足跡は見られなかった。穴出した時期は留糞の色変乾燥状態から4月21日から25日の間と推察された。いずれにしても、この母子羆は冬中入口が開いた状態の穴で越冬したのである。

穴はウダイカンバの張根下の土砂を、羆が掻き出して造ったまっすぐな横穴状土穴である。土砂は入り口前に掻き出してあって、この土砂の上に落葉がなく下に昨秋の落葉があることから、この穴は昨秋（1990年）の落葉後に、蟄居していた母獣が造ったものである。入口は張根間のため形は不定形で、大きさは高さ32〜55㎝・幅30〜55㎝あるが、クマが瞬時に穴から飛び出せない状態である。穴の奥行きは2m、幅は1m程で、底面から天井までの最高部は入口から1.5m奥で、1.3mある。天井と壁にはウダイカンバの大小の張り根が走っている。穴の後半部が寝所で、敷き藁に落葉とトドマツの枝葉を厚さ10〜20㎝程敷いていた。その中に母獣の折毛・抜毛が散在していた。トドマツの枝葉は作業員が枝払いしたものを、母獣が2月19日以降に拾い集めて入れたものである。羆は蟄居中にこのように穴の状態を改善することがある。

②**1990年1月16日15時頃、紋別営林署作業員の三瓶久男さん50歳は**同僚8名と同署9林班で傾斜28度積雪40〜50㎝の中、かんじきをつけて、鉈

鎌と鋸で1965年植栽トドマツ林の雑木除伐中に、不覚に羆穴の入口付近に足を踏み込んだらしく、子羆のビャーという声に母子羆の冬籠り穴であることを直感、直ちに全員下山避難した。翌朝8時、猟師7名が現場に行き、棒を穴入口から中に差し込んで母獣を刺激し、母獣が怒って頭を入口に現した瞬間射殺し、生後2週間前後の雌の幼獣一頭を生け捕った。猟師の平良木博さんによると、母獣が穴から外に出た形跡は全くなかったという。

母獣があくまで穴での蟄居に固執していたのは2カ月令未満の幼獣を養育中の母獣の通性であって、このような母獣は穴から出てくることはまずない。したがって、この生態特性を知っていれば、母獣を殺獲せずにすんだ事件である。私は1月29日に現場を調査したが、羆穴は北西斜面の標高310m、傾斜28度の所にあって、羆笹の密生下の土中に羆が掘って造ったまっすぐな横穴である。入口は広く幅54㎝高さ40㎝で、この口径で0.6m奥までトンネル状を呈し、その奥が広くなって寝場所になっている。寝場所全体は逆オワン形を呈し、底面は奥行き1.2m幅1.15m、底面から天井までの最高部は中央部付近で0.9mである。天井からは笹根が多数下がり、これが土砂の崩壊を防ぐ役をしている。敷き藁は数本のササをかみ切った細片が散在しているだけで、床地面がほとんど裸出しているが、母子はここで蟄居していたのである。入口から0.7m奥まで雪が吹き込み凍っているが、寝場所は乾いている。土壁に掘削時の羆の爪痕が散在している。排泄物はないが、母獣の折毛・抜毛が地面に小数散在していた。掘削土砂は入口に向かってやや右手前にかき出してあって、この土砂の上には落葉がなく、下に前年秋の落葉があることから、この穴は昨秋の落葉季後に造られたものである。

第12章　熊類の起源と北海道の羆

本章に記した年代は、研究の進展で変わり得ることを承知されたい。

＜熊はどんな動物か＞

現在世界には7種の熊類が棲息しているが、それを基に熊類の特徴を挙げれば、①主たる生活地は森林地帯である。北極熊も灌木林が在る地所ではそこで暮らす。②手足の指が5本で、手足ともオヤユビが最も短かい。手足とも爪が長い(そして手の爪は足の爪の2倍の長さがある)。③歩くとき、手足の裏の全面を着地して歩ける。手足とも内則気味（内股気味）に動かす。④尾が短い。⑤陰茎に陰茎骨がある。⑥妊娠した雌は、閉鎖空間（土穴・張り根下・洞穴・岩石の空間・雪穴など）に入り、子を産み授乳し、子が歩けるようになって、穴から出てくる。そして、連れ歩き養育する。北海道の羆は子が1頭の場合は満1歳過ぎの5月～10月に自立させ、子が2～3頭の場合は満2歳過ぎの5月～10月に自立させる。⑦歯は吻部（顎）が長いので永久歯で42本（人は32本）で、片側の上下歯と歯の総数を示す歯式は「I 3/3, C 1/1, P 4/4, M 2/3＝42」である。記号Iは切歯で上下各6本あり、先が尖り食べ物を噛み切るのに適している。Cは犬歯で上下各2本あり、強大で殺傷に適している。臼歯は犬歯の奥に前臼歯（P）が上下左右に各4本あるが、いずれも奥の1本を除き極めて小形の歯に退化している。しかし、その奥にある後臼歯（M）は左右上下合わせて10本あり、いずれも大きな歯で、しかも咬面が平板で物を擦り砕くのに適した歯になっている。全体として雑食に適した歯形歯並である。

＜参考＞歯式の詳細説明は「羆の身体」の章を参照されたい。

＜現棲種7種とは＞

現棲種7種を北方から順に上げると、①北極熊 Ursus maritimus（ウルスス・マリテムス）（ラテン語で、「Ursus 熊、maritimus 形容詞で、海の」の義)、そして、次が②羆 Ursus arctos（ウルスス・アルクトス）(arctos はギリシャ語「arktos アルクトスに由来、熊」の義)、そして③アメリカ黒熊 Ursus americanus（ウルスス・アメリカアヌス）(americanus はラテン語形容詞で、「アメリカの」義)、④月輪熊 Ursus thibetanus（ウルスス・チベタヌス）(thibetanus はラテン語形容詞で、「チベットの」の義)、⑤怠け熊 Melursus ursinus（メルルスス・ウルシーヌス）(Melursus はラ

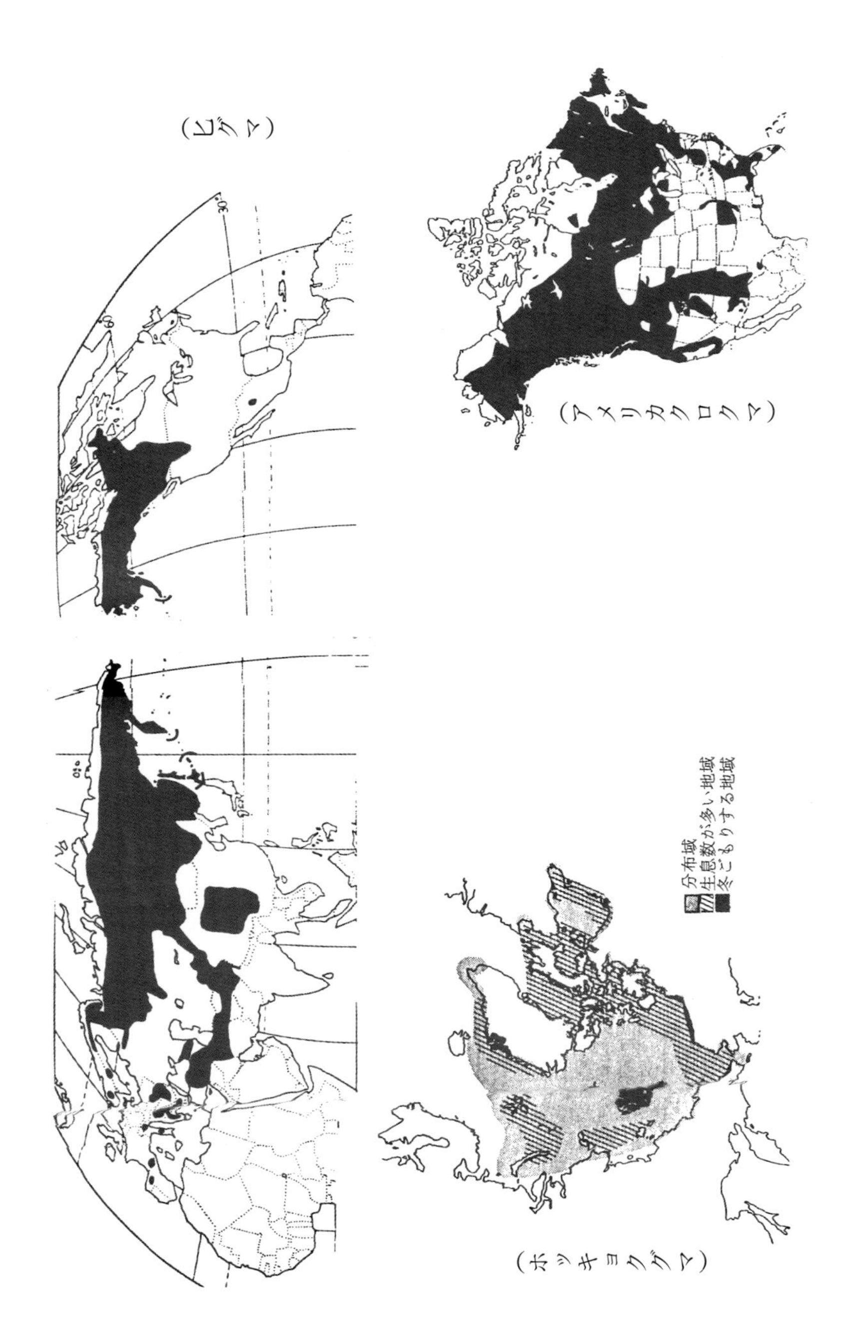
(ヒグマ)
(アメリカクロクマ)
(ホッキョクグマ)
分布域
生息数が多い地域
冬ごもりする地域

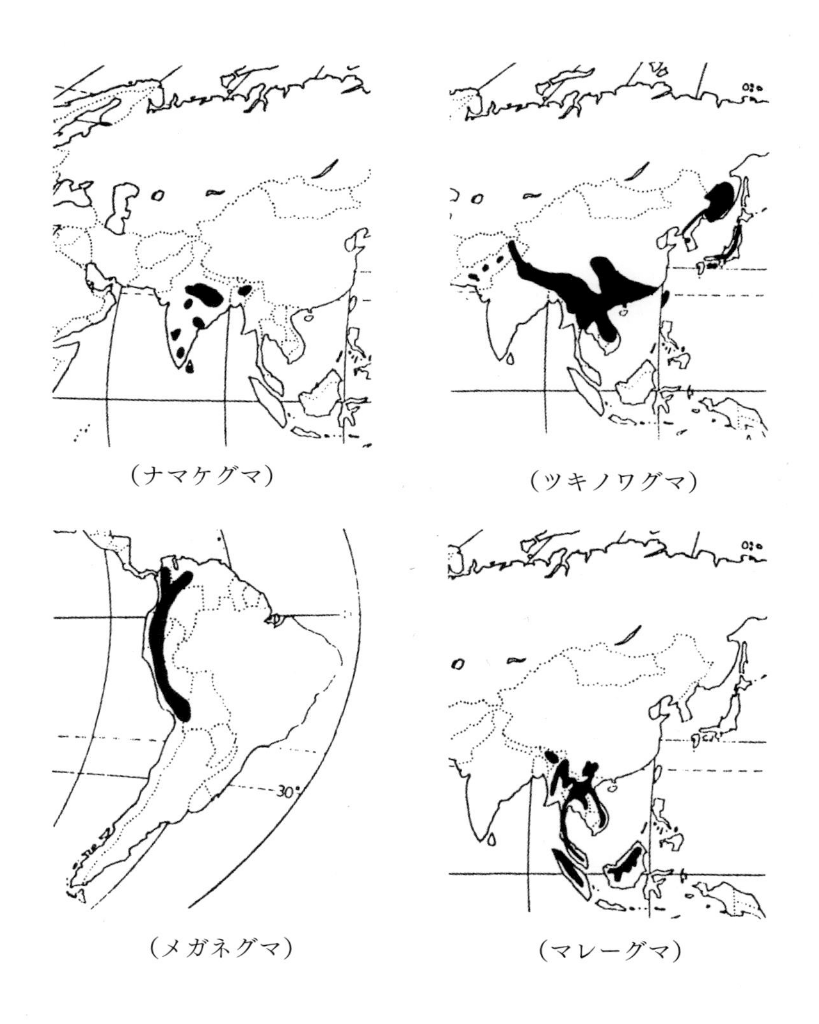

（ナマケグマ）　（ツキノワグマ）

（メガネグマ）　（マレーグマ）

テン語で「蜜の熊」、ursinus はラテン語の形容詞「熊の様な」義)、⑥マレー熊 Helarctos malayanus（ヘルアルクトオス・マラヤヌス）(Hel-arctos はギリシャ語で「太陽熊」、malayanus はラテン語形容詞で「マレーの」義)、そして最も南方にいるのが⑦眼鏡熊（マガネクマ） Tremarctos ornatus（トレムアルクトス・オールナーツス）で (Trem＝ギリシャ語「穴」、arctos はギリシャ語「arktos に由来、熊」の義、ornatus はラテン語形容詞で、「華麗な、飾られた」等の義)

である。パンダを熊類に入れる見解もあるが、本種は「手の指が6本あり、腸管に植物繊維を消化する微生物を共生させている等の特異性があり」、私は熊科 Ursidae の種ではなく、別科「パンダ科 Ailuropodidae の種とすることを支持している。Ailuro はギリシャ語「猫の」、podi → podos は同「足」の義で、「猫に似た足を有するものの義である。

＜熊類の起源＞

熊類 Ursidae（熊科）の先祖探しは化石によって行う。具体的には、熊類に固有の特徴を備えた化石骨や歯を探し出して、その中で最も古い年代の地層から産出した化石種を熊類の祖先と決めるのである。このようにして調査した結果、地球上に最初の熊が出現したのは今から約2千万年前だと言われている。この熊の化石はドイツのフランクフルト Frankfurt とフルダ Fulda 間のエルム Elm 地域で鉄道トンネル Elmer Tunnel を掘削していて発見したもので、この化石を研究したドイツの古生物学者ステリン Stehlin によって1917年に学名 Ursavus elmensis が付された。学名の語義はラテン語で、urs（熊）＋ avus（先祖）、elmensis（エルムの）で、「エルムの先祖熊（エルムから出た先祖熊）」の意である。その後本種の化石はドイツのババリア地方中央部の Eichstatt からも出土した

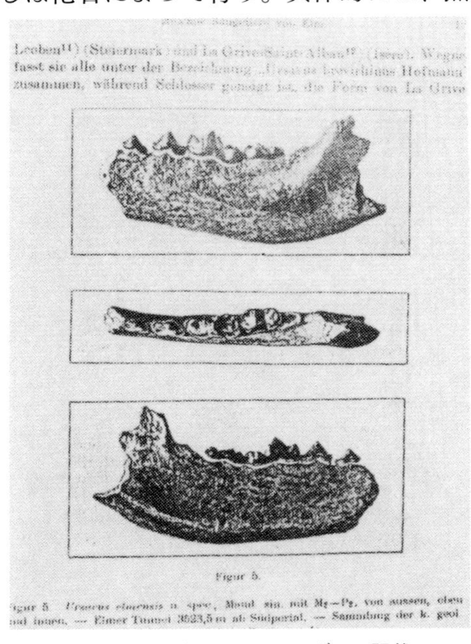

Figur 5.

シュテリン氏によるエルムグマの記載

ランバート氏のエルムグマ想像図

（Dehm,R.1950)。なお､本種の分布はヨーロッパに限られていたようだが、正確な分布域や絶滅年代は不明だが、Ursavus 属は身体を大型化しつつ進化し数百万年間は続いたらしい。

本種の化石は歯と頭骨の一部しか発見されていない。したがって身体の形や大きさは想像する以外にないが、身体の大きさは体長が60㎝～80㎝で、四カ月令前後のヒグマの子ぐらいだったらしい。当時の地球上の陸地と海洋の形は現在と大きく異なり、気候も違っていた。伴出した動・植物の化石から、当時の欧州の気候は亜熱帯でシュロやヤシの木が茂り、沼や河にはワニが棲んでいた。このエルムの熊も多分木に登り、時には遊泳などしながら雑食性の生活をしていたらしい。なお Ursavus elmensis は犬科から進化したと考えられている。

＜進化する熊＞

以来熊は今日まで2千万年という悠久の時の流れの中で、種自体の内因とその時代その土地の環境変化（外因）に適応するために進化して来た。そしてこの間に色々な種類の熊が出現しては絶滅していった。だが熊類の進化史には時代が下るに連れて､前臼歯の退化､後臼歯の咬面の平坦化と、例外はあるにせよ身体の大形化（同種でも寒冷期には大型化し、温暖期には小型化した）と言った方向性が見られる。

世界には7種の熊が現棲しているが、それを出現年代の古い順に挙げると、眼鏡熊 Tremarctos が最も古く、次に怠け熊 Helarctos とマレー熊 Melursus がほぼ同時代に出現、その後アメリカ黒熊と月輪熊が出現、それから羆が出現、最後に北極熊が出現した。これらについても前記定則が当てはまり、出現年代が新しい種ほど身体が大型で、しかも赤道からより離れた地域あるいは離れた地域にまで分布していると言う特徴がある。Ursavus との関連で言えば、Ursavus 出現から約1千万年後におそらく Tremarctos、Helarctos・Melursus、Protursus の各祖型種が出現し、その後 Protursus から多様な移行型種を経て約5百万年前に Ursus 属の種が出現し、その後最終的にアメリカ黒熊・月輪熊、羆、北極熊が進化出現したと見られている。

＜ Protursus から Ursus 種の進化＞

羆・北極熊・月輪熊・アメリカ黒熊は皆 Ursus 属の種で、Protursus（プローツルースス）属から多様な移行型種を経て進化したものである。Protursus はラテン語で「押し出す＝進化する」義である。その過程を見ると、約500万年前にProtursus属からUrsus minimus（ラテン語でUrsus（ウルスス）「熊」minimus（ミニムス）「最小の」、「最小の熊」の義）が進化出現しユーラシア大陸（ヨーロッパとアジア大陸の総称）に広く棲息し、東へ分布を拡大したものは当時陸続きであった北米大陸にまで分布を拡大したらしい。そして約250万年前に、Ursus minimus のユーラシア個体群から移行型種を経てエトルスカスグマ Ursus etruscus（ウルスス・エトルースクス）とアジア黒熊「別名月輪熊（Ursus thibetanus）」が、北米個体群からアメリカ黒熊（Ursus americanus）がそれぞれ進化出現したと考えられている。etruscus（エトルースクス）はラテン語で「エトルリアの（イタリアのトスカーナ地方の古名）」で、「エトルリアの熊」の義である。

＜ヒグマの出現、ヒグマの最古の化石＞

約250万年前にはユーラシア大陸には広くエトルスカスグマ Ursus etruscus 棲息していた。この熊の身体の大きさは北海道の羆並と考えられている。やがて、地球は氷河期と間氷期のはざまにゆれ動き始めたが、今から90万年ないし80万年前のギユンツ氷期の最寒冷期に、ヨーロッパとアジアの境界にあるウラル山脈ぞいにスカンディナビア地方から氷床が大きく張り出し、エトルスカス熊はヨーロッパ個体群とアジア個体群に完全に分離されてしまった。そして、その後、ヨーロッパ個体群は U. savini（サウイニ）熊と U. deningei（デニンゲイ）熊を経て、約30万年前に洞穴熊（ホラアナクマ）Ursus spelaeus に、アジア個体群は数十万年前に直接羆 Ursus arctos に進化したと考えられている。U.savini、U.deningei、Ursus spelaeus の生息域はヨーロッパに限られていた。

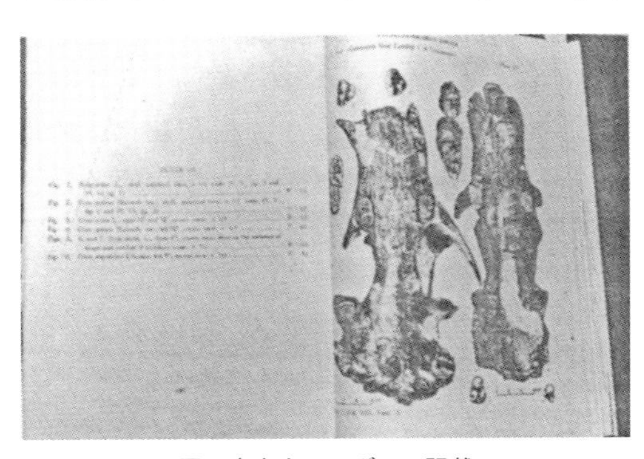

周口店出土のヒグマの記載

羆の最古の化石は中国の北京の西南約40㎞にあるあの北京原人が発見された周口店の50万年前の地層から出土したものである（70万年前との説もある）。さて、約25万年前の間氷期の始まりとともに気候が温暖化し、ウラル山脈ぞいに張り出でいた氷床が北へ後退するに従い、それまで分布がアジアのみに限られていた羆が欧州にも分布を展げた。そして、1万年程前に洞穴熊が絶滅するまで、欧州では羆と洞穴熊が共棲していたと言う。一方、ウラル山脈の氷床の後退と時を同じくして、シベリア北東部の氷床も北に後退しはじめたが、羆はその氷床を追うようにシベリア北東部から北米のアラスカ中南部へも分布を拡大した。しかし、ロッキー山脈から東へ展がる厚い氷床は羆が大陸の南部や東部へ分布を拡大することをその後も拒みつづけ、羆がこれらの地域へ分布を拡大し始めたのは最後の氷期が終了した約1万2千年前であると言う。

＜ホラアナグマ＞

洞穴熊は北極熊や羆やかって北米に居たアルクトドゥス熊「Arctodus は初期の Protursus の出現前後に別の属として出現したらしい」とともに熊類の中では身体が最も大形の熊で、骨格から外貌を復元すると羆と共に最も熊らしい風格をしている熊で、出土した頭骨や四肢骨から雄は雌よりも大きく、羆に比べて3割程身体が大きかったと考えられている。越冬を洞穴で過ごし出産し育子したため化石骨が主に洞穴から出土するので「洞穴熊」を意味する学名 Ursus spelaeus（spelaeus（スペーラエウス）、ラテン語で「洞穴の」義）が付された。羆は太古から冬ごもりは通常土穴を掘って籠ったのに対し、洞穴熊は既存の洞穴を使う習性があり、そのために洞穴内で死亡することもあって、長年月の間に同じ洞穴に多数の死骸が集積される結果となり、それが後に洞穴から多数の本種の化石が出土する理由となった。具体的に言えば、熊は孤独性が強いから、広い洞窟でも中に集団で居ることはなく、居るのは単独か母子のいずれかである。洞窟で2～3年に1頭このような熊が死んだと仮定し、そう言う状態が数万年ないし10万年続いたとすれば、死骸は3万から5万頭分にもなる。それが洞穴内に洞穴熊の化石が多い理由だと言う。本種の最古の化石は約30万年前のもので、化石は北緯36°～52°のイギリスからカスピ海以西部のドイツ・フランス・イギリス等欧州から広く石灰岩洞窟や石灰岩層から出土している。骨や昆虫を食べるコウモリ類の糞にはカルシウムや燐が多く含まれており、第1次大戦中には農業用燐酸肥料目的で洞窟が掘られ3万〜5万頭もの洞穴熊の骨が堆積したコウモリ類の糞と共に採掘され、洞穴熊の骨の堆積層の下からは、洞穴熊の祖型種であるU.deningei熊の化石が出土したと言う（T.Nilsson)。クルテン博士によると、食性は羆に似た雑食性で、新生子はドブネズミ程の大きさ、満1歳は狼ぐらい、満2歳はハイエナ程、満3歳はライオン程の大きさだったと言う。出産期は11月〜翌年の2月だろうと言う。洞穴熊は1万年程前に絶滅したが、絶滅原因は内因と外因があるが、Abeel と Kyrle は内因説をとり、種としての退化、雄雌の比率の異常化（雌の減少）、骨疾患、奇形などをあげている。祖型種のU.savini、U.deningei も分布がヨーロッパにのみ限局し、しかも出現して30〜40万年で絶滅していることから考え、その末裔進化種である洞穴熊は前2種も含めて環境変化に対する適応性が小さかったことが推測され、過去のミンデルン氷期後の温暖な間氷期を耐え抜いて来たにも拘わら、ずヴルム氷期末期以降の温暖化にはとうとう適応出来ず、種々の内因外因の影響で徐々に個体数を減少させ、ついに絶滅に至ったものと思う。なお同時期には、本州以南に棲息していた羆も絶滅したが、羆は北半球に広く棲息していて、はるかに洞穴熊より、環境への適応性は大きいはずだがやはり耐え得ず絶滅したものである。死んだ季節は歯の最外側年輪が冬期の寒冷な時期のものか、それ以外の温暖な季節のものかを調べれば分かるはずだが、それに関する記述はないようだ。

＜ヨーロッパの先史人と熊＞

約30万年前から約1万年前に至る間、ヨーロッパには洞穴熊が棲息し、約20万年前からは羆も棲息していた。但し両種は越冬場所の違いなどの生態の違いから、越冬期以外の活動期においても棲み分け的生活をしていたらしい。この間のヨーロッパでは約20万年前から2万数千年前まで、ネアンデルタール人が棲み、約4万年前から1万年前まで、クロマニヨン人が棲んでいた。これらの先史人は当然熊との出会いもあった。それを見てみよう。クルテンによると、旧石器人（クロマニオン人とその子孫）は熊の絵を洞窟の壁面などに100点ほど残しており、その殆どは羆のもので、洞穴熊のものは数点だろうと言う。その理由として、洞穴熊の生息地は人と洞窟熊が出会う頻度が少ない人が容易に行けない場所で、例えそこで洞穴熊を獲るにしても、槍や撲殺用の殴り棒では太刀打ち出来ず、捕殺用の落とし穴を造るにも地形的に難しい場所であったのだろうと言う。また人が加工したと断定し得る熊の骨は総て羆のもので、洞穴熊の物は見つかっていないと言う。

ネアンデルタール人は弓と矢を知らなかった民族と言われているが、熊への関与に関する信頼性がある知見は2件ある。一つはフランスの先史学者 Eugene Bonifay の1960年代前半のあの有名な Lascaux からほど近い Regourdau cave の記述である。洞内にネアンデルタール人の墓があり、その供え物の中に羆の上腕骨（道具に用いたらしい）があり、他骨は故意と考えられる場所にまとめて在った。これについて、ラップ人が熊儀礼で頭骨と他の骨を一括して埋める事とのを関連で、ネアンデルタール人にも熊儀礼の観念が存在していたのではないかと述べている。もう一つはドイツの Weimon city 近くの石灰層からの出土化石で、羆の片側の下顎部で、犬歯の上半部が人為的に削り取られた物で、なぜその様に加工したのかは不明だが、これもネアンデルタール人による数少ない物的資料だと言う。

もう一つ先史人による熊儀礼の存在を推測させる実物に、1923年に洞窟探検家の Norbert Casteret がフランスのピレネーの Montespan 洞窟で発見した長さ1.2m 高さ0.6m の熊の粘土製の頭部が無い彫像で、前足の間に若熊の頭骨が在ったと言うのも。しかし頭骨はその後盗まれ、羆か洞穴熊か解らぬままだと言う。推測として、彫像には熊皮が掛けられ、頭骨は頭の位置に立てた棒で固定され、熊の姿が再現された物であろうと言う。また彫像の面には沢山の槍で刺した痕があると言う。これらのことから、この彫像は熊儀礼の対象物であったろうとの事。しかし真偽は不明である。

＜ホッキョクグマの出現＞

北極熊は U.etruscus から羆が進化する過程で、相当早い時期に一つの系統として出現しその末裔であると言う見解と、羆がツンドラ地帯をさらに越えた北極圏から北極海沿岸域に分布を拡大する過程で寒冷な氷海域でも生活しえる体質と体型に進化したものとする説がある。この熊の最古の化石はイギリスのロンドン郊外の kew（キュー）からの産出で、年代は約10万年前のものだと言う。いづれにしても北極熊は熊類の進化史の中で最も新しく出現した種であるらしい。

ツンドラで夏を過ごすホッキョクグマ（カナダで門崎撮）

＜マレーグマとナマケグマの出現＞

マレー熊と怠け熊の進化の過程はほとんど解っていない。ただ両種とも相当古い時代に既に出現していたらしい。Ursavus 出現から約1千万年後にはおそらく Helarctos と Melursus の最初の種が出現していたらしい。怠け熊の最古の化石はインドのマドラス Madras にあるカルヌル Karnul 洞穴の約200万年前の地層から出土しており、マレー熊の化石も約200万年前の地層から出土している。特にマレー熊の化石は欧州からも出土しており、以前は相当広範な地域に棲息していたらしい。

＜メガネグマの出現＞

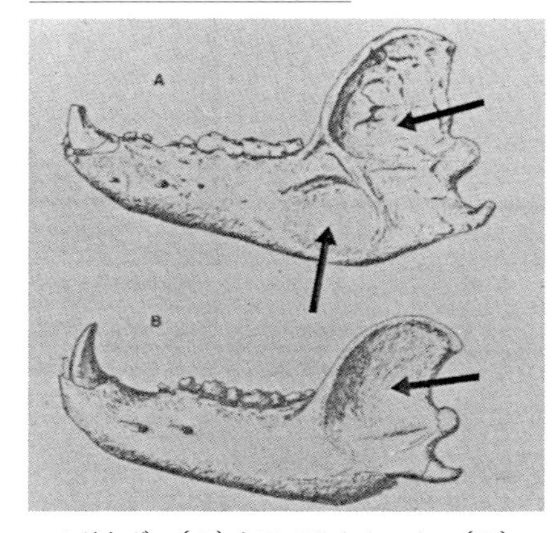

メガネグマ（A）とアメリカクロクマ（B）の下顎骨の咬筋窩（矢印）の違い

眼鏡熊の進化の過程もよくは解っていない。ただ Ursavus 出現から約1千万年後には、おそらく Tremarctos の最初の種が出現していたらしい。本種 T. orenatus の下顎骨は咬筋窩が二部分に分かれているなど、現存する他のクマ類と全く異なる特徴があるので、相当古い時代に特殊化した系統のクマの末裔と考えられている。現存眼鏡熊の直系先祖と見られている熊はフロリダアナグマ Florida cave bear

（Tremarctos floridanus）と言って今から約230万年前から8千年前にかけて北米に広く棲息していた熊である。

本章を記すに当たり、特に次の3書を参照した。①A Riview of Fossil and Recent Bears of the Old World（Erdbrink,D.P.1953）、②The Cave Bear Story（Bjorn Kurten,1976）、③The Pleistocene（Tage Nilsson,1983）。

＜熊類の生息数＞

Gary Brown 著の「The Bear Almanac 2009」によると、現棲種7種の世界での生息数は下記の通りである。生息数は、子が産まれる前が最少数、子が産まれた直後が最多数となりそれを両極として、年周変動するが、それに関する注記がなく、信頼性と共に、その点で不満であるが、目安として、ここに、転記する。

北極熊　2万～2.5万頭、羆　20万頭、アメリカ黒熊　90万頭

月輪熊　6万頭、ナマケ熊　1～2万頭、マレー熊　6千～1万頭、メガネ熊　2万頭

＜日本の羆の起源＞

羆は今から90万年前から50万年前の間に、アジア大陸（ユーラシア大陸のウラル山脈以東部を言う）でエトルスクス熊（U.etruscus）から進化出現した。日本からは羆の化石は出土しているが、羆の祖型種であるエトルスクス熊の化石は発見されていない。したがって、日本の羆はアジア大陸でエトルスクス熊（U.etruscus）から進化出現した後、大陸から移住して来たものである。現在、わが国で羆が生息している地域は北海道だけだが、本州や九州などの70万年前から1万年前の地層から羆の化石が月輪熊の化石と共に出土しており、有史以前には、本州以南にも月輪熊と共に羆が生息していたのである。

＜日本への羆の渡来＞

羆の出現年代が90万年前から50万年前の間であるとすれば、日本への羆の渡来時期は当然90万年前以降と言うことになる。ところで羆が大陸から日本列島へ移住するにしても、大陸と日本列島間には海峡があり、朝鮮と対馬間の朝鮮海峡は50㎞、対馬と九州間の対馬海峡は85㎞もあり、

サハリンと北海道間の宗谷海峡も距離が約42㎞もある。明治45年5月24日に北海道本島の天塩から利尻島鬼脇の石崎海岸まで約19㎞の海上を泳ぎ渡り、再び鬼脇の石崎沖合に泳ぎ出た推定年齢7〜8歳の雄グマ1頭を海上で漁師達が斧で獲殺した記録がある。しかし、いずれの海峡も長距離でしかも海流があるから、羆がいくら泳ぎが巧みでも、これらの海峡を泳ぎ渡ることは至難である。ではどのようにして渡来したかと言うと、氷河期ないしその前後に移住していたのである。氷河期と言うのは地球の過去を地史的に見ると、原因は諸説あって未だ明確でないが、全地球的規模で気温が低下した時期を言う。この間海水が蒸発し、これが雪の原料となり、陸地や氷海に降り積もったものが、低温のため融解せずにどんどん蓄積した結果、海水が減少し、海面が低下した時期を言い、数万年単位で幾度かあった。この間アジア大陸と日本列島の総て、またはアジア大陸と日本列島の一部が陸続きか、ないしはそれに近い状態になった。このような時に熊を含めた多様な生物が日本と大陸間を往来し、その土地の環境に適応し得る種は定住した。羆も月輪熊もこのような時に大陸から日本に渡来したのである。

＜渡来時期はいつか＞

日本の陸棲生物相の形成に強い関わりがあったと推察される氷河期は、ギュンツ Günz 氷期（47万年前〜33万年前の間）、ミンデル Mindel 氷期（30万年前〜23万年前の間）、リス Riss 氷期（18万年前〜13万年前の間）、ヴュルム Würm 氷期（7万年前〜1.5万年前の間）である。Günz、Mindel、Riss、Würm の呼称は「ヨーロッパアルプス氷河時代区分」と言い、ドイツの河川（谷）名に由来する。北米と北欧の氷期名はそれぞれこれと異なる名称を付している。

氷期の時代区分とその年代、気温の低下度と海面低下の程度は研究の進展で変わる可能性があるが、それを前提に述べると、ギュンツ氷期（47万年前〜33万年前の間)、ミンデル氷期(30万年前〜23万年前の間)、リス氷期(18万年前〜13万年前の間）には、気温が現在と比較して平均6〜7℃低下し海水面が現在と比較して約140m 低下した。140m 低下すると、大陸と日本列島間の各海峡の最浅部を辿った場合の最深部は140m であるから、日本列島はアジア大陸と完全に陸続きになるか、それに近い状態になる（しかしミンデル氷期やリス氷期は大陸と断絶していたとの説もある)。

またヴュルム氷期（7万年前～1.5万年前の間）には、気温が平均3～4℃低下し海水面が現在と比較して約60m 低下（他に気温低下が7～8℃、海水面低下が100m～130m との説もある)、北海道だけがサハリンを介してアジア大陸と陸続きになっていたと言う。本州以南にはギュンツ氷期（47万年前～33万年前の間)、ミンデル氷期（30万年前～23万年前の間)、リス氷期（18万年前～13万年前の間）に、大陸から朝鮮半島を経由して月輪熊と羆が九州に渡来し、それが本州北端まで分布を拡大したものである。

この時期北海道にも羆が本州から移住した可能性はあるが、定住には至らなかった。

アジア大陸と日本列島間の各海峡、朝鮮半島～日本列島～サハリン～沿海州間の各海峡の最狭部の距離と、その最浅部を辿った場合の最深部の海深は次の通りである。

①沿海州とサハリン間

　　間宮海峡、　最狭部の距離約5㎞、　最深約10m

②サハリンと北海道間

　　宗谷海峡、　最狭部の距離約42㎞、　最深約60m

③北海道と本州間

　　津軽海峡、　最狭部の距離約20㎞、　最深約140m

④対馬と九州間

　　対馬海峡、　最狭部の距離(壱岐島を介して)　約85㎞､最深約120m

⑤朝鮮と対馬間

　　朝鮮海峡、　最狭部の距離約50㎞、　最深約140m

＜北海道の羆の起源＞

北海道に羆が大陸から移住してきたのはヴュルム氷期（7万年前～1.5万年前の間）で、沿海州方面からサハリンを経由して渡来したと私は考えている。この時北海道に渡来する過程で利尻島・礼文島にも羆が棲み着いたであろうし、国後島・択捉島には北海道を経由して分布を拡大したことは確実である。奥尻島に羆が渡ったか否かは不明である。北海道の羆のDNA 型にカムチャツカ半島に居る羆の DNA 型があるとのことで、カムチャッカ半島から千島列島を南下して北海道にこのタイプの羆が渡来した可能性を指摘している者がいるが、千島列島で羆が棲息しているのはカムチャツカ半島南部のシュムシュ島とパラムッシル島の2島と、南千島の国後・択捉の2島であり、それ以外の中部千島の島々には羆が過去現在とも棲息していた証拠は無いから、私はサハリン経由でDNA型の異なる複数の個体群が6万年間にも及んだヴュルム氷期に渡来しても不思議ではないと考えて居る。

＜日本での熊類の化石出土＞

日本で化石として出土する熊類は月輪熊と羆の2種である。この2種の化石は本州・九州・瀬戸内海などから出ているが、北海道からは出土していない。北海道で出土する熊の骨や歯や爪はいずれも先史・先住民族の遺跡からで、これらは総て時代的に新しいもので、化石化していない。

日本での羆の化石出土地を列記すると次の通りである。青森県下北郡尻屋崎の日鉄鉱業採石場で時代は後期更新世（13万〜1万年前）。栃木県安蘇郡葛生町大叶の吉沢石灰採石場と大久保の宮田採石場で時代は後期更新世（13万〜1万年前）。長野県上水内郡信濃町の野尻湖底で産出層の年代は3.5万〜3万年前。広島県神石郡神石町の帝釈観音堂洞窟遺跡で産出層の年代は4万〜3万年前。山口県阿武郡阿東町生雲の岡村石灰採石場で時代は中期更新世（70万〜13万年前）。山口県美禰市伊佐の日本石灰第五工場採石場（中期更新世70万〜13万年前）と宇部興産採石場（後期更新世13万〜1万年前）。などがある。これら化石の出土地層の年代はいづれも今から1万年前から70万年前までで、地質時代区分で言えば中期更新世（70万〜13万年前）と後期更新世（13万〜1万年前）である。アジア大陸から本州や九州にヒグマが渡来した年代は古くてもギュンツ氷期（47万〜33万年前）であるらしいことを考えると、日本の羆の化石産出地層の年代が古くても中期更新世（70万〜13万年前）であると言うことは理にかなっている。ところで本州や四国の中期更新世と後期更新世（70万〜1万年前）の地層からは羆の化石だけではなく月輪熊の化石も出土している。したがって、この時代には少なくとも本州以南では両種が共棲していたのである。だが、後期更新世（13万〜1万年前）の末期ないしは完新世（1万年前〜現在）の初期に本州以南の羆は絶滅してしまった。この絶滅理由については明確なことは解らない。しかし、羆は元来冷涼な気候を好む体質であることから、氷期後の温暖化した気候に適応しきれず絶滅したと私は考えている。

＜北海道の先史人と羆＞

先住民族アイヌと羆との関係は、別章（アイヌの章）を参照されたい。ここではアイヌ期以前の北海道の先史人と羆との関係について言及する。先史人とアイヌ民族との民族的は関係も曖昧は面があるが、それは一先ず置いて、アイヌ期以前の民族と言えるであろう所の民族を先史人をして、北海道本島とその属島から、先史人が明らかに関与したと断定される、羆の骨（歯）の加工物の他、他種動物の骨や角や石などを加工して作った羆の全体像や・頭部などを模った形象物が多くの地域から出土している。物を残すあるいは作るからには、必ずその目的と理由があるはずである。しかし、現時点で、それが分かる物は少ない。私が見て明らかに、作った目的が分かる形象物を3点を上げる。①オホーツク文化期(1,300～800年前)の礼文島の香深井Ａ遺跡から出土した有孔垂飾と考えられている羆の陰茎骨や爪の付く指骨（未節骨）が出土しているが、これは猛勇なる男を願望するため、あるいは種族全体の繁栄を願望するための装具あるいは儀礼具と見ることもできる。②また続縄文の恵山町の恵山遺跡一号墳では墳墓の周囲に羆の頭骨が二個ならんでいたと言うし、オホーツク文化期の常呂町営浦第二遺跡の住居址・常呂町トコロチャシの住居址・網走市モヨロ遺跡の住居址・根室市弁天島遺跡住居址・根室市オンネモト遺跡の住居址・礼文町香深井Ａ遺跡の住居址などにも羆の頭骨を集積した所が見られたと言う。これらが何を意味するかはまだ解明されていないようであるが、アイヌが羆の頭骨を神（霊塊）が宿る所として特に丁重に扱っていたことと考え合わせ、儀礼的な意味合を感じる。③1998年7月に、芦別市滝里の滝里安井遺跡の土中30㎝程下の墓穴から、蛇紋岩

香深井出土のヒグマの陰茎骨と指骨

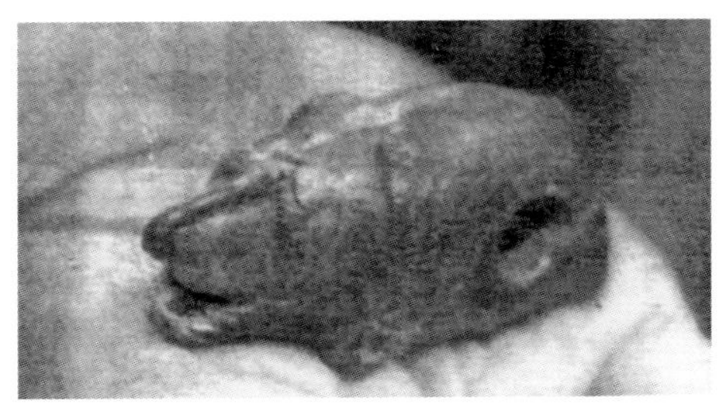
滝里出土の羆の像

を細工して作った羆の彫刻品が出た。羆であることの鑑定は私が依頼されて為た。出土地の土壌は2千年前の続縄文の初頭のもので、この時代に作られた物らしいと言う。羆の形態は頭から尾部まであるが、頭は大きいが、体部から尾部は極端に短小で羆に固有な短小な尾もある。全体の大きさは、長さ5㎝、幅2.4㎝、高さ2.6㎝である。全体が一見して熊と分かる立派な物である。更に腹部の両体側に当たる部位に、径5㎜程の穴が貫通している。此処に紐を通して、人が首に下げるとか、或いはアイヌの男子が儀礼の際に頭に被る礼冠と同じ用途に使用した可能性もある。しかし、往時既に「羆送りの儀礼を行って居たか否かは不明である」知里によるとアイヌの礼冠に付す羆のそれは木彫りで有ったと言う（『アイヌ民族と羆』門崎允昭著 p.51)。

＜リンネの羆の学名＞

現在広く用いられている羆の学名は Ursus arctos である。Ursus はラテン語で熊を意味し、arctos はやはりギリシャ語で熊を意味する。従って、学名の意味するところは「熊の中の熊」と言うことである。この学名はスウェーデンの博物学者で生物分類学の父と呼ばれているリンネ Carl von Linne（カール・フォン・リンネ）（1707～1778、ラテン名：Carolus Linnaeus（カロルス・リンナエウス））が、種名を学名で表記する場合に属名と種小名の2語を連記するいわゆる2名式命名法を創案して、この方法で1758年に欧州の羆に対して付した学名である。現在では世界の羆を種を単位として見た場合それはただ1種で学名の種名が Ursus arctos であることに異議を唱える者はほとんどいない。しかし、1920年代までは、世界の羆が1種であるとする見解に異論を唱える博物学者も多く、そのような人によって任意の土地の羆に対して独自の学名が付されていた。

＜北海道の羆の学名＞

北海道の羆に対しても1844年にオランダのライデンの国立自然史博物

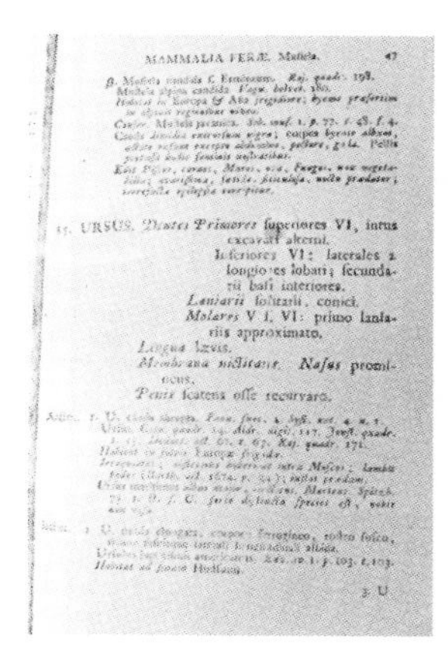

MAMMALIA FERÆ. Mustela. 47

15. URSUS. *Dentes Primores* superiores VI, intus excavati alterni.
Inferiores VI: laterales 2 longiores lobati; secundarii basi interiores.
Laniarii solitarii, conici.
Molares V I. VI: primo laniariis approximato.
Lingua lævis.
Membrana nictitans. *Nasus* prominens.
Penis scatens osse recurvato.

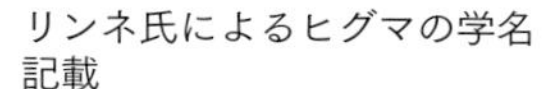

リンネ氏によるヒグマの学名記載

R.I.Pocock
（1863年生～ 1945年没）

Richard Lydekker
（1849年生～ 1915年没）

館の初代館長であったテミンク（C.J.Temminck、1778～1858）氏によって「恐ろしい熊」を意味する学名Ursus feroxが付された。テミンク氏は長崎の出島にあったオランダ商館のドイツ人医師で博物学者でもあったシーボルトが（P.F.Siebold、1796～1866）が、長崎滞在中に（1823～1829）当時蝦夷地と言われていた現在の北海道から収集しライデン博物館に持ち帰った羆の毛皮を基に学名を付したのである。この学名はシーボルトと共に日本動物誌「Fauna Japonica」に発表したが、学名は早くつけられた名前が正式のものになると言うこともあって、羆の種名は既にリンネにより命名されていたこともあり、またテミンク氏の学名Ursus feroxはテミンク氏が用いる前に既にラフィネスク氏により1817年に北米の1地方の羆に付されていたこともあって注目されなかった。feroxはラテン語で「大胆な、凶暴な」の義である。

＜蝦夷羆＞

しかし、Ursus arctosとテミンク氏が命名したUrsus feroxが同種異名であることを明確にしたのは英国の博物学者のライデッカ氏Richard Lydekker（1849～1915）であった。彼は1897年（明治30）に大英博物館に所蔵されていた北海道産羆の頭骨3個を調べて、改めて本道の羆の学名をリンネが命名したUrsus arctosとする一方、本道産羆の頭骨をカムチャツカ産羆の頭骨などと比較した結果、両者間に形態上の違いが7項目にわたって明確に存在するとした。そして、この違いを亜種の差とした。彼は当時既に北海道がエゾ地と呼ばれていなかったにもかかわらず、本道産羆に「エゾ地の羆」と言う亜種名「Ursus arctos yesoensis」と英語の俗名「Yezo brown bear 」を付した。現在一般に使われている「エゾ羆」と言う俗名はこれの邦訳である。なお、ライデッカー氏はイギリスのロンドン生まれで、Trinity College ,Cambridge（大学）出で、同校で初めて、自然史学の講座の教官となり、1872年、彼はインドの地質学調査に参加し、インド北部（特にカシミール）の脊椎動物の古生物学を研究した。彼は1882年までこの職を続け、その後、ロンドン自然史博物館の化石哺乳類、爬虫類、鳥類の目録作製の責任者となり出版した（1891年、10巻）。他に著書として、A Manual of Palaeontology（1889年、2巻、共著）、Phases of Animal Life（1892年）、The Royal Natural History（1893年 -1896年、8巻、共著）、The Wild Animals of India, Burma, Malaya, and Tibet（1900年）等があり、さらに1894年から1896年には、12巻からなる Royal Natural History London を Frederick Warne & Co から出版した。また、ブリタニカ百科事典の改訂版の作製にも携わった。彼の著作は日本の動物学者にも強く影響を与え、明治・大正時代に日本で出版された動物学の多くの書に、彼の著作から図や写真が転載されている。

＜亜種名に対する異論＞

ライディッカ氏が北海道の羆を Ursus arctos の亜種としたことに対し、やはり英国の博物学者であったポコック氏 Reginald Innes Pocock（1863～1947)は1932年に異論を唱えた。彼は St.Edward's School,Oxford(大学)出身で、動物全般について、多様な調査研究を行ない、熊に関しても、月輪熊・羆・ナマケグマ・マレーグマについて先駆的な比較形態学的研究を為し（The Black and Brown Bears of Europe and Asia,1932)、ライディッカ氏が調べた大英博物館の本道産羆の頭骨を再調査し、ライディッカ氏が本道産羆の頭骨に固有の特徴とした事項が決して北海道の羆に特有のものではなく、中国東北部・朝鮮北部・モンゴルなどの羆の頭骨にも共通して見られることを指摘し、北海道の羆を固有の亜種とすることに疑問を呈した。私も今までに約600個体の北海道産羆の頭骨の形態を詳細に調べた結果、かってライディッカ氏が本道の羆には見られないカムチャッカ産羆に固有の特徴とした形態が本道の羆でも数多く見られた。したがって、我々もライディッカ氏の基準で本道の羆を固有亜種とすることには反対である。強いて北海道本島の羆に亜種を規定する要因を上げるとすれば、北海道本島の羆と他地域の羆との間に地理的隔離が成立して相当な時(約1万2千年間)を経過していると言うことぐらいであろう。

＜熊と羆の字源と発音＞

「熊」と「羆」と言う文字は、いづれも古代中国で発明されたものだが、時代とともに字体が変わって来ている。両字の字源について、諸橋轍次の「大漢和辞典」と白川静の三辞典「字通、字統、字訓」を見ると、「熊」の字については、白川の辞典には「篆文(テンブン)と詛楚文(ソソブン)」が、諸橋には「小篆(ショウテン)」がある。「羆」の字については、諸橋と白川の辞典とも、古文(コブン)と小篆がある。「篆文(テンブン)」とは、大篆(ダイテン)と小篆(ショウテン)の義で、秦時代（B.C.221～B.C.207）に使われた文字を言い、小篆は大篆から脱化(変化)した字形である。「詛楚文(ソソブン)」とは、始皇帝によって、統一される前の秦に関する事柄を記すのに用いた文字で、秦が独自に創った文字である。「古文(コブン)」とは、篆文が創始される前の蝌蚪(カト)文字を言う（竹簡(チクカン)に漆汁(ウルシシル)を付けて文字を書いたら、竹は硬く漆は粘っているので、文字の線が、頭大きく尾小さく、蝌蚪(オタマジャクシ)に似ている事から名付けた)。

熊の字の字源は、藤堂明保著「漢字の話Ⅰ」に載録されている説明が、私は妥当だと考えるので、それを紹介する。それによると、熊は字源的に「能」と「火」の合体字で、「能」の右側は四本足を表し、左側はム印と肉から成る。ム印は鋤(スキ)やテコの道具を表し、転じて肉付きが良く、よく動き働く耐久力がある意味を表し、「火」を添えたのは、熊は山林に棲む火の精との考えによると言う。要するに、熊の身体の特徴と熊の生態を合わせ表現した字と言える。

「能」という字自体は、古典（昔書かれた書）では耐久力の強い大亀を意味することがあり、その「能」に「火」をそえたのである。亀は淵に住む水の精であり、熊は山林に住む火の精だと言う。

羆の字源は白川静の「字通」の説明が、私は現状では妥当と考えるので、それを紹介する。羆の罷は能（熊）が网（網）に懸かり、ハイダツ（扌＋罷）脱しようとして、罷(ツカ)れる（疲れる）様の字で、罷は羆の省文と見られる字であると記している。要するに、熊が網に掛かった状態を表す字と言うことである。往時熊を獲る手法に、網の罠を仕掛けて獲った猟法を表す文字とも考えられよう。

熊 獸似豕山居冬蟄从能炎省聲凡熊之屬皆从熊 羽弓切

説文十上 鼠部 能部 熊部 火部 七

羆 如熊黃白文从熊罷省聲 彼爲切 古文从皮

「説文解字」での熊と羆の字の解説

「熊」と「羆」と言う文字が中国からわが国に何時頃伝わったのかははっきりしないが、わが国でこれらの文字が文献に最初に見られるのは、熊の字が古事記で（712年）、羆の字が日本書記（720年）であるらしい。

現在我々が熊と呼称している獣を何時頃からどのような理由で熊と発音し始めたのか、関係史料を見ると次の通りである。多田義俊著の「和語日本声母伝（寛永元年1624）」には「暗くて黒い物の隅を熊と言うから、黒い獣の義」と講釈しているが、案外そんな理由かもしれない。「羆」の発音の由来もまだはっきりしていない。ただ中国から羆と言う文字がわが国に伝承された時には羆と言う発音がわが国になかったことだけは確実である。なぜならば、西暦898年～901年に編纂された漢和字書の「新撰字鏡」や西暦931年～938年に編纂された漢和辞書の「倭名類聚抄」には羆と言う字に万葉仮名で志久万（シ熊）あるいは之久万（シ熊）と注記され羆とは決して書かれていない。この「シ熊（四熊）」と言う発音も中国から羆という文字が伝播された後に考え出されたものであろう。羆と言う動物が有史以来本州以南に棲息していなかったからそれを呼称する発音がそれまでわが国になかったのも当然である。さて、「羆」と言う発音が何時頃から使われるようになったかだが、これもはっきりしていない。しかし、西暦100年に編纂されたと言う中国の許慎の「説文解字」には「羆と言う文字は罷と熊の合体字（罷熊）で、しかもそれから能を省いた字で、音は罷（ヒ）であるとあることから、後にこれに従って作られた発音の可能性もある。

第13章　羆雑学

<羆の毛皮と手触りと蚤>

①羆の毛皮は、畳敷きの和室に江戸時代から重宝され、1980年代には、全長2m程の冬毛の擦れ毛がないものは、毛皮の裏面に緑色の厚手の布を張り敷物として出来上がった物で1枚30万円もした。羆の毛は直毛（刺毛）と綿毛（縮毛）から成っていて、刺毛は人の恥毛に、綿毛は脛毛に手触り見ばえともよく似ている。そこで客間に通され、羆の毛皮の上に置かれた座布団に座り、話をしていて、思わず毛に手が触れて、妻を思い出したと言う。

ペンリエカシと Batchelor
(1901、Batchelor 原図)

アイヌの住居（左）(1901、Batchelor 原図) ①住居　②子羆の檻　③倉

②熊（羆）皮には、蚤が着かぬと昔から言われていて、私も母（ちよゑ1911〜1996年）から子供の頃（7〜10歳位の時）身体に蚤や虱がたかると、よく聞かされた。熊皮には蚤が着かないと言う話は古くは、松前廣長（1731〜1801）が1781年に著した「松前志」に「熊皮の徳は蚤虱（ノミシラミ）生ぜざるよし古人云へり」とあるが、実際は違う。英国人キリスト教宣教師Batchelor（バチラー）は1879（明12）年25歳の時から明治17年迄度々布教で平取のアイヌ部落を訪れ、その度にアイヌの酋長ペンリの家に滞在したが、その際、ノミとネズミに悩まされたと、後に著書（Ainu Life and Lore 1927年刊）に書いて居る。それをよると、アイヌの家屋は屋根はあるが天上がない一間で、便所は屋外である。バチラーはその一間の一角を2m 四方板囲いしてもらい、少し高床にし、熊皮を敷き寝起きしたが、蚤に体中刺され発赤し痒いのと、夜にはネズミが部屋を走り回り、身体はもとより顔の上迄ネズミが飛び走るのには閉口し、我慢できず、そのことを、ペンリ酋長に言うと、酋長が言うには、蚤はもとは天上の雷神の身体に住んでいたものが、ある時、雷神が蚤が煩わしくなって、身体を大きく揺すったところ、蚤が地上に降り注ぎ、以来アイヌの世界で暮らすようになったのであり、蚤に刺されても、我慢し掻かないでいれば、痒みは消えるから、あんたも蚤のこと気にしなさんなと言う。痒いが仕方なく我慢していたら、その内、バチラーも痒みを感じなくなったと言う。ところで、ネズミはペスト菌の保菌者でその血を吸った蚤に人が刺されると、ペストに感染するが、日本でペストが発症したのは、中国からの伝搬で1899年以降であり、バチラーが蚤に悩まされた時は、まだネズミと蚤とによる、重篤なペストと言う感染症は日本には無かったのであった。このように、熊皮に蚤が着かぬと言うのは間違いである。

③明治時代から昭和30年代半ばまで（1960年頃迄）、漁場や林業の親方らが熊皮で毛を表側にしたチョッキ（胴着）を作り、暗黙の勢力誇示に着ていた。しかし、熊皮は重いので、肩が凝り長時間着ることは難儀であったと言う事で、用いられなくなった。

＜羆の肉＞

羆の肉の味くらい人によって批評の違うものは少ない。野趣があって実に美味しいと言う人があり､反対にこんなまずい肉はないと言う人もある。十数頭の羆の肉を食って見たが、どの人の言い分も本当で、羆のように個体によって肉の味の違う動物は珍しい。共通な点は、煮ても焼いても、噛んだ後に口の奥で感じるかすかなクマの味だけで、多くの人はこれには気がつかない。肉の味の違いは雌雄の差でも、年齢の差でもない。肉の味は羆が食べた物でひどく変わる様である。

犬飼哲夫さんの話だが、大正13年の夏、当時まだ人跡稀な大雪山の奥を調査中、連日の暴風雨で予定が延び、食料不足で困っていた時、夜中に天幕に突然、羆獲りに来たという濡れネズミの旭川のアイヌの太田トリワと息子2人が犬を連れて現れた。地獄で仏とばかりに事情を話すと、アイヌの携行食料を分けて呉れた。羆の肉を煮て炉の上でいぶして干した堅い塊りで、噛んでいると味が出て、空腹はおさまったが、翌朝見ると肉の間にハエの卵が白絲のように幾筋も並んでいて、もう食べる気になれずみな捨ててしまったと言う。その時、太田トリワは好天の夜は、犬飼さんらの幕営地側の、這松が繁茂した中の地面に薄い布を敷いて、身体が火照ると言って、蚊や糠蚊に刺される事は気にならないらしく、褌（フンドシ）一枚で裸で潜り、寝て居るのには、ビックリしたと。その時の事は余程印象が強かったようで、先生は私（門崎）に後日幾度も語られた。そして､「後になって、自然に溶け込んで豪放に山野を抜渉する彼の姿を思いうかべ、呉れた干し肉を捨てた事を恥じたよ、とも話されていた。

追記＜肉の灰汁抜き＞

厚さ1㎝ほどに切った肉を煮立った湯に入れ、短時間沸騰させ、更にその肉を冷水に入れ、いわゆる「灰汁抜き（アクヌ）」後に、その肉を料理する。しかし狐の肉だけは食べようとしても、悪臭がして、人は食べられないと言う（北海剥製標本社社長「札幌市」、信田　誠さん教示（1941生～2011没)。

＜最高の料理＞

これも犬飼哲夫先生の話だが、アイヌの間に昔から伝わる羆の霊を送る祭事や羆の解体の方式を記録するために、北海道大学の博物館では、飼っていた羆を殺すたびにアイヌの古老を招聘することにしていた。古老達は解体しながら、皮下の脂肪を小さく切って生で食べる。腹を開いた時の、腹腔に溜った真赤な血は、強壮剤ということで、掬って飲み、子供にも飲ませる。生の脂肪の味は悪くないが、血は見ただけで胸が悪くなる。

ある時、特に願ってアイヌ最高の羆料理を作ってもらったら、羆の顔の肉をとって細かに切ったものを煮て、塩で味をつけ、頭骨の側頭部に穴を開けて、そこからかき出した生の脳味噌（脳髄＝脳）とこね混ぜて、鮮血の混じったグロテスクなものであったが、他人には食わせない絶品だという。

これほどの料理であれば当然名前があると思い、古老達にその名前をたずねたが、特に名前はないとの返事だった。古老達は恭しくおし頂いて旨そうに食べるので、真似をして口に入れると、血なまぐさい臭いが鼻について喉に通らない。そっと傍におくと、見ていた一人が素早くひきとって、丁寧に紙に包み、部落に帰って近親の者に分配すると言う。羆を神とするアイヌの信仰からくる心理的影響が大きいから、われわれには通用しない味である。両親、夫ともアイヌであった砂沢クラさんの体験談に、父が「川獺（カワウソ）の脳髄を食べると頭がよくなる」と言って食べさせてくれ事、脳味噌は羆でも栗鼠でも何でも食べますとある。「頭が良くなる云々については」知里真志保さんの著作集（2：p.196と216）には、川獺は「忘れっぽい者の代名詞として語られている」。私は鳥類については識らないが、アイヌは色々な獣の脳髄を食べたが、その場合、脳髄を出すにおいて、雄は体位の左側頭部に雌の場合は右側頭部に穴を穿って、脳髄を出す習わしが有った。私の調査で、アイヌの左右についての考えを言えば、左を重んずる尚左習俗があった（参照：門崎允昭著「アイヌ民族と羆」）。

＜ウレハル（掌）料理＞

犬飼哲夫さんの話だが、（先生と私とによる共著「ヒグマ」、北海道新聞社／2000年版から載録）。旧知の日高平取役場の吏員で、＊獣医でもあったアイヌの平村幸雄さんが、肺結核で北大病院に入院したので、見舞いに行った時、感激して部落の仲間がわざわざ持って来てくれたというウレハルと言うアイヌ料理があるが、自分は食欲がまったくないからくれるという。皿の上を見ると、寒天のような塊りに指の白骨が出ていて、赤い肉をちりばめた恐るべき様相のものであった。いわれる通りに塩をかけて箸をつけると、融けるように軟らかく、味は内外を通じていかなる国の料理にもない特有なもので、熊の臭味はまったくなく、淡白な味となんともいえない歯ざわりで、中国の大人（タイジン）しか食べないという「熊掌」とはこのことかと思った。改めて礼をのべて聞いて見たら、この料理を作るのは尋常なことではなく、新しくとった足の裏を、骨ごとに三日三晩も煮続けたものだということであった。中川裕のアイヌ語辞典では、「ウレ ure：足首から先の足」、「ハル」haru：食料」とある。

＊犬飼哲夫著「わが動物記」p.208

＜脂肪＞

羆の皮下や内臓に付着している脂肪は、肌の荒れや傷の軟膏として、多用された。皮下や内臓にある脂肪層を刃物などで取り集め、それを鍋に入れ、脂肪だけだと焦げるので、水を適当量入れ、火に掛け煮る。水の上に油分が浮き出て来る。これを掬（スク）い取り、用いる。瓶などの容器に入れ保存する。固まると、白くなる。

＜熊の木彫＞

北海道の観光地を訪れると土産物店に必ず木彫の熊が所狭しと並んでいる。この木彫熊の創出はアイヌかと思われがちだがそうではない。元祖はスイスである。スイスにもかっては羆がいて、これを具象化した木彫の熊は欧州でもスイスだけの民芸特産品であった。

大正10年（1921）から11年にかけて欧州旅行した当時、渡島管内八雲の徳川農場主で、熊狩りが好きで熊狩りの殿様と言われた徳川義親侯（1886～1976）がスイスからこの木彫熊を持ち帰り、これを見本として木彫熊の制作を奨励したのが、そもそも北海道での木彫熊の始めである。義親侯が持ち帰った木彫熊は高さ6.2㎝、幅4㎝、長さ10.6㎝で、全体が茶色に薄く着色され、口の中は赤、鼻は黒く塗られ、目には黒色ガラスが入れられている。これは現在八雲町郷土資料館に保存されている。

徳川義親侯がスイスから持ち帰った木彫グマ（八雲産業提供）

熊の子は生時小さい事から、母熊は常に安産であろうと民間では考えられ、熊の木彫りが安産祈願の置物としても使われた。私の母も安産のお守りとして、一体箪笥(タンス)の上に飾っていた。熊の木彫りの熊の姿勢には色々な形状があるが、顔の向きで言えば、左向きが多い。身体の表面について言えば、①全面が滑面のもの、②顔面以外細かく毛流が線刻されたもの、③毛流が大雑把に彫られたものの3通りがある。

徳川義親さんの人間像「宮内省は仰天」(2014年6月29日、北海道新聞掲載記事から)

徳川義親さんは、戦前戦後を通じて活動したアナキストの石川三四郎を援助するため、娘の家庭教師にし、宮内省を仰天させ。治安維持法には真っ向から反対し、「このような法律で国民を取締まると、必ず警察官横暴になって、国民の言論、集会、結社の自由を破壊して、穏健な国民までも弾圧するようになり、かえって国家を危険につき落とす」と鋭く突く。戦後、片山哲や浅沼稲次郎ら政治家が徳川邸に集い、社会党結成を準備すると、軍資金をポンと出した。新憲法については「天皇を政治権力からはなし、主権を国民に移したのは、歴史本来の姿に帰ったといえよう」「ぼくは皇室を愛するがゆえに、現憲法に賛成である」と言った、と言う。正に正論である(門崎の考え)。

＜羆の腸の乾物＞

腸を洗い干して乾物とした物を、妊婦が腹に下着の上からでも、巻いていると安産すると言われた。犬飼哲夫さんの話だと、アイヌはそんな事をすると熊の神様から罰を受けると憤慨して居たと言う。

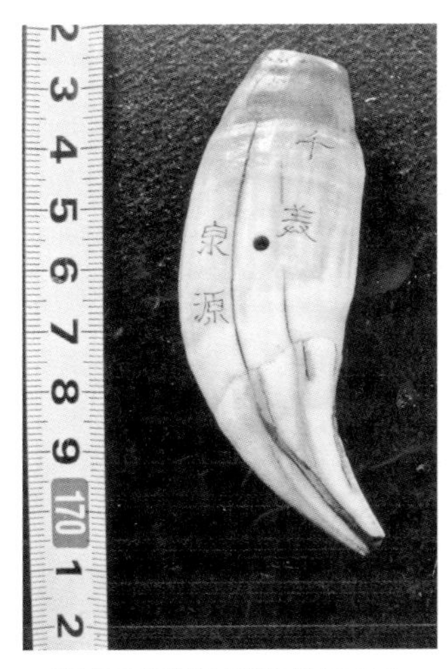

下方の尖方部が歯冠部である

＜羆の犬歯＞

犬歯が成長し歯髄が全部象牙質で塞がった状態の歯根部の下方部を切り取り除き、上方部の面に氏名等を彫り、印鑑とした。また、犬歯の中程に孔をあけ、紐を通し刻みタバコ入れに着けるなど装具ともした。

＜陰茎骨でタバコのパイプを作る＞

熊（羆）の陰茎にはその全長にわたって陰茎骨がある。体長2m 以上の羆成獣大物の雄の場合、陰茎骨の全長は15㎝前後、基部（陰茎の付け根）の最大径が15㎜・短経が11㎜程、そして、先端手前の最狭部で径5～6㎜もある。そこで、この陰茎骨の太い部分が残るように両端を切り取り、太い部分の骨の中心部を熱した針金で焼き貫通させ、その骨の両端にタバコの煙管（キセル）の両端(吸い口部､刻みたばこや巻タバコを入れる口)を装着などして、パイプやキセルを作り使用する猟師がいた。

年度別ヒグマ捕獲頭数（1－1）

年　度	捕獲頭数	出　典　な　ど
1873	128	
1874	171	
1875	220	1885年刊　開拓使事業報告
1876	260	(1873年～1875年は函館支庁管内分含まず)
1877	339	
1878	290	
1879	215	
1880	498	
1881	710	上代知新著　北海道銃猟案内　明治1892年刊
1882	691	開拓使事業報告（1885年刊）では，1880年349頭，1881年164頭である。
1883	611	
1884	911	札幌県第4回勧業課年報　1885年刊
1885	454	(札幌県管内だけの捕獲数である)
1886	755	道庁統計書（千島列島の分含まず)
1887	1122	〃　（千島列島の分14頭を含む)
1888	1082	道庁第3回勧業年報　1888年（千島列島の分33頭を含む)
1901	798	第15回北海道庁勧業年報
1902	620	第16回北海道庁勧業年報
1903	232	昭和44年刊　北海道の猟政　北海道
1904	272	犬飼哲夫　羆による人の被害　植物及動物　第3巻　1932
1905	567	道庁統計書
1906	1018	〃　（千島列島の分10頭を含む)
1907	776	〃　（千島列島の分含まず)
1908	863	〃　（千島列島の分33頭を含む)
1909	207	〃　（千島列島の分含まず)
1910	332	〃　（千島列島の分21頭を含む)
1911	208	
1912	438	
1913	322	
1914	262	
1915	380	
1916	187	
1917	331	
1918	185	
1919	199	
1920	203	
1921	148	
1922	144	犬飼哲夫　羆による人の被害　植物及動物　第3巻　1932
1923	182	
1924	359	
1925	264	
1926	433	
1927	482	
1928	383	
1929	266	
1930	269	
1931	730	
1932	195	
1933	151	
1934	329	
1935	289	
1936	253	
1937	295	

年度別ヒグマ捕獲頭数（１－２）

（門崎作成）

年度	捕獲頭数	出典など
1938	227	1969年刊 北海道の猟政 北海道
1939	226	
1940	218	
1941	264	
1942	264	
1945	278	
1946	314	
1947	372	
1948	711	
1949	538	
1950	363	
1951	457	
1952	512	
1953	572	
1954	502	
1955	368	
1956	649	
1957	517	
1958	298	
1959	440	
1960	427	
1961	380	
1962	868	
1963	381	
1964	794	
1965	511	
1966	666	北海道生活環境部自然保護課資料
1967	479	
1968	494	
1969	523	
1970	636	
1971	635	
1972	361	
1973	463	
1974	649	
1975	377	
1976	364	
1977	409	
1978	339(396)	犬飼・門崎ほか 北海道におけるヒグマの捕獲並に生息実態について（II） 北海道開拓記念館研究年報 1985 筆者ら調査
1979	377(437)	
1980	334(408)	
1981	333(370)	
1982	316(419)	
1983	381(398)	
1984	274(315)	
1985	258(277)	
1986	387(445)	
1987	185(217)	
1988	228(289)	
1989	149(184)	
1990	162(221)	
1991	192(239)	

(年度)	(頭数)
1992年	186
1993	250
1994	147
1995	185
1996	285
1997	(169)
1998	(299)
1999	(340)
2000	(300)
2001	(482)

（注）一九九二～二〇〇一年までのカッコ内だけは会計年度で道庁の統計である。一八八八年度は一月～一一月までの捕獲数である。

一九三四年～一九五四年：暦年か会計年度か不明、一九五五～一九八〇年：会計年度、他はすべて暦年であるが、一九七八年～一九八五、

ヒグマによる年度別被害数(1－1)

年度	件数	人(人)			馬(頭)			牛(頭)			羊(頭)		
		死	傷	計	死	傷	計	死	傷	計	死	傷	計
1887		1	2	3	231	55	286	3	8	11			
1904		1	7	8	179	75	254	4	2	6			
1905		1	13	14	170	61	231	17	4	21			
1906		3	10	13	221	74	295	23	5	28			
1907		2	4	6	149	45	194	13	1	14			
1908		14	12	26	233	10	243	34	36	70			
1909		2	6	8	7	73	80	38	12	50			
1910		2	19	21	338	11	349	77	10	87			
1911		1	4	5	191	67	258	49	9	58			
1912		13	11	23	278	98	376	63	12	75			
1913		9	8	17	237	95	332	12	8	20			
1914		2	7	9	155	107	262	31	7	38			
1915		14	10	24									
1916		2	6	8									
1917		4	7	11									
1918		3	2	5									
1919		1	6	7									
1920		0	6	6	182	58	240	10	11	21			
1921		3	4	7	191	68	259	36	26	62	0	0	0
1922		3	7	10	124	68	192	30	10	40	0	7	7
1923		3	13	16	229	145	374	25	18	43	0	0	0
1924		1	4	5	205	74	279	21	10	31	1	0	1
1925		6	6	12	244	111	355	50	6	56	0	0	0
1926		3	6	9	342	不明	342	32	不明	32			
1927		0	2	2	243	不明	243	22	不明	22			
1928		8	14	22	238	不明	238	36	不明	36			
1929		1	8	9									
1930		0	5	5									
1931		1	13	14									
1932		2	2	4									
1933		3	5	8									
1955		0	4	4	44	18	62	4	1	5	264	20	284
1956		1	3	4	95	27	122	24	4	28	549	62	611
1957		0	1	1	87	42	129	22	37	59	602	44	646
1958		0	2	2	22	19	41	20	10	30	484	40	524
1959		0	7	7	40	24	64	34	45	79	638	73	711
1960		1	5	6	46	15	61	31	17	48	407	27	434
1961		4	3	7	56	36	92	63	24	87	261	59	320

ヒグマによる年度別被害数（１－２）　（門崎作成）

年度	山羊（頭）			豚（頭）			蜂箱（箱）	農作物千円	出典
	死	傷	計	死	傷	計			
1887									(6)
1904				19	5	24			(8)
1905				5	2	7			
1906				12	3	15			
1907				0	1	1			
1908				10	0	10			
1909				3	0	3			
1910				0	0	0			
1911				10	0	10			
1912				10	0	10			
1913				0	0	0			
1914				0	0	0			(1)
1915									
1916									
1917									
1918									
1919									
1920				2	0	2			(5)
1921				1	0	1		591	(7)
1922				1	0	1		605	
1923				1	0	1		69	
1924				1	1	2		33	
1925				23	1	24		64	
1926				19	不明	19			(1), (2)
1927				7	不明	7			
1928				4	不明	4			
1929									(1)
1930									
1931									
1932									
1933									
1955	28	0	28					6,055	
1956	23	9	32					7,758	
1957	20	1	21					13,794	
1958	20	1	21					11,156	
1959	17	6	23					10,501	
1960	49	6	55					9,506	
1961	21	2	23					11,404	

カッコ付き数字：実際はヒグマが原因でない被害数。空欄は資料がなくすべて不明であることを示す。

出典：
(9)北海道生活環境部自然保護課資料。(10)門崎允昭による調査、農作物の被害額は不確定要素が多いため不掲載。
(7)東京日日新聞　一九二六年四月二八日。(8)北海タイムス　一九一五年一二月一六日。（ただし一九一二年の死者数は新聞を直接調べて集計した）
(5)河野本道選（一九八〇）、アイヌ史資料集　第五巻　言語・風俗編(二)。(6)第二回北海道庁勧業年報。
(4)門崎允昭（一九八三）、北海道におけるヒグマの食性について（I）：哺乳動物学雑誌九。
(3)門崎允昭・河原淳（一九九一）、野生ヒグマによる人身事故の防止対策：森林野生動物研究会誌　第一八号。
(1)犬飼哲夫（一九三二）、羆による人の被害：植物及動物　三。(2)犬飼哲夫（一九三二）、北海道に於ける熊の被害（予報）：応用動物学雑誌四。

ヒグマによる年度別被害数（2－1）

年度	件数	人（人）			馬（頭）			牛（頭）			羊（頭）		
		死	傷	計	死	傷	計	死	傷	計	死	傷	計
1962		3	8	11	78	48	126	112	48	160	345	114	459
1963		1	5	6	13	4	17	43	48	91	164	45	209
1964		5	7	12	36	22	58	138	85	223	261	44	305
1965		3	4	7	33	14	47	87	32	119	775	17	792
1966		0	2	2	54	9	63	26	25	51	227	5	232
1967		1	2	3	36	6	42	99	18	117	59	8	67
1968		2	1	3	20	8	28	68	16	84	47	10	57
1969		2	1	3	5	2	7	53	30	83	5	12	17
1970	3	4	1	5	5	6	11	53	16	69	8	0	8
1971	1	1	0	1	1	0	1	54	31	85	6	0	6
1972	1	0	1	1	1	1	2	36	6	42	3	1	4
1973	3	2	1	3	1	0	1	12	5	17	0	0	0
1974	3	1	2	3	2	0	2	39	17	56	0	0	0
1975	2	0	2	2	0	0	0	13	6	19	2	0	2
1976	4	3	3	7	0	0	0	1	6	7	0	0	0
1977	4	2	2	3	1	0	1	3	0	3	0	0	0
1978	0	0	0	0	1	0	1	7	0	7	3	0	3
1979	2	(1)	2	2	3	0	3	16	3	19	0	0	0
1980	2	0	2	2	4	0	4	10	2	12	0	0	0
1981	2	0	2	2	8	1	9	1	0	1	0	0	0
1982	0	0	0	0	0	0	0	2	0	2	5	0	5
1983	3	0	3	3	5	0	5	5	1	6	0	0	0
1984	1	0	1(1)	1	2	0	2	0	0	0	0	0	0
1985	2	1	1	2	5	1	6	4	1	5	1	0	1
1986	1	0	1	1	5	1	6	2	0	2	1	0	1
1987	0	0	0	0	8	0	8	2	0	2	2	0	2
1988	0	0	0	0	2	0	2	3	0	3	2	0	2
1989	2	0	2	2	1	1	2	2	0	2	0	0	0
1990	3	2	1	3	4	0	4	4	1	5	0	0	0
1991	1	0	1	1	1	0	1	4	2	6	0	0	0
1992	1	0	1	1	2	0	2	4	0	4	0	0	0
1993	1	0	1	1	11	0	11	5	0	5	0	0	0
1994	0	0	0	0	0	0	0	1	0	1	0	0	0
1995	1	0	1	1	0	0	0	1	0	1	0	0	0
1996	1	0	1	1	3	0	3	2	0	2	1	0	1
1997	1	0	1	1	3	0	3	4	0	4	0	0	0
1998	2	0	2	2	0	0	0	0	0	0	0	0	0
1999	4	1	4	5	0	0	0	0	0	0	0	0	0

ヒグマによる年度別被害数（2－2）

年度	山羊（頭）			豚（頭）			蜂箱（箱）	農作物千円	出典
	死	傷	計	死	傷	計			
1962	31	3	34					14,757	
1963	30	5	35					8,338	(9)
1964	13	1	14					18,759	
1965	4	0	4					23,938	
1966	9	0	9					4,812	
1967								4,202	
1968								4,537	
1969								5,324	
1970								7,662	(3),(9)
1971								20,861	
1972								17,840	
1973								18,931	(3),(9)
1974								33,151	
1975	0	0	0				11	27,570	
1976	0	0	0				49	22,746	
1977	6	0	6				16		
1978	0	0	0	0	0	0	55		
1979	0	0	0	0	0	0	28		
1980	0	0	0	0	0	0	93		(3),(4),(10)
1981	0	0	0	0	0	0			
1982	0	0	0	0	0	0	82		
1983	0	0	0	0	0	0	130		
1984	0	0	0	0	0	0	23		
1985	0	0	0				48		
1986	0	0	0	0	0	0	62		
1987	0	0	0	0	0	0	101		
1988	0	0	0	0	0	0	83		
1989	0	0	0	0	0	0	47		
1990	0	0	0	0	0	0	42		
1991	0	0	0	0	0	0	157		
1992	0	0	0	0	0	0	166		
1993	0	0	0	1	0	1	120		
1994	0	0	0	0	0	0	109		
1995	0	0	0	0	0	0	119		
1996	1	0	1	0	0	0	76		
1997	0	0	0	0	0	0	152		
1998	0	0	0	0	0	0			
1999	0	0	0	0	0	0			

市町村別ヒグマ捕獲頭数①

1978～1997年（暦年度）＝犬飼・門崎ほか1983・1985ほか

市町村	1978年（昭和53）		1979年（昭和54）		1980年（昭和55）		1981年（昭和56）		1982年（昭和57）		1983年（昭和58）		1984年（昭和59）		1985年（昭和60）		累計
	♂	♀	♂	♀	♂	♀	♂	♀	♂	♀	♂	♀	♂	♀	♂	♀	
札幌市	6	5	1	1	3	4	2	1	1	1	1	0	0	0	1	2	29
函館市	0	0	1	0	0	0	1	0	2	1	1	1	2	1	2	1	13
小樽市	0	0	1	0	0	0	0	0	0	0	0	0	0	0	0	1	2
旭川市	1	0	0	0	0	0	0	0	0	0	0	0	0	0	0	0	1
室蘭市	0	0	0	0	0	0	0	0	0	0	0	0	0	0	0	0	0
釧路市	0	0	0	0	0	0	0	0	0	0	0	0	0	0	0	0	0
帯広市	0	0	0	0	0	3	1	3	3	2	8	2	1	1	1	0	25
北見市	0	1	2	1	0	0	1	0	0	0	0	1	0	1	0	0	7
夕張市	0	0	1	3	0	0	0	2	2	2	0	0	2	0	2	3	17
岩見沢市	1	0	0	0	0	0	1	0	0	0	0	0	0	0	0	0	2
網走市	0	0	0	0	0	0	1	0	0	0	0	0	0	0	0	0	1
留萌市	0	0	0	0	0	0	0	0	0	0	0	0	0	0	0	0	0
苫小牧市	0	0	0	2	0	0	1	0	0	0	0	1	0	0	0	1	5
稚内市	0	0	0	0	0	0	0	0	0	0	1	0	0	0	0	0	1
美唄市	0	0	0	0	1	0	0	0	1	0	0	0	2	0	2	0	6
芦別市	6	1	2	3	0	2	1	5	0	0	0	0	1	1	0	0	22
江別市	0	0	0	0	0	0	0	0	0	0	0	0	0	0	0	0	0
赤平市	0	0	0	0	0	0	0	0	0	0	0	0	0	0	0	0	0
紋別市	3	(1)4	3	1	4	4	3	(3)2	5	5	1	3	4	3	3	0	52
士別市	0	0	0	0	0	0	1	0	0	0	0	0	0	0	1	0	2
名寄市	0	0	0	0	0	0	0	0	0	0	0	0	0	0	0	0	0
三笠市	3	1	0	4	0	1	2	1	0	1	0	0	5	2	1	0	21
千歳市	1	0	1	0	0	2	3	0	1	0	1	0	0	2	0	0	11
根室市	0	0	0	0	0	0	0	0	0	0	0	0	0	0	0	0	0
滝川市	0	0	0	0	0	0	0	0	0	0	0	0	0	0	0	0	0
砂川市	0	0	0	0	0	0	0	0	0	0	0	0	0	0	0	0	0
歌志内市	0	0	0	0	0	0	0	0	0	0	0	0	0	0	0	0	0
富良野市	1	0	3	0	2	3	5	2	2	2	2	0	1	0	1	0	24
登別市	1	0	0	0	0	0	0	0	0	0	0	0	0	0	0	0	1
恵庭市	1	0	1	1	1	0	0	0	0	0	0	0	0	0	0	0	4
伊達市	0	0	0	0	0	0	0	0	0	0	0	0	0	0	0	0	0
深川市	0	0	0	0	0	0	0	0	0	0	0	0	0	0	0	0	0
広島町	0	0	0	0	0	0	0	0	0	0	0	0	0	0	0	0	0
石狩町	0	0	0	0	0	0	0	0	0	0	0	0	0	0	0	0	0
当別町	0	0	0	0	0	0	0	0	0	0	0	0	0	0	0	0	0
新篠津村	0	0	0	0	0	0	0	0	0	0	0	0	0	0	0	0	0
厚田村	0	0	0	0	0	0	0	0	0	0	0	0	0	0	0	0	0
浜益村	2	3	0	9	1	1	0	2	0	0	1	2	0	1	1	4	18
松前町	12	9	4	1	6	9	10	5	4	3	8	1	8	7	4	5	104
福島町	0	2	1	(2)4	0	1	2	1	0	0	3	2	3	1	1	1	19
知内町	5	5	2	2	1	2	5	9	1	0	3	1	1	1	2	0	44
木古内町	0	0	2	0	0	1	3	2	0	0	1	3	0	1	0	0	15
上磯町	0	0	0	0	0	0	0	0	0	0	3	0	0	2	4	4	13
大野町	0	0	1	0	1	0	0	1	0	0	1	1	0	2	0	0	7
七飯町	1	0	0	0	0	0	2	0	0	1	0	1	0	0	0	2	7
戸井町	0	0	0	0	0	0	0	0	0	0	0	0	0	0	0	0	0
恵山町	0	0	0	0	0	0	0	0	1	0	0	0	0	0	2	2	5
椴法華村	0	0	0	0	0	0	1	0	0	0	0	0	0	0	0	0	1
南茅部町	1	0	0	0	1	0	0	0	0	2	1	3	0	2	2	0	12
鹿部村	0	0	2	0	1	0	0	1	0	0	2	1	1	0	1	2	11
砂原町	0	0	0	0	0	0	0	1	0	0	0	0	0	0	0	0	1
森町	2	2	2	0	0	0	4	2	1	0	3	0	5	2	1	0	24
八雲町	4	7	7	4	9	6	5	8	6	7	10	9	11	9(1)	9	1	113
長万部町	3	2	1	0	0	1	0	0	0	2	0	0	1	2	0	1	13
江差町	0	0	0	0	0	1	0	0	1	0	2	1	1	1	0	0	7

市町村別ヒグマ捕獲頭数②

市町村	1978年(昭和53)		1979年(昭和54)		1980年(昭和55)		1981年(昭和56)		1982年(昭和57)		1983年(昭和58)		1984年(昭和59)		1985年(昭和60)		累計
	♂	♀	♂	♀	♂	♀	♂	♀	♂	♀	♂	♀	♂	♀	♂	♀	
上ノ国町	2	4	9	4	2	2	7	3	10	5	6	7	5	4	5	1	76
厚沢部町	3	5	4	1	4	4	2	7	7	4	5	2	6	7	2	3	66
乙部町	4	3	2	0	0	0	1	1	2	0	2	2	0	2	1	2	22
熊石町	4	2	0	3	1	1	1	2	0	2	1	1	0	1(1)	0	3	23
大成町	3	6	0	1	0	3	3	5	2	4	2	0	0	1	1	0	31
奥尻町	0	0	0	0	0	0	0	0	0	0	0	0	0	0	0	0	0
瀬棚町	2	0	0	1	1	0	3	0	1	0	0	0	0	0	0	0	8
北檜山町	4	5	1	1	2	5	9	4	6	3	1	0	2	2	0	0	45
今金町	1	1	0	0	1	0	1	0	0	0	1	0	0	0	1	2	8
島牧村	7	5	6	2	7	6	1	0	3	0	2	2	4	3	3	2	53
寿都町	0	0	0	0	0	0	0	0	0	0	0	0	0	0	0	0	0
黒松内町	0	0	0	0	0	0	0	0	0	0	1	0	0	0	0	0	1
蘭越町	0	0	0	0	0	0	0	0	0	0	0	0	0	0	0	0	0
ニセコ町	0	0	0	0	0	0	0	0	0	0	0	0	0	0	0	0	0
真狩村	0	0	0	0	0	0	0	0	0	0	0	0	0	0	0	0	0
留寿都村	0	0	0	0	0	0	0	0	0	0	0	0	0	0	0	0	0
喜茂別村	0	0	0	0	0	0	0	0	0	0	0	0	0	0	0	0	0
京極町	0	0	1	2	0	0	0	0	0	0	0	0	0	0	0	0	3
倶知安町	1	0	0	0	0	0	0	1	1	3	0	0	1	0	0	0	7
共和町	1	1	0	0	1	1	1	0	1	0	0	0	1	0	0	0	7
岩内町	0	0	0	0	0	0	0	0	0	0	0	0	0	0	0	0	0
泊村	0	0	0	0	1	0	0	1	0	0	0	0	0	0	0	0	2
神恵内村	0	0	0	0	1	4	0	0	0	0	1	2	0	0	0	0	8
積丹町	0	0	0	0	0	0	0	0	0	0	0	0	0	0	0	0	0
古平町	3	1	0	0	0	0	0	0	1	0	0	0	0	0	0	0	5
仁木町	0	0	0	0	0	0	0	0	0	0	0	0	0	0	0	0	0
余市町	0	0	0	0	0	0	0	0	0	0	0	0	0	0	0	0	0
赤井川村	1	2	1	0	0	1	1	1	0	0	0	0	0	0	0	0	7
北村	0	0	0	0	0	0	0	0	0	0	0	0	0	0	0	0	0
栗沢町	0	0	0	0	0	0	0	0	1	0	2	0	0	0	0	0	3
南幌町	0	0	0	0	0	0	0	0	0	0	0	0	0	0	0	0	0
奈井江町	1	0	0	1	0	0	0	0	3	1	0	0	0	0	0	0	6
上砂川町	0	0	0	0	0	0	0	0	0	0	0	0	1	0	0	0	1
由仁町	0	0	0	0	0	0	0	0	0	0	0	0	0	0	0	0	0
長沼町	0	0	0	0	0	0	0	0	0	0	0	0	0	0	0	0	0
栗山町	0	1	0	0	0	0	0	0	0	0	0	0	0	0	0	0	1
月形町	0	0	0	0	0	0	0	0	0	0	0	0	0	0	0	0	0
浦臼町	0	0	0	0	0	0	0	0	0	0	0	0	0	0	0	0	0
新十津川町	0	0	0	0	0	0	0	0	0	0	0	0	0	1	0	0	1
妹背牛町	0	0	0	0	0	0	0	0	0	0	0	0	0	0	0	0	0
秩父別町	0	0	0	0	0	0	0	0	0	0	0	0	0	0	0	0	0
雨竜町	1	0	0	0	1	0	1	0	0	0	0	0	1	0	0	0	4
北竜町	0	0	0	0	0	0	0	0	0	0	0	0	0	0	0	0	0
沼田町	0	0	1	1	0	1	0	0	0	0	0	0	1	0	0	0	4
幌加内町	0	0	1	0	0	0	0	0	0	1	0	0	1	0	0	3	6
鷹栖町	0	0	0	0	0	0	0	0	0	0	0	0	0	0	0	0	0
東神楽町	0	0	0	0	0	0	0	0	0	0	0	0	0	0	0	0	0
当麻町	0	0	0	0	0	0	0	0	0	0	0	0	0	0	0	0	0
比布町	0	0	0	0	0	0	0	0	0	0	0	0	0	0	0	0	0
愛別町	0	0	0	0	0	0	0	0	0	0	1	0	0	0	0	0	1
上川町	5	1	1	0	2	2	1	1	3	(2)2	3	1	3	1	1	0	29
東川町	0	0	0	0	0	0	0	0	0	0	0	0	0	0	0	0	0
美瑛町	0	0	0	2	0	0	0	0	0	2	0	0	0	0	0	1	5
上富良野町	1	0	0	0	0	0	0	0	0	0	1	2	0	0	0	0	4
中富良野町	0	0	0	0	0	0	0	0	0	0	0	0	0	0	0	0	0

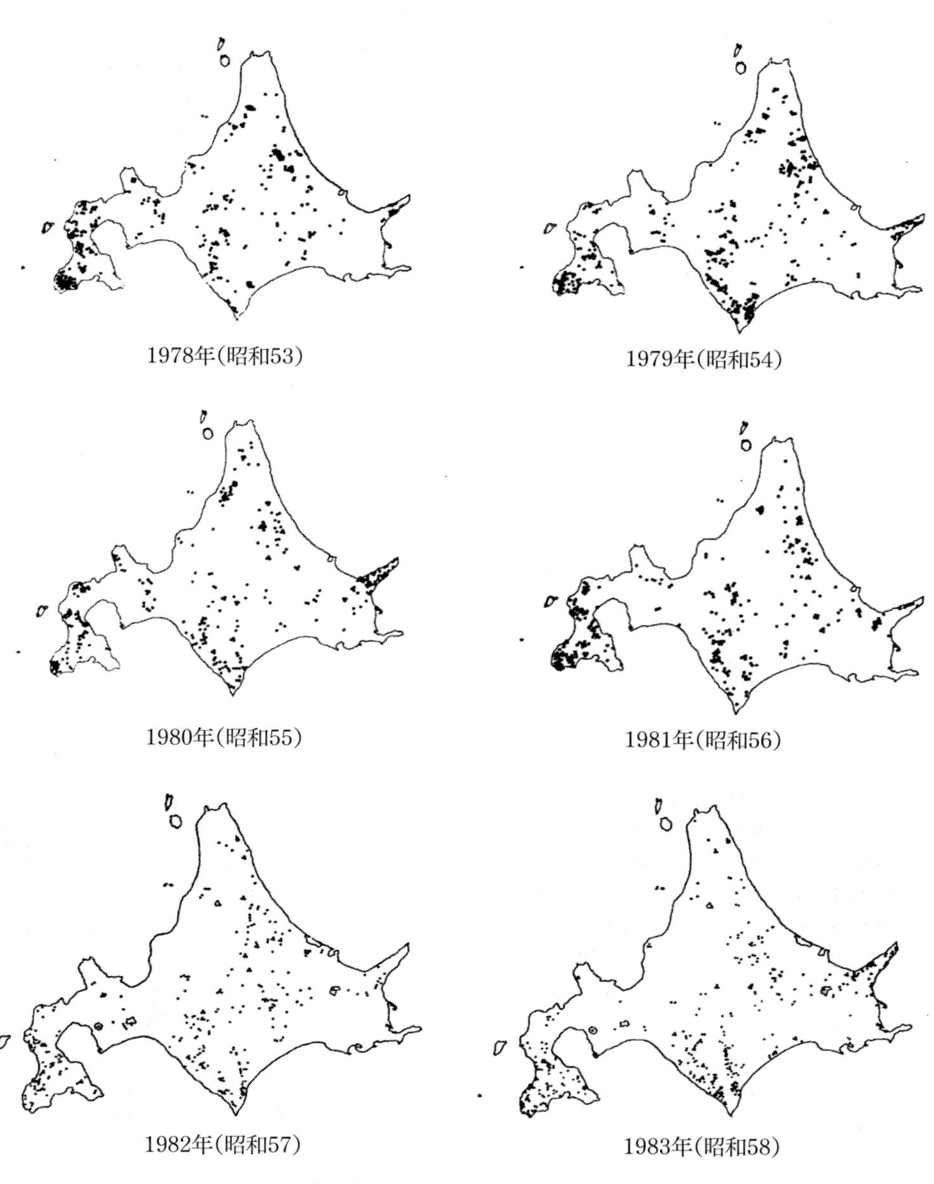

羆の捕獲地点図（1978～1983，・印は１頭）

市町村別ヒグマ捕獲頭数③

市町村	1978年(昭和53)		1979年(昭和54)		1980年(昭和55)		1981年(昭和56)		1982年(昭和57)		1983年(昭和58)		1984年(昭和59)		1985年(昭和60)		累計
	♂	♀	♂	♀	♂	♀	♂	♀	♂	♀	♂	♀	♂	♀	♂	♀	
南富良野町	0	0	1	1	2	2	0	1	1	0	1	0	1	0	2	0	12
占冠村	5	3	1	5	1	2	2	0	5	4	1	0	0	1	2	0	22
和寒町	0	0	0	0	0	0	0	0	0	0	0	0	0	0	0	0	0
剣淵町	0	0	0	0	0	0	0	0	0	0	0	0	0	0	0	0	0
朝日町	1	1	3	2	1	1	1	0	3	2	2	2	2	4	0	1	26
風連町	0	0	0	0	0	0	0	0	0	0	0	0	0	0	0	0	0
下川町	6	8	5	6	6	1	3	2	5	2	0	2	1	4	1	0	52
美深町	0	0	1	0	0	0	2	0	1	2	1	0	0	0	0	0	7
音威子府村	0	0	0	0	0	0	1	0	0	0	0	0	1	0	0	0	2
中川町	2	3	4	3	0	4	0	0	0	0	0	0	0	2	2	2	22
増毛町	0	0	1	0	0	0	0	0	0	0	0	0	0	0	0	0	1
小平町	0	0	0	0	0	0	0	0	0	0	0	0	1	0	1	0	2
苫前町	2	(2)0	0	1	0	0	0	0	0	0	0	0	0	0	1	0	6
羽幌町	2	0	1	(2)4	5	3	0	0	1	(1)0	1	0	1	1	1	0	23
初山別村	0	0	0	1	2	0	0	0	0	0	0	0	0	0	1	0	4
遠別町	5	1	3	1	4	2	2	5	1	2	1	1	3	2	2	2	37
天塩町	0	0	0	0	1	0	0	0	0	0	0	0	0	0	0	0	1
幌延町	0	0	0	1	1	2	0	0	0	2	0	(2)1	0	0	0	0	9
猿払村	0	0	0	0	0	0	0	1	0	0	0	0	1	0	0	0	2
浜頓別町	0	0	3	0	0	0	0	0	1	0	0	0	0	0	1(1)	2	8
中頓別町	2	0	1	2	1	1	1	2	1	0	0	0	0	0	0	0	11
枝幸町	0	0	0	(3)2	0	0	0	0	1	0	1	0	0	0	0	0	7
歌登町	0	1	1	1	0	0	2	0	1	(2)1	2	1	0	0	3	1	16
豊富町	0	0	1	1	0	2	0	0	0	0	1	0	0	0	0	0	5
礼文町	0	0	0	0	0	0	0	0	0	0	0	0	0	0	0	0	0
利尻町	0	0	0	0	0	0	0	0	0	0	0	0	0	0	0	0	0
東利尻町	0	0	0	0	0	0	0	0	0	0	0	0	0	0	0	0	0
東藻琴村	0	0	0	0	0	0	0	0	0	0	2	0	0	0	0	0	2
女満別町	0	0	0	0	0	0	0	0	0	0	0	0	0	0	0	0	0
美幌町	0	0	2	0	1	0	0	2	0	0	0	0	0	0	2	1	8
津別町	1	0	1	0	1	0	1	2	1	1	3	0	0	3	3	0	17
斜里町	3	0	7	5	16	(1)4	6	7	2	0	10	(2)12	2	2	1	1	81
清里町	0	0	0	0	0	0	0	0	1	0	2	2	1	2	0	0	8
小清水町	1	0	0	0	0	0	3	2	0	0	0	0	1	2	0	0	9
端野町	0	0	0	0	0	0	0	0	0	0	0	0	0	0	0	0	0
訓子府町	1	0	0	0	0	0	0	0	0	0	0	0	0	0	0	0	1
置戸町	2	0	1	1	0	0	1	0	1	1	3	4	1	0	1	0	16
留辺蘂町	0	0	1	0	0	(2)1	1	0	1	0	1	2	3	0	1	3	16
佐呂間町	0	2	0	0	0	0	1	0	3	3	0	0	0	0	3	1	13
常呂町	0	0	0	0	0	0	0	0	0	(1)1	0	0	0	0	0	0	2
生田原町	0	1	0	0	0	0	0	0	0	0	0	0	0	0	0	0	1
遠軽町	0	1	1	0	0	0	0	0	0	0	0	0	0	0	0	1	3
丸瀬布町	1	1	1	1	2	0	2	2	1	0	1	0	0	1	0	1	14
白滝村	1	0	3	1	2	1	2	0	1	0	4	(1)2	1	0	2	2	23
上湧別町	0	0	0	0	0	0	0	0	0	0	0	0	0	0	0	0	0
湧別町	0	0	0	0	0	0	0	0	0	0	0	0	0	0	1	0	1
滝上町	6	3	5	2	2	2	0	5	3	4	3	3	3	3	3	5	52
興部町	1	2	4	8	3	1	1	0	0	0	0	0	0	1	1	0	22
西興部町	2	0	1	1	0	1	1	2	2	2	0	1	0	0	0	0	13
雄武町	1	1	2	6	0	3	2	5	0	0	0	0	2	2	0	0	24
豊浦町	0	0	0	0	0	0	0	0	0	0	0	0	0	0	0	0	0
虻田町	0	0	0	0	0	0	0	0	0	0	0	0	0	0	0	0	0
洞爺村	0	0	0	0	0	0	0	0	0	0	0	0	0	0	0	0	0
大滝村	0	0	0	0	0	0	0	0	1	0	0	0	0	0	0	0	1
壮瞥町	2	1	0	0	0	0	0	0	0	0	0	0	0	0	0	0	3

市町村別ヒグマ捕獲頭数④

市町村	1978年(昭和53)		1979年(昭和54)		1980年(昭和55)		1981年(昭和56)		1982年(昭和57)		1983年(昭和58)		1984年(昭和59)		1985年(昭和60)		累計
	♂	♀	♂	♀	♂	♀	♂	♀	♂	♀	♂	♀	♂	♀	♂	♀	
白老町	0	0	1	3	0	3	0	0	0	3	0	1	0	0	0	0	11
早来町	0	0	0	0	0	0	0	0	0	0	0	0	0	0	0	0	0
追分町	0	0	1	0	0	0	0	0	0	0	0	0	0	0	1	0	2
厚真町	0	0	0	0	1	0	0	0	0	0	0	0	1	0	0	0	2
鵡川町	0	0	0	0	0	0	0	0	1	0	1	0	0	0	0	0	2
穂別町	2	2	1	5	0	0	2	0	3	3	1	3	0	1	2	1	26
日高町	1	2	1	0	1	1	4	3	0	3	1	1	2	1	1	2	24
平取町	8	0	12	4	9	2	10	1	5	2	5	8	2	2	1	2	73
門別町	0	0	1	1	5	1	0	0	0	0	2	3	2	3	1	2	21
新冠町	4	4	2	2	4	6	4	6	8	1	1	3	6	2	9	5	67
静内町	3	1	8	0	4	3	7	3	5	3	6	3	7	1	2	8	64
三石町	1	2	6	2	0	3	4	1	0	0	5	3	4	0	1	1	33
浦河町	1	1	8	0	5	4	2	2	4	1	8	7	1	1	4	7	56
様似町	0	2	3	5	0	0	3	1	4	4	8	5	5	2	3	1	46
えりも町	2	2	2	2	3	2	0	1	1	3	0	1	4	0	0	0	23
音更町	0	0	0	0	0	0	0	0	0	0	0	0	0	0	0	0	0
士幌町	0	0	0	0	0	0	0	0	0	0	0	0	0	0	0	0	0
上士幌町	1	2	2	1	3	0	1	1	6	3	4	5	1	0	1	0	31
鹿追町	0	0	2	0	0	0	0	0	1	0	0	1	2	0	0	0	6
新得町	1	0	4	0	3	2	2	0	3	0	2	0	4	0	1	3	25
清水町	2	1	0	1	1	0	0	0	1	0	3	0	1	0(1)	1	0	12
芽室町	0	0	1	2	1	1	0	0	0	0	2	1	1	1	2	0	12
中札内村	0	0	0	2	0	0	1	1	0	0	0	(1)1	0	0	0	0	6
更別村	0	0	0	0	0	1	2	0	1	0	0	0	0	0	0	0	4
忠類村	0	0	0	0	0	0	0	0	0	0	1	1	0	0	0	0	2
大樹町	2	3	4	1	3	0	0	2	3	4	5	7	1	0	3	1	39
広尾町	3	0	10	8	4	4	2	5	4	(4)4	9	6	1	1	1	3	69
幕別町	0	0	0	0	0	0	0	0	0	0	0	0	0	0	0	0	0
池田町	0	0	0	0	0	0	1	4	1	0	1	0	0	0	1	2	10
豊頃町	0	0	1	0	0	0	0	0	0	0	0	0	0	0	0	0	1
本別町	0	1	0	0	0	0	0	0	1	0	0	0	0	0	0	0	2
足寄町	4	5	2	1	1	1	2	5	6	4	2	2	1	0	1	1	38
陸別町	0	0	0	0	0	0	1	3	1	2	1	1	0	0	1	2	12
浦幌町	1	2	2	6	1	1	0	2	0	5	6	2	2	0	2	1	33
釧路町	0	0	0	0	0	0	0	0	0	0	0	0	0	0	0	0	0
厚岸町	0	0	0	0	1	0	0	0	0	0	1	1	1	1	1	0	6
浜中町	0	0	0	0	0	0	0	0	0	0	0	0	0	0	0	0	0
標茶町	0	0	2	0	0	0	0	0	0	0	0	0	0	0	0	0	2
弟子屈町	0	1	1	1	1	0	0	0	0	0	1	1	0	0	0	1	7
阿寒町	0	0	1	0	1	0	0	0	0	0	0	0	0	0	0	0	2
鶴居村	0	0	0	0	1	0	0	0	0	0	0	0	0	0	0	0	1
白糠町	3	1	0	1	0	0	1	0	0	0	2	2	0	1	0	0	11
音別町	0	1	0	0	0	1	1	0	0	0	0	0	0	0	0	0	3
別海町	0	0	0	0	1	0	0	0	0	0	1	1	0	0	0	0	3
中標津町	1	0	0	0	2	3	0	3	2	1	1	0	2	1	1	1	18
標津町	0	0	0	0	5	3	0	1	3	1	1	6	4	0	1	3	28
羅臼町	6	(1)3	4	(5)4	14	4	1	0	2	0	7	4	2	2	7	1	67
合計	(4)		(12)		(3)		(3)		(10)		(6)		(3)		(1)		
	191	144	202	163	181	150	173	157	176	130	210	165	155	114	139	118	
	339		377		334		333		316		381		272		258		
性比♂/♀	1.3		1.2		1.2		1.1		1.4		1.3		1.4		1.2		

カッコ内の数字は性別不明の頭数を示す

市町村別ヒグマ捕獲頭数⑤

年度／市町村名	1986年(昭和61年)	1987年(昭和62年)	1988年(昭和63年)	1989年(平成元年)	1990年(平成2年)	1991年(平成3年)	1992年(平成4年)	1993年(平成5年)	1994年(平成6年)	1995年(平成7年)	1996年(平成8年)	1997年(平成9年)
札幌市	0	0	3	0	0	0	0	0	0	0	0	0
函館市	5	2	4	0	1	0	0	1	0	0	1	2
小樽市	0	0	0	0	0	0	0	0	0	0	0	0
旭川市	0	1	0	0	0	0	0	0	0	0	0	0
室蘭市	0	0	0	0	0	0	0	0	0	0	0	0
釧路市	0	0	0	0	0	0	0	0	0	0	0	0
帯広市	0	1	6	1	1	0	0	1	0	1	2	0
北見市	2	0	1	0	0	0	0	3	0	0	1	0
夕張市	1	8	0	0	1	1	5	6	5	1	—	—
岩見沢市	0	0	0	0	1	1	0	0	0	0	0	0
網走市	0	0	0	0	0	0	0	0	0	0	0	0
留萌市	0	0	0	0	0	0	0	0	0	0	0	0
苫小牧市	0	0	1	0	0	0	0	0	0	0	0	1
稚内市	0	1	0	0	0	0	0	0	0	0	0	0
美唄市	0	0	0	0	0	0	0	0	3	0	1	0
芦別市	10	5	3	1	4	0	3	0	1	0	2	0
江別市	0	0	0	0	0	0	0	0	0	0	0	0
赤平市	0	0	0	0	0	0	0	0	0	1	0	0
紋別市	10	2	1	3	5	0	5	3	1	4	3	7
士別市	0	0	0	1	0	0	0	0	0	0	1	1
名寄市	0	0	0	0	0	0	0	0	0	0	0	0
三笠市	4	1	0	2	0	0	0	0	0	0	0	1
千歳市	1	0	0	0	0	0	0	0	0	2	—	—
根室市	0	0	0	0	0	0	0	0	0	0	0	0
滝川市	0	1	1	0	0	0	0	0	0	0	0	0
砂川市	0	0	0	0	0	0	0	0	0	0	0	0
歌志内市	0	0	0	0	0	0	0	0	0	0	0	0
富良野市	3	0	1	2	1	4	3	2	1	2	2	3
登別市	0	0	0	0	0	0	0	0	0	0	0	0
恵庭市	0	0	0	0	0	0	0	0	0	0	0	0
伊達市	0	0	0	0	0	0	0	0	0	0	0	0
深川市	0	0	0	0	0	0	0	0	0	0	1	0
広島市	0	0	0	0	0	0	0	0	0	0	0	0
石狩市	0	0	0	0	0	0	0	0	0	0	0	0
当別町	0	0	0	0	0	0	0	0	0	0	0	0
新篠津村	0	0	0	0	0	0	0	0	0	0	0	0
厚田村	0	0	0	0	0	0	0	0	0	0	0	0
浜益村	1	0	3	0	0	0	0	0	0	0	0	0
松前町	31	5	11	3	6	10	3	1	0	6	6	7
福島町	5	1	9	3	2	0	1	7	2	2	2	1
知内町	11	2	2	6	2	1	2	4	3	2	3	1
木古内町	1	0	3	0	2	5	3	5	1	0	6	4
上磯町	0	4	0	1	0	1	1	4	0	0	3	1
大野町	0	0	0	0	0	0	0	3	2	1	0	0
七飯町	1	0	0	0	2	0	0	0	0	1	1	3
戸井町	0	0	0	0	0	0	0	0	1	0	0	0
恵山町	1	0	0	0	0	0	2	0	0	2	1	0
椴法華村	0	0	0	0	1	0	0	0	0	1	1	0
南茅部町	7	1	0	0	2	2	0	0	0	2	5	2
鹿部村	5	0	0	0	2	1	3	2	1	1	3	1
砂原町	0	0	0	0	0	0	0	0	0	0	0	0
森町	4	0	2	2	1	8	2	2	2	2	3	1
八雲町	7	4	4	5	7	8	10	11	2	7	10	3
長万部町	2	0	0	0	0	0	0	1	0	0	—	—
江差町	1	0	5	2	2	1	1	1	2	0	4	1

市町村別ヒグマ捕獲頭数⑥

年度／市町村名	1986年(昭和61年)	1987年(昭和62年)	1988年(昭和63年)	1989年(平成元年)	1990年(平成2年)	1991年(平成3年)	1992年(平成4年)	1993年(平成5年)	1994年(平成6年)	1995年(平成7年)	1996年(平成8年)	1997年(平成9年)
上ノ国町	21	10	8	5	9	9	5	15	4	4	6	4
厚沢部町	6	4	3	6	7	7	5	15	3	4	11	8
乙部町	9	2	0	0	2	1	3	0	1	0	5	3
熊石町	5	1	0	2	2	1	4	4	0	3	1	0
大成町	1	1	0	2	0	0	1	5	2	2	3	1
奥尻町	0	0	0	0	0	0	0	0	0	0	0	0
瀬棚町	2	0	0	1	0	0	1	1	0	1	—	—
北檜山町	4	1	1	0	1	1	3	5	3	2	—	—
今金町	0	0	0	1	0	0	1	1	1	0	8	0
島牧村	3	0	0	2	4	0	0	1	0	4	0	0
寿都町	0	0	0	0	0	0	0	0	0	0	0	0
黒松内町	0	0	0	0	0	0	0	0	0	0	0	0
蘭越町	0	0	0	0	0	0	0	0	0	0	0	0
ニセコ町	0	0	0	0	0	0	0	0	0	0	0	0
真狩村	0	0	0	0	0	0	0	0	0	0	0	0
留寿都村	0	0	0	0	0	0	0	0	0	0	0	0
喜茂別村	0	0	0	0	0	0	0	0	0	0	0	0
京極町	0	0	0	0	0	0	0	0	0	0	0	0
倶知安町	0	0	1	0	0	0	0	0	0	0	0	0
共和町	0	0	0	0	1	0	0	1	0	1	6	0
岩内町	0	0	0	0	0	0	0	0	0	0	0	0
泊村	0	0	0	0	0	0	0	0	0	0	0	0
神恵内村	0	0	0	0	1	0	0	0	0	0	0	0
積丹町	0	0	0	0	0	0	0	1	0	0	0	0
古平町	0	0	0	0	0	0	0	0	0	0	0	0
仁木町	0	0	0	1	0	0	0	0	0	0	0	0
余市町	1	0	1	0	0	0	0	0	0	1	0	0
赤井川村	0	0	0	0	0	0	0	1	0	0	1	0
北村	0	0	0	0	0	0	0	0	0	0	0	0
栗沢町	1	0	0	0	0	0	0	0	0	0	0	0
南幌町	0	0	0	0	0	0	0	0	0	0	0	0
奈井江町	0	0	0	0	0	0	0	0	0	0	0	1
上砂川町	0	1	1	0	0	0	0	0	0	0	0	0
由仁町	0	0	0	0	0	0	0	0	0	0	0	0
長沼町	0	0	0	0	0	0	0	0	0	0	0	0
栗山町	0	0	0	0	0	0	0	0	0	0	0	0
月形町	0	0	0	0	0	0	0	0	0	0	0	0
浦臼町	0	0	0	0	0	0	0	0	0	0	0	0
新十津川町	0	0	0	0	0	0	0	0	0	0	0	0
妹背牛町	0	0	0	0	0	0	0	0	0	0	0	0
秩父別町	0	0	0	0	0	0	0	0	0	0	0	0
雨竜町	0	0	0	0	0	0	0	0	0	0	0	0
北竜町	0	0	0	0	0	0	0	0	0	0	0	0
沼田町	0	0	0	0	0	0	0	0	0	0	0	0
幌加内町	3	1	1	0	0	0	0	0	0	1	—	—
鷹栖町	0	0	0	0	0	0	0	0	0	0	0	0
東神楽町	0	0	0	0	0	0	0	0	0	0	0	0
当麻町	0	0	0	0	0	0	0	2	0	0	0	0
比布町	0	0	0	0	0	0	0	1	0	0	0	0
愛別町	0	0	0	0	0	1	0	4	0	0	2	0
上川町	2	4	5	2	0	2	4	5	1	2	—	—
東川町	0	0	0	0	0	0	0	1	0	0	0	0
美瑛町	0	0	1	0	0	2	0	4	1	0	2	2
上富良野町	0	0	0	0	0	0	0	0	0	0	0	0
中富良野町	1	0	0	0	0	0	0	0	0	0	0	0

市町村別ヒグマ捕獲頭数⑦

市町村名＼年度	1986年(昭和61年)	1987年(昭和62年)	1988年(昭和63年)	1989年(平成元年)	1990年(平成2年)	1991年(平成3年)	1992年(平成4年)	1993年(平成5年)	1994年(平成6年)	1995年(平成7年)	1996年(平成8年)	1997年(平成9年)
南富良野町	2	1	3	1	3	3	1	3	0	0	2	0
占冠村	6	0	3	2	0	1	4	0	0	0	4	1
和寒町	0	0	0	0	0	0	0	0	0	0	0	0
剣淵町	0	0	0	0	0	0	0	0	0	0	0	0
朝日町	2	1	1	0	0	0	2	0	2	0	2	0
風連町	0	0	0	0	0	0	0	0	0	0	0	0
下川町	3	2	3	0	0	0	0	0	0	1	0	0
美深町	3	0	0	0	0	0	0	0	0	0	0	0
音威子府村	0	0	0	0	1	0	0	0	0	2	0	0
中川町	5	2	0	0	0	0	0	2	1	0	0	0
増毛町	0	0	1	0	0	0	0	0	0	0	0	0
小平町	0	0	0	0	0	0	0	0	0	0	0	0
苫前町	0	0	0	0	0	0	0	0	0	0	0	0
羽幌町	6	3	1	0	0	0	0	0	0	0	0	1
初山別村	4	0	2	0	1	0	0	0	0	0	0	0
遠別町	9	5	10	1	0	0	0	0	0	3	0	2
天塩町	0	0	0	0	0	0	0	0	0	0	0	0
幌延町	0	0	0	0	0	0	0	0	0	0	0	0
猿払村	0	0	0	0	0	0	0	0	0	0	0	0
浜頓別町	3	0	0	0	0	0	0	0	0	2	2	1
中頓別町	0	0	1	0	0	0	1	1	0	1	1	3
枝幸町	2	1	2	0	2	1	0	1	0	0	0	2
歌登町	2	0	4	2	1	2	4	1	1	0	0	1
豊富町	0	0	0	0	0	0	0	0	0	0	1	0
礼文町	0	0	0	0	0	0	0	0	0	0	0	0
利尻町	0	0	0	0	0	0	0	0	0	0	0	0
利尻富士町	0	0	0	0	0	0	0	0	0	0	0	0
東藻琴村	0	0	0	0	0	0	0	0	0	0	0	0
女満別町	0	0	0	0	0	0	0	0	0	0	0	0
美幌町	1	1	0	0	0	0	0	0	0	0	0	0
津別町	6	4	1	2	0	1	2	3	4	1	8	2
斜里町	19	6	11	7	3	8	5	1	2	1	5	—
清里町	1	0	1	0	0	1	1	0	5	5	5	3
小清水町	0	0	0	0	0	0	0	0	0	0	0	0
端野町	0	0	0	0	0	0	1	0	0	0	0	0
訓子府町	0	0	0	0	1	0	1	0	1	0	0	0
置戸町	1	4	7	2	2	2	5	5	3	4	13	2
留辺蘂町	1	4	1	2	4	0	1	0	1	0	5	0
佐呂間町	2	0	0	1	0	0	0	0	0	0	0	0
常呂町	0	0	0	0	0	0	0	0	0	1	1	0
生田原町	0	0	1	3	0	0	0	0	0	0	1	2
遠軽町	0	0	0	1	0	0	2	6	2	2	7	0
丸瀬布町	1	1	1	0	2	5	2	2	5	2	6	4
白滝村	0	0	1	1	1	4	9	2	3	2	7	4
上湧別町	0	0	0	0	0	0	0	0	0	0	2	0
湧別町	0	0	0	0	0	0	0	0	1	0	0	2
滝上町	4	0	1	1	2	2	4	4	9	3	5	3
興部町	0	0	0	0	0	0	0	1	0	0	0	2
西興部町	0	0	0	0	0	1	0	0	0	0	3	1
雄武町	2	0	0	0	0	0	1	2	1	3	2	5
豊浦町	0	0	0	1	0	0	0	0	0	0	0	0
虻田町	0	0	0	0	0	0	0	0	0	0	0	0
洞爺村	0	0	0	0	0	0	0	0	0	0	0	0
大滝村	0	0	0	0	0	0	0	1	0	0	0	0
壮瞥町	0	0	0	0	0	0	0	0	0	0	0	0

市町村別ヒグマ捕獲頭数⑧

市町村名＼年度	1986年(昭和61年)	1987年(昭和62年)	1988年(昭和63年)	1989年(平成元年)	1990年(平成2年)	1991年(平成3年)	1992年(平成4年)	1993年(平成5年)	1994年(平成6年)	1995年(平成7年)	1996年(平成8年)	1997年(平成9年)
白老町	1	0	1	2	0	0	0	0	0	0	0	0
早来町	1	0	0	1	0	0	1	0	0	0	0	1
追分町	0	0	0	0	0	0	0	1	0	0	0	0
厚真町	0	0	0	0	0	0	0	0	0	0	0	0
鵡川町	0	0	0	1	0	0	0	0	0	0	0	0
穂別町	4	3	3	1	3	5	2	1	6	2	2	1
日高町	8	4	7	1	3	2	2	5	3	0	1	1
平取町	2	13	13	4	13	20	11	13	11	10	9	9
門別町	1	3	4	1	0	1	4	4	2	3	—	—
新冠町	11	6	7	6	4	6	6	11	10	5	10	2
静内町	13	12	5	6	7	11	2	5	7	7	15	5
三石町	4	1	1	1	0	4	3	1	0	8	6	5
浦河町	6	8	16	4	16	10	4	2	1	1	—	—
様似町	3	0	5	9	2	6	6	7	2	15	10	9
えりも町	7	3	0	1	2	1	0	2	3	0	2	1
音更町	0	0	0	0	0	0	0	0	0	0	0	0
士幌町	0	0	1	1	0	0	0	1	0	0	0	0
上士幌町	3	1	1	0	0	1	1	0	0	0	1	0
鹿追町	0	0	3	1	0	0	0	0	0	0	1	0
新得町	2	0	3	0	2	0	0	1	0	3	3	1
清水町	3	1	2	0	0	1	6	2	0	3	3	2
芽室町	1	2	0	1	0	1	1	5	0	1	0	1
中札内村	0	0	2	0	0	0	0	2	1	1	1	0
更別村	0	0	1	1	0	1	1	1	0	0	1	2
忠類村	0	0	0	0	0	0	0	0	0	0	0	0
大樹町	3	2	6	5	4	9	9	13	4	3	—	—
広尾町	8	10	7	8	3	5	2	5	3	7	6	3
幕別町	0	0	0	0	0	0	0	0	0	0	0	0
池田町	1	1	0	0	0	0	0	0	0	0	0	0
豊頃町	0	0	0	0	0	0	0	0	0	0	0	0
本別町	0	1	0	0	0	0	0	0	0	0	1	1
足寄町	5	2	0	3	6	2	1	2	3	7	3	2
陸別町	4	0	1	1	0	1	1	2	0	0	3	3
浦幌町	1	4	3	1	3	1	2	4	0	2	7	4
釧路町	0	0	0	0	0	0	0	1	0	0	0	0
厚岸町	0	0	0	1	1	0	2	1	0	1	2	0
浜中町	0	0	0	0	0	1	0	0	0	0	0	0
標茶町	4	0	0	0	0	1	0	1	0	0	0	0
弟子屈町	0	1	1	5	0	3	0	0	0	0	1	0
阿寒町	0	0	0	0	0	1	0	0	0	0	1	0
鶴居村	0	0	0	0	0	0	0	0	0	0	0	0
白糠町	1	0	0	1	0	0	1	0	2	0	1	2
音別町	2	0	0	0	0	0	1	0	0	0	0	0
別海町	0	0	0	0	0	1	0	0	0	1	0	0
中標津町	0	0	0	0	0	0	0	0	0	0	0	0
標津町	6	1	1	2	0	0	0	0	1	0	0	0
羅臼町	25	6	2	2	3	7	4	6	5	5	5	2

平成26年度（2014年）

振興局	市町村	捕獲頭数
空知	芦別市	6
空知	岩見沢市	3
空知	栗山町	1
空知	砂川市	1
空知	上砂川町	2
空知	赤平市	3
空知	奈井江町	4
空知	美唄市	6
空知	夕張市	2
石狩	恵庭市	1
石狩	札幌市	2
後志	京極町	1
後志	共和町	2
後志	倶知安町	2
後志	黒松内町	2
後志	積丹町	1
後志	赤井川村	1
後志	島牧村	4
後志	余市町	2
胆振	むかわ町	7
胆振	安平町	1
日高	えりも町	2
日高	浦河町	10
日高	新ひだか町	20
日高	新冠町	10
日高	日高町	19
日高	平取町	16
日高	様似町	4
渡島	鹿部町	1
渡島	七飯町	1
渡島	松前町	7
渡島	森町	2
渡島	知内町	2
渡島	長万部町	1
渡島	函館市	3
渡島	八雲町	10
渡島	福島町	2
渡島	北斗市	5
渡島	木古内町	2
檜山	せたな町	22
檜山	乙部町	3
檜山	厚沢部町	14
檜山	江差町	3
檜山	今金町	15
檜山	上ノ国町	1
上川	愛別町	2
上川	音威子府村	1
上川	下川町	9
上川	士別市	12
上川	上川町	4
上川	上富良野町	1
上川	占冠村	9
上川	中川町	1
上川	東川町	1
上川	当麻町	1
上川	南富良野町	6
上川	美瑛町	5
上川	美深町	8
上川	富良野市	13
上川	名寄市	2
留萌	遠別町	1
留萌	初山別村	6
留萌	苫前町	1
宗谷	枝幸町	4
宗谷	中頓別町	3
宗谷	浜頓別町	1
宗谷	幌延町	1
オホーツク	遠軽町	25
オホーツク	興部町	6
オホーツク	佐呂間町	3
オホーツク	斜里町	14
オホーツク	清里町	2
オホーツク	西興部村	17
オホーツク	大空町	3
オホーツク	滝上町	26
オホーツク	置戸町	12
オホーツク	津別町	15
オホーツク	北見市	9
オホーツク	網走市	3
オホーツク	紋別市	15
オホーツク	湧別町	1
オホーツク	雄武町	11
十勝	浦幌町	11
十勝	芽室町	11
十勝	広尾町	18
十勝	更別村	7
十勝	上士幌町	4
十勝	新得町	12
十勝	清水町	4
十勝	足寄町	17
十勝	帯広市	13
十勝	大樹町	22
十勝	池田町	3
十勝	中札内村	14
十勝	豊頃町	2
十勝	本別町	4
十勝	幕別町	1
十勝	陸別町	12
釧路	釧路市	11
釧路	釧路町	1
釧路	厚岸町	8
釧路	鶴居村	1
釧路	弟子屈町	4
釧路	白糠町	3
釧路	標茶町	3
釧路	浜中町	2
根室	別海町	1
根室	羅臼町	5
	計	677

平成27年度（2015年）

振興局	市町村	捕獲頭数
空知	芦別市	15
空知	浦臼町	1
空知	岩見沢市	3
空知	新十津川町	1
空知	砂川市	5
空知	奈井江町	5
空知	美唄市	2
空知	夕張市	6
石狩	当別町	1
石狩	恵庭市	1
石狩	北広島市	2
石狩	千歳市	1
後志	小樽市	2
後志	共和町	1
後志	積丹町	1
後志	赤井川村	3
後志	島牧村	4
後志	留寿都村	1
胆振	むかわ町	14
胆振	安平町	3
胆振	白老町	2
日高	えりも町	1
日高	浦河町	12
日高	新ひだか町	4
日高	新冠町	4
日高	日高町	16
日高	平取町	31
日高	様似町	3
渡島	鹿部町	3
渡島	七飯町	1
渡島	松前町	6
渡島	森町	2
渡島	知内町	4
渡島	函館市	9
渡島	八雲町	17
渡島	福島町	8
渡島	北斗市	5
渡島	木古内町	3
檜山	せたな町	9
檜山	乙部町	3
檜山	厚沢部町	11
檜山	江差町	1
檜山	今金町	12
檜山	上ノ国町	6
上川	愛別町	5
上川	和寒町	1
上川	下川町	10
上川	士別市	10
上川	上川町	6
上川	美瑛町	4
上川	占冠村	5
上川	中川町	1
上川	東神楽町	6
上川	当麻町	2
上川	南富良野町	8
上川	富良野市	16
上川	名寄市	6
留萌	天塩町	2
留萌	初山別村	3
留萌	苫前町	2
宗谷	枝幸町	8
宗谷	中頓別町	3
宗谷	浜頓別町	1
宗谷	猿払村	1
宗谷	稚内市	2
オホーツク	遠軽町	34
オホーツク	興部町	10
オホーツク	佐呂間町	1
オホーツク	斜里町	42
オホーツク	清里町	4
オホーツク	西興部村	7
オホーツク	大空町	1
オホーツク	滝上町	13
オホーツク	置戸町	18
オホーツク	美幌町	3
オホーツク	津別町	15
オホーツク	北見市	16
オホーツク		
オホーツク	紋別市	15
オホーツク	湧別町	8
オホーツク	雄武町	12
オホーツク	小清水町	5
オホーツク	訓子府町	2
十勝	浦幌町	13
十勝	芽室町	11
十勝	広尾町	14
十勝	更別村	3
十勝	上士幌町	2
十勝	新得町	14
十勝	清水町	4
十勝	足寄町	19
十勝	帯広市	12
十勝	大樹町	13
十勝	池田町	4
十勝	中札内村	1
十勝	豊頃町	1
十勝	本別町	3
十勝	鹿追町	1
十勝	陸別町	11
十勝	士幌町	1
釧路	釧路市	0
釧路	厚岸町	1
釧路	鶴居村	1
釧路	弟子屈町	7
釧路	白糠町	6
釧路	標茶町	5
釧路	浜中町	3
根室	標津町	5
根室	羅臼町	18
	計	726

平成28年度（2016年）捕獲頭数

振興局	市町村	捕獲頭数
空知	芦別市	13
空知	赤平市	2
空知	岩見沢市	3
空知	三笠市	1
空知	砂川市	1
空知	奈井江町	0
空知	美唄市	5
空知	夕張市	3
	空知計	28
石狩	恵庭市	2
	石狩計	2
後志	小樽市	6
後志	共和町	1
後志	黒松内町	1
後志	泊村	1
後志	島牧村	6
後志	留寿都村	0
	後志計	15
胆振	むかわ町	19
胆振	安平町	3
胆振	苫小牧市	2
胆振	伊達市	1
胆振	厚真町	1
	胆振計	26
日高	えりも町	3
日高	浦河町	3
日高	新ひだか町	15
日高	新冠町	7
日高	日高町	13
日高	平取町	16
日高	様似町	5
	日高計	62
渡島	鹿部町	2
渡島	七飯町	1
渡島	松前町	17
渡島	森町	3
渡島	知内町	1
渡島	函館市	13
渡島	八雲町	28
渡島	福島町	9
渡島	北斗市	6
渡島	木古内町	3
	渡島計	83
檜山	せたな町	22
檜山	乙部町	8
檜山	厚沢部町	20
檜山	江差町	4
檜山	今金町	11
檜山	上ノ国町	13
	檜山計	78
釧路	釧路市	3
釧路	弟子屈町	4
釧路	白糠町	3
釧路	標茶町	6
釧路	浜中町	2
	釧路計	18
根室	標津町	4
根室	羅臼町	2
	根室計	6

振興局	市町村	捕獲頭数
上川	愛別町	8
上川	美深町	5
上川	下川町	6
上川	士別市	5
上川	上川町	4
上川	美瑛町	3
上川	占冠村	4
上川	中川町	1
上川	音威子府村	1
上川	幌加内町	1
上川	上富良野町	2
上川	東川町	1
上川	南富良野町	4
上川	富良野市	9
上川	名寄市	9
	上川計	63
留萌	天塩町	2
留萌	初山別村	2
留萌	遠別町	8
	留萌計	12
宗谷	枝幸町	5
宗谷	中頓別町	3
宗谷	浜頓別町	1
宗谷	猿払村	1
宗谷	豊富町	1
	宗谷計	11
オホーツク	遠軽町	32
オホーツク	興部町	7
オホーツク	佐呂間町	4
オホーツク	斜里町	18
オホーツク	清里町	3
オホーツク	西興部村	16
オホーツク	大空町	6
オホーツク	滝上町	6
オホーツク	置戸町	20
オホーツク	美幌町	2
オホーツク	津別町	15
オホーツク	北見市	7
オホーツク	網走市	1
オホーツク	紋別市	13
オホーツク	湧別町	7
オホーツク	雄武町	4
	オホーツク計	161
十勝	浦幌町	18
十勝	芽室町	13
十勝	広尾町	20
十勝	更別村	1
十勝	上士幌町	3
十勝	新得町	7
十勝	足寄町	8
十勝	帯広市	19
十勝	大樹町	14
十勝	池田町	1
十勝	中札内村	2
十勝	本別町	2
十勝	鹿追町	1
十勝	陸別町	10
十勝	幕別町	1
	十勝計	120
全道計		685

1978年（昭53）～2016年（平28）の39年間羆を捕獲していない市町村の最終捕獲年等

室蘭市　1957年（昭和32）室蘭岳で1頭捕獲している。1965年以降（昭和40年代）出没がない。

留萌市　1969年（昭和44）頃峠下町豊平で1頭捕獲している。以後捕獲はない。

江別市　1941年（昭16）3月23日頃、野幌森林公園（現在）の西4号道路沿いの沢で若グマ1頭捕獲したのが最後である。「白石歴史ものがたり」に昭和19年とあるのは間違いだという（このクマを捕獲した藤沢音吉当時37歳の知人、藤沢秀雄＝大正4年9月生から門崎が聞く。根拠は戦前「昭和16年12月」の事象だという）

北広島市　1975年（昭和50）8月6日1頭（♂、推定3歳）を島松山の北東3㎞地点で捕獲している。以後捕獲はない。

新篠津村　1887年（明治20）代に絶滅したらしい。

厚田村　1960年（昭和35）に捕獲しているが、以後捕獲はない。毎年秋に、牧佐内方面で足跡の情報がある。

奥尻町　過去に生息の記録が無い。

寿都町　1976年（昭和51年）6月湯別で1頭捕獲している。毎年、春秋に、月越山で出没がある。

蘭越町　1899年（明治32）開村以降83年間獲った記録はない（今川源四郎氏談：猟師・80歳）。

ニセコ町　1967年（昭和42）9月末、1頭を捕獲している。

岩内町　1960年（昭和35）頃捕獲しているが以後捕獲はない。1976年（昭和51）足跡の情報がある。

北村　1898年（明治31）以降、管内に羆が出没したことはない。

南幌町　1892年（明治25）以降、管内に羆が出没したことはない。

長沼町　多分1908年（大正14）以降、管内に羆が出没したことはない（木田重雄氏談：前町教育長、1908年生、野生動物に極めて詳しい）。したがつて、1920年(大正9)代前半には管内から駆逐されたと見てよい。

月形町　1970年（昭和45）に1頭（♂）を浦臼町との境界のクマネシリ山で捕獲したのが最後である。

剣淵町　1960年（昭和35）前半に1頭捕獲したのが最後である。

礼文町：利尻富士町：東利尻町　門崎の見解であるが、かつて自然分布していた可能性があるが、先史人に捕獲され絶滅させられた可能性が強い。1912年（明治45）5月24日未明、天塩の沿岸から海を泳ぎ渡り鬼脇付近に現われた1頭（♂、体長約2.3mを捕殺した記録がある。2018年5月30日から7月12日の間、この島で羆が1頭、出没していたが、手塩のオネトマイ地区に戻ったと、門崎は予測している。江戸期までは、時に、同様の事象はあったと思う。

女満別町　1970年（昭和45）4月18日1頭（♂）を捕獲している。

虻田町　1938年（昭和13）3月月浦の民有林で1頭（♂、推定14歳、240kJを捕獲したのが最後である。

洞爺村　1962年（昭和37）10月26日1頭（♂、推定6歳）を捕獲している。

忠類村	1963年（昭和38）朝日の民有林で捕獲している。1970年（昭和45）共栄牧場で出没がある。
浦臼町	1955年（昭和30）頃で、以後捕獲も出没もない。
妹背牛町	1975年（昭和50）1頭（推定2～3歳）を捕獲している。
秩父別町	1974年（昭和49）11月6日1頭（♂、推定10歳）を捕獲している。
鷹栖町	1970年（昭和45）1頭捕獲したのが最後である。

あとがき

本書は羆が害獣として、明治8年（1875）から今に至るも殺し続けられている現状が改善される一助となる事を願って、羆の本当の姿を皆さんに識って戴きたく、私が50年間に亘り、羆の多様な事象について、調査研究して得た知見を一書としたものである。

明治政府は明治2年（1869）に、当時全道面積の98％が未開の地であった北海道を、本州以南から開拓民を移入して開拓する為に、政府機関である「開拓使」を設置し、開拓民を入植させた。開拓は羆の生息地である森林原野を伐開し、農地牧地宅地等に改変する事であるから、羆との軋轢が生じ、人身事故や作物家畜等の被害が多発したので、開拓使は明治8年（1875）に函館県で、そして明治10年には全道の全域に対し、羆を害獣に指定し、駆除を奨励した。

その後の羆の実態はどうかと言えば、害獣に指定してから96年後、私が羆の調査研究を始めた1970年時点での羆の実態を見ると、全道の森林面積は70％、農地牧地宅地他、人の日常の生活圏は28.5％で、羆の生息地は、森林地帯に限られ、その面積は全道面積の50％となり、日常的には羆の生息地と人の日常の生活圏は分離した状態となり、人の居住圏での人身事故も、1964年（昭和39）9月9に日高管内平取町振内で発生したのを最後に、現在まで（2018年時点）55年間絶えている。それにも係わらず「羆の駆除制度」は、見直される事無く、羆は現在も年中殺され続けてしているのが現状である（2018年時点）。

1970年以降の人身事故の発生率を見ると、1970年～2018年末迄の49年間に、北海道で猟師以外の一般人が羆に襲われた事故の年間の平均発生件数は、1.2件である。そして猟師の事故は0.5件である。この期間の北海道の羆の生息数を、私の調査であるが、2千数百頭と仮定すると、一年に、その内の1.2頭の羆が、人（一般人）を襲うと言う事であり、これで、人を襲う羆は、現実には如何に少ないか、お分かり戴けたであろう。これとても、羆の生息地や出没地に入る場合に、ホイッスルなどの鳴り物を持ち歩き、時々吹き鳴らし、羆に自分が気づかれる前に、自分が先に羆に気づくような歩き方をする。さらに万が一、羆と遭遇した場合には、普通の声で良いから、何でもいいから、話し掛ける。こうする事で、自分も羆も冷静になり、羆に遭遇で襲われる事は先ず回避し得る事を、羆が居る可能性がある地所に入る方に強く申し上げたい。何れにしても、鉈は持ち歩くべきであると言う事も。

羆の捕殺実態について、最近3カ年間（会計年度）の全道の羆の捕殺数を、私が調査研究用に道庁の羆担当課から得た数値で言うと、2014年（平成26年度）677頭、2015年（平成27年度）726頭、2016年（平成28年度）685頭である。さらに、羆を自然遺産として保護すべき知床世界自然遺産の本拠地がある、斜里町管内での前記同年の羆の捕殺数を見ると、2014年（平成26年度）14頭、2015年（平成27年度）42頭、2016年（平成28年度）18頭である。多くの国民は世界自然遺産地の本拠地で、これほど多くの羆が毎年殺されているとは思ってはいないであろうし、「自然遺産地では、野生動物は保護されていると」、多くの国民は発想していると私は思うが、現実は逆である。私自身体験しているから言うのであるが、世界自然遺産地域には「特別地区」と言う地域があるが、そこには、羆や鹿を殺している事に異を唱える研究者は、入域許可せず、羆鹿を虐待して居ることに口を閉ざし、虐待している彼らに阿(オモネ)る者のみを入れ、「調査と称し、羆と鹿に対し、自然遺産地指定以来、虐待の限りを為して居るのが実情である」。こう言った事は、新聞もテレビも、取材や撮影許可を得るために、彼らの所行、虐待の証拠である電波発信器とGPS装置を首に着けられ、両耳に標識を付けられた羆や鹿については記事に書かないし、映像も一

「特別地区」のルシャ川河口域の草地で、首に発信器を着けられた鹿（2017年7月、門崎撮）

切報道しない。

知床の世界自然遺産の特別地区で、研究者と言われる者達が行っている動物の虐待とはどう言う事か述べよう。第1点は、先に述べたが、羆のあるものに対し、行動が危険であるとして、有害獣として殺している事。殺獲地は特別地区外ではあるが、世界自然遺産地である(私はその羆について、危険とは見ていない)。第2点は、主に特別地域内で生態調査と称し、羆と鹿の首に幅5㎝程もあるバンドを着けて、それに小型の弁当箱程もある電波発信器とGPS装置を、首の上下に各1個ずつ付けさせた状態で、さらに両耳には色付きの小型の荷札程の番号を付けた標識を耳に穴をあけて留め、そう言う状態で1年も2年も、時にはそれ以上の期間着け放しの状態で、調査と称し放置している事である。それがなぜ虐待なのかを言えば、本来身体に付随していない物を着ける事は、容積、重量の大小に関わらず、付けられたものにとっては負担になるものである(72〜75頁も参照)。まず己の首ないし家族の者の首に、同じ物(発信器とGPS装置)が常時一年も二年も着けられての、日常生活を想像して見よと言いたい。

羆の首に電波発信器を着けの調査は、1977年以来今に至るも40年以上も北海道で行われ続けているが、その結果から、何か人と羆の益となる事、例えば「人身事故の防止策や人と羆の軋轢を減じる策など」について、発信器装着調査を行っている者から、何か公表提起されているかと言えば、そう言う事は何一つ公表されていない。新聞等で公表された事と言えば、「思ったより、羆の行動域は広かった」とか、「どこそこまで羆が移動していた」とか「何時の時季はどこそこを多用していたとか」、と言う事ぐらいである。この程度の知見は発信器に頼らずとも、現地で実視調査を為していれば分かる。

今一度、発信器を着けられて、呼吸に息苦しさを感じながら、それを耐え忍んで生活して居る動物達の内心を思い遣ってみよと私は言いたい。

北海道で野生の羆に電波発信器を装着した第1号は、朝日新聞1977年4月30日の記事によると、北大の天塩地方演習林で冬眠中の明け3歳(満2歳3ヶ月令「門崎:注記」)の羆に、わが国で初めて無線発信機をつけたが、「麻酔薬で苦しんだとみえ、口を開き舌を咬み切って、死んでいたとある」。なんとむごい事をしたものか。この羆は少なくとも4カ月間に及ぶ絶食での「冬籠もり末期」の状態で、体力も生理的な抵抗力も極度に低下していたで有ろう事は、脊椎動物の研究者であれば分かるはずで、それも吟味せず体力抵抗力も分からない状態で、麻酔する事は危険であることは、常識だが、それにも係わらず麻酔し苦悶死させた事は、倫理観の欠如以外の何ものでもない。こう言う連中の倫理観が、知床での野生動物を調査している者達に踏襲され、現在に至っていると私は見ている。

動物の生態調査の基本は対象個体に負担を課さない状態での実視観察が基本で、これに勝る方法は無い。人も熊（羆）も含めて、あらゆる動物に共通する事だが、動物の行動には必ず「目的と理由」があるから、調査の基本は行動を詳細に観察しながら、それを探る事である。それを繰り返すことで、その事象が、個体として、または種として、普遍的な事か稀な事かも分かって来るし、しいては、その個体の心も伝わって来る。さらに、目視観察や調査を続ける事で、他種生物との関係や地理的関係や気候との関係など、様々な事が分かって来るし、さらには、新たな調査課題にも気づく事がある。羆について、検証調査を繰り返していれば、「熊に襲われたら死んだ振りが有効」等の妄言は発想しない。「熊研究者を自認する者は、熊に関するあらゆる事象について、検証調査を繰り返す事によって、その事象の真実を解明せよ」と、私は言いたい。

次に羆を北海道で自然状態で、なぜ残すべきなのかと言う事について、私の考えを述べる。羆はアジア大陸で、エトルスカス熊から進化出現し、北海道の羆は、ヴュルム氷期（7万年前～1.5万年前）に、アジア大陸からサハリン経由で渡来したものである。北海道の先住民族はアイヌであるが、それ以前にも続縄文等の先史人が居て、その住民が関与したであろう羆の骨や形象物が出土しており、それを見ると当時既に羆を特別な存在と見ていたことが分かる。また江戸期の史料や明治期以降に先達によって為された調査結果に関する文献や資料によると、アイヌ民族は、羆は天上の神の國（カムイモシリ）で、地上で暮らしているアイヌと同じ姿で生活している羆の神が、アイヌのために肉や毛皮等の贈り物を届けに、羆の姿に扮装

（ハヨクベ）して、地上に降臨した姿実態と解し、カムイと尊称していた（カムイと単称すれば、羆を指す)。明治政府は北海道を開拓する為に、明治2年（1869）に政府機関である「開拓使」を設置し、本州以南から開拓民を入植させたが、その開拓民達は初めて見る羆の成獣の威風堂々とした、振る舞い顔相から、畏敬羨望の念を抱き「山親父」と称したが、この呼び名は羆の特質を言い得ている。実際山野で見る羆はその姿は勿論、爪痕が付いた足跡や糞だけでも、見る者に緊張感を与えずにおかないある種の霊力（aura）を感じさせる力がある。

羆に関するあらゆる事象を検証調査し、羆が居る現地で実地にその生活状態を観察すれば、解る事だが、羆は無益な諍い闘争を避け、子を連れた母羆の子に対する対応は、羆族が太古から歪み無く子々孫々伝授してきた、掟に裏打ちされた純朴で真摯な愛情が感じられ、その生き様は「人が鏡とせねば」の感がする。羆は北海道の生態系の頂点に位する種で、人とは対極の関係にある。羆が存在し得る地所は、北海道の総ての自然が存在し得る地理的環境の地である。したがって、人が羆と共存して行く事で、北海道の自然を一括して保全し得るし、羆そのものから、あるいは羆の棲む自然環境から、人が感受する効用は絶大で、これはいかに宗教や科学が進歩発展しようとも代償し得ないものである。羆による人畜や作物の被害は皆無には出来ないが、限りなくゼロ近くまで減らす事は可能で有る。よって、これらを予防しつつ、人と

初冬の調査地で

羆は棲み分けた状態で共存を図るべきであると言うのが､私の持論である。羆を殺さずとも、北海道の山野に羆が無限に増えたりしない事は、江戸期末の松浦武四郎の資料を見れば明らかである。私が理想とする北海道の自然は、羆が害獣指定から外され、現在羆の生息圏となって居る山林を、2～3時間跋渉すれば、必ず羆を見る事が出来るような原生的な自然の再生である。そう言う世になる事を私は心から望みたい。羆達もそして北海道の本来の自然達もそれを切望しているであろう。

終わりに、私の調査研究にご協力下さった総ての人に、ここで深く感謝すると共に､本書に相応しい装幀をして下さった日本図書設計家協会員須田照生（すだしょうせい）氏､出版を快諾された北海道出版企画センター社長野澤緯三男（のざわいさお）氏には企画の段階からご尽力を戴き改めて深謝する。（了）
2019年の夏至の日に。

門崎　允昭

著者略歴　門崎　允昭（かどさき　まさあき）
1938年10月22日 北海道帯広市生まれ
帯広畜産大学 大学院 修士課程（獣医学）修了
農学博士（北海道大学）、獣医学修士
学位（博士）論文名
「鳥類の肺及び気嚢の形態並びに機能に関する研究」
現職：北海道野生動物研究所　所長

［主な著書及び共執筆著］
『**ヒグマ**』初版（353頁）1987年、新版（365頁）1993年、
増補改訂版（377頁）2000年、
北海道新聞社 前2書は犬飼哲夫先生（1897年生～ 1989年没）と共著
『**アイヌの矢毒「トリカブト」**』（147頁）2002年、北海道出版企画センター
『**鳥類学辞典**』（共執筆）（950頁）2004年、昭和堂
『**野生動物調査痕跡学図鑑**』（495頁）2009年、北海道出版企画センター
『**アイヌ民族と羆**』（274頁）2016年、北海道出版企画センター

現住所
〒004-0022 札幌市厚別区厚別南3-8-22
E-mail:kadosaki@pop21.odn.ne.jp
URL:http://www.yasei.com/

羆の実像

発行　2019年9月28日
著者　門崎允昭
発行者　野澤緯三男
発行所　北海道出版企画センター
〒001-0018 札幌市北区北18条西6丁目2-47
電話 011-737-1755 FAX 011-737-4007
振替 02970-6-16677 URL http://www.h-ppc.com/
印刷所　㈱北海道機関紙印刷所

ISBN978-4-8328-1907-8